환경 독성학과 생태 위해성 평가

지경희 지음

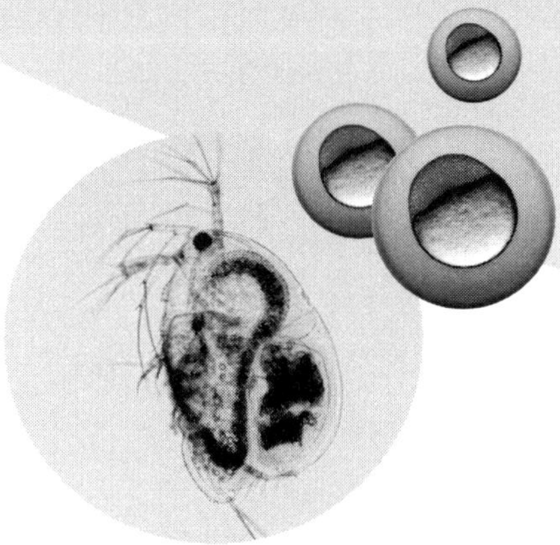

도서출판 동화기술

머리말

산업의 발달과 함께 환경보건에 대한 관심이 날로 증가하고 있으며, 독성 및 위해성 평가에 대한 사회적 요구도 지속적으로 증가하고 있습니다. 특히 화학물질의 사용이 많아지면서 안전하게 화학물질을 사용할 수 있도록 환경독성학의 정보가 적극적으로 활용되고 있습니다.

저자는 7년간 "환경 독성학실험" 과목을 강의하며 환경 독성학 및 생태 위해성 평가에 대한 개념과 최신 동향을 쉽게 전달하고 실무에 능한 환경보건 전문가를 양성할 수 있는 지침서가 필요함을 느꼈습니다. 특히 수서생물을 이용한 생태독성시험과 내분비계 장애독성시험의 원리를 익히고 실습할 수 있는 국문형 표준교재가 부족하였습니다. 또한 선진국의 화학물질 관리제도와 이 틀에서 환경 독성 자료가 어떻게 활용되고 있는지를 설명할 수 있는 교재가 필요하였습니다.

이 책은 수서생물의 먹이사슬에 해당하는 조류(생산자) – 물벼룩(1차 소비자) – 어류(2차 소비자)의 생태독성시험 뿐만 아니라 이러한 독성 자료가 생태 위해성 평가에 어떻게 활용되는지를 제시하였습니다. 또한 수서척추동물(어류)을 이용하여 내분비계 장애독성을 시험하는 분자생물학적인 방법[실시간 중합효소연쇄반응(real-time PCR), 효소결합면역흡착검사(ELISA)]을 소개하였습니다. 마지막으로 미국, 유럽연합, 일본의 화학물질 관리제도와 이 제도에서 어떠한 독성 자료가 요구되는지를 기술하였습니다.

2014년 국가직무능력표준(National Competency Standards, NCS)을 통해 유해인자가 건강과 환경에 미치는 영향을 예측하기 위해 독성, 노출, 위해성을 평가하는 직무능력[대분류 23 (환경・에너지・안전) – 중분류 02 (환경보건) – 소분류 01 (환경보건관리) – 세분류 03 (위해성관리)]이 마련되었습니다. 2015년 한국직업능력개발원에서 위해성관리 NCS를 준비하기 위한 실무 교재를 만들었으며, 2019년 11월 "환경위해관리기사" 자격증의 첫 시험이 진행되었습니다. 이 책은 환경위해관리기사의 "유해성 확인 및 독성평가", "위해성 평가"의 교재로 활용할 수 있도록 주요 내용이 서술되었으며, 이 책이 기사를 준비하는 분들에게도 길라잡이가 되기를 바랍니다.

끝으로 이 책을 출간하는 데 도움을 주신 여러 선생님들, 언제나 든든한 버팀목이 되어주는 가족들, 원고를 흔쾌하게 출판하도록 허락해 준 도서출판 동화기술・신광문화사 정우용 회장님과 편집부 선생님들께 감사의 인사를 전합니다.

용인대학교 연구실에서 지경희

제1편 환경 독성학의 기초

제2편 수서생물의 독성과 생태 위해성 평가

제3편 내분비계 장애물질의 독성평가

제4편 화학물질 관리를 위한 독성 자료의 활용

a
b
c

Chapter 1.　환경 독성학의 역사와 발전
Chapter 2.　환경 독성학의 기초 개념

제 1 편
환경 독성학의 기초

CHAPTER 1

환경 독성학의 역사와 발전

1-1 환경 독성학의 역사

현재 10만여 종의 화학물질이 각종 사업장과 가정에서 사용되고 있다. 환경으로 배출되는 화학물질의 수가 증가할수록 사람과 생태계가 받는 잠재적인 영향에도 관심이 커지고 있다. 환경오염물질에 의해 생체에 미치는 악영향(toxicity)과 노출 확률(probability)을 정하여 사람과 생태계에 위해한 결과(risk)가 나타날 가능성을 평가하는 것은 환경오염의 보건학적 영향을 판단하고 의사결정을 내리는 데 중요하다. 환경 독성학(environmental toxicology)은 환경 위해성 평가의 한 축을 담당하고 있으며, 환경 중으로 배출되는 다양한 유해요인이 인체 건강과 생태계 건전성에 미치는 해로운 영향(adverse effect)

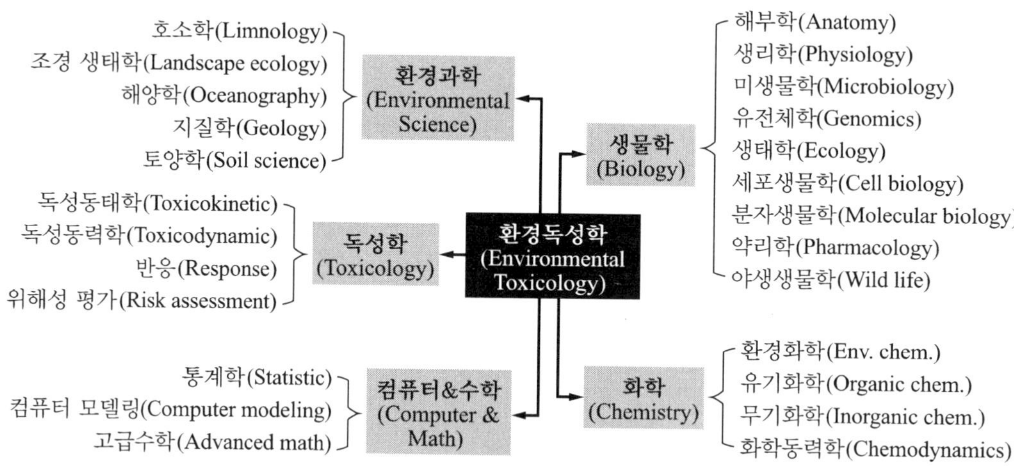

그림 1-1 다양한 학문 분야와 연계된 환경 독성학

자료 : Wikipedia 참고하여 저자 재작성

에 대해 연구하는 다학제간 과학(multidisciplinary science)이다(그림 1-1). 환경 독성학의 여러 분야 중 독성물질이 생태계를 구성하고 있는 생물 군집에 미치는 영향과 생태계 내의 거동을 다루는 분야를 생태 독성학(ecotoxicology)이라고도 부른다.

독성학(toxicology)은 고대부터 인류의 역사와 함께 시작되어 상당히 오랜 시간 연구되어 온 학문이다. 즉, 고대에는 자신보다 크거나 빠른 동물의 사냥에 독성물질을 이용했고, 이후 그리스－로마 시대에는 독에 대한 지식이 늘어나면서 전쟁이나 정치 등(예 : 독살, 해독제 개발)으로 사용 영역이 확대되었다(그림 1-2). 중세시대 이후로는 용량－반응 관계가 정립되고 독성학에 대해 체계적으로 정리가 되기 시작하였으며(그림 1-2), 1900년대에 들어서면서 임상 독성학(clinical toxicology), 기술 독성학(descriptive toxicology), 기전 독성학(mechanistic toxicology), 법 독성학(forensic toxicology), 규제 독성학(regulatory toxicology), 산업 독성학(occupational toxicology), 환경 및 생태 독성학(environmental toxicology) 등으로 확장되었다(표 1-1).

환경 독성학은 독성학에서 분화된 응용 학문으로, 화학물질 노출로 인해 발생하는 건강상의 영향을 다룬다는 측면에서 산업 독성학과 비슷하다. 그러나 산업 독성학과 환경 독성학은 대상으로 하는 화학물질의 종류와 노출농도, 수용체(receptor) 측면에서 차이점이 있다. 즉, 산업 독성학에서는 작업자가 산업 현장에서 다빈도, 고농도로 노출되는 화학물질을 대상으로 하며, 환경 독성학에서는 대기, 물, 토양, 퇴적물 등의 환경 매체에 낮은 농도로 존재하여 일반 인구 및 생태계에 영향을 주는 오염물질을 대상으로 한다.

고대 기원전~14세기	중세 15~19세기	근대 20세기~
사냥, 전쟁, 정치적으로 독을 이용	독성학이 독립된 학문 분야로 정립	용도에 따라 여러 학문으로 분화

그림 1-2 시대 변화에 따른 독성학의 발전

표 1-1. 독성학에서 분화된 학문

분류	내 용
임상 독성학	화학물질에 폭로된 사람들에게서 발생하는 각종 중독 증상을 파악하고 독성물질의 흡수 저해, 배출 촉진 등 치료 방법을 연구하는 분야
기술 독성학	새롭게 합성되거나 발견된 물질이 지닌 독성작용을 파악하고 기술하는 분야로, 공급자와 사용자에게 화학물질의 독성정보를 사전에 제공하기 위해 수행
기전 독성학	화학물질이 생물체 내에서 어떻게 작용하고 영향을 미치는지 기전을 파악하는 분야
법 독성학	사인규명, 생체시료와 현장증거물에서 의약품, 독극물, 부정불량식품, 마약류 및 환각성 유해화학물질의 감정을 수행하는 분야
규제 독성학	화학물질의 생산·판매·사용에 있어 인간과 생태계에 미치는 해로운 영향을 고려해 화학물질의 합법적 사용 여부를 판단하고 결정하는 분야
산업 독성학	산업장에서 근로자들에게 발생되는 각종 직업병의 원인 물질을 확인하고 평가하며, 직업병 예방 방법을 연구하는 분야
환경 및 생태독성학	대기, 물, 토양, 퇴적물 등의 환경 매체에 존재하는 오염물질이 사람과 생태계의 생물에 미치는 독성을 연구하는 분야

환경 독성학은 기초과학과는 달리 공공정책에 의해서 발전되거나 시작되기도 하며, 규제 독성학과도 밀접하게 연관되어 있다(그림 1-3). 예를 들어, 정화처리되지 않은 폐수가 무분별하게 배출되어 주변의 환경이 오염되고 동·식물의 피해가 발생했다면 환경 독성학자(environmental toxicologist)는 관련 정부기관(예 : 환경부)에 독성물질의 특성과 기전에 대한 자료를 제공하고, 규제기관에서는 이러한 자료를 근거로 허용 기준을 설정하거나 복구 방안을 마련하게 된다. 또한 규제기관에서 여러 화학물질 중 우선하여 관리가 필요한 물질을 찾을 때 환경 독성학자들은 판단의 근거에 도움이 될 수 있는 독성 실험의 증거를 제공하게 된다.

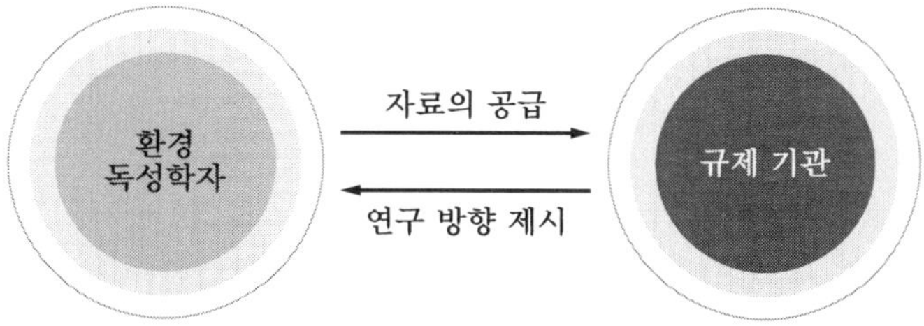

그림 1-3 규제기관, 공공정책과 밀접하게 연관된 환경 독성학

환경 독성학이 시작된 시점은 명확히 보고되지 않았으나, 대학에 환경 독성학 전공이 만들어지거나(1968년 UC Davis) '생태 독성학(ecotoxicology)'이라는 용어를 사용하기 시작(1969년)한 1960년대 후반을 분기점으로 보고 있다. 제2차 세계대전(1945년) 이후 화학물질의 개발과 사용이 늘어나면서 사람과 생태계에 나타나는 피해가 이전과는 다른 양상으로 발생하게 되었다. 예를 들어, 화학물질을 다루는 공장에서 화학 사고가 발생하거나 폐기물을 무분별하게 배출하여 주변의 거주민, 환경, 동식물에 큰 피해가 발생하기 시작한 것이다. 처음에는 환경오염 및 화학 사고에 '사람 보호가 우선'이라는 취지에서 사람을 대상으로 한 독성 및 위해성 평가가 주목을 받았으나, 사람은 생태계의 일원이며 서로 밀접한 영향을 주고받는다는 것을 인지하게 되면서 뒤늦게 환경 독성 및 생태 위해성 평가가 시작되었다.

최근 화학물질이 함유된 생활화학제품의 사용이 늘어나면서 이로 인한 소비자, 환경, 생태계의 피해가 발생하기 시작했다. 플라스틱 제품에 가소제로 첨가된 프탈레이트류나 비스페놀류는 사람과 생태계의 생물에 성호르몬, 갑상선 호르몬 등의 내분비계를 교란시키며, 계면활성제나 프라이팬 코팅제로 사용되는 과불화합물은 환경 중에 오래 잔류하여 먹이사슬을 통해 생물에 축적되고 성장과 번식에 영향을 준다. 현재 환경 독성학은 생활화학제품이 증가한 사회적인 배경과 맞물려 급격히 성장하고 있으며, 관련 법률(예 : 유럽연합의 「신(新)화학물질 관리제도(Registration, Evaluation, Authorization and Restriction of CHemicals ; REACH)」, 「환경보건법」, 「화학물질의 등록 및 평가 등에 관한 법률(이하 화학물질등록평가법)」, 「화학물질관리법」, 「생활화학제품 및 살생물제의 안전관리에 관한 법률(이하 화학제품안전법)」 등)과 함께 중요도가 높아지고 있다.

다음에는 고대부터 지금까지의 이어져 온 독성학과 환경 독성학에 관한 대표적인 역사를 정리하였다.

- 기원전 1500년경 : 이집트 약전 "치병의 서(ebers papyrus)"에는 해부학, 생리학, 천연에서 얻을 수 있는 독성물질, 독성작용, 해독 및 치료 방법 등에 관한 방대한 정보가 수록되어 있다.
- 기원전 460~377년경 : 히포크라테스(Hippocrates)는 인간의 질병과 치료법에 대해 연구한 그리스의 의사로, 수많은 독성물질을 발견하고 인체의 독성작용에 관한 책을 저술하였다.
- 서기 40~90년경 : 디오스코리데스(Dioscorides)는 그리스의 약리학자이자 의사로, 600여종의 식물성, 35종의 동물성, 90종의 광물성 약물 등을 수록한 약물학 전집을 펴냈다.
- 15세기 : 파라켈수스(Paracelsus ; 1493~1541)는 독일의 내과의사로(그림 1-4), 자신의 저서에서 "모든 물질은 해로울 수 있으며, 해롭지 않은 것은 아무것도 없다. 독성물질을 구별하는 것은 용량(dose)에 달려 있다."라고 기술하였다. 즉, 화학물질의 투여 용량이 높아지면 생체에 해로운 작용을 일으킨다는 개념을 정립하였으며, 이 개념은 훗날 용량－반응 간의 상관관계를 확립시키는 기초가 되었다.
- 17세기 : 라마치니(Bernardino Ramazzini ; 1633~1714)는 이탈리아 의사로(그림 1-4), 근대 직업의학의 아버지로 불린다. 1713년에 발표한 저서 "근로자의 질병(de morbis artificum diatriba)"에서 직업병을 환경오염으로 인한 장애와 구분하여 설명하였다.
- 18세기 : 오르필라(Mathieu Orfila ; 1787~1853)는 스페인 내과의사로(그림 1-4), 현대 독성학의 아버지로 불린다. 1813년에 발표한 저서 "독물논고(traité des poisons)"에서 독이 생체기관에 어떻게 영향을 미치는지 정리하였으며, 법의학의 첫 사례로도 인정받고 있다. 오르필라는 화학물질의 독성 예측과 치사량을 알기 위한 분석법을 제안하기도 하였으며, 독성학을 완전히 독립된 학문 분야로 발전시킨 인물이다.

파라켈수스(Paracelsus) 라마치니(Bernardino Ramazzini) 오르필라(Mathieu Orfila)

그림 1-4 환경 독성학의 발전에 기여한 연구자들

자료 : Wikipedia

- 1956년 미나마타병 발생 : 일본의 구마모토현 미나마타시에서 메틸수은이 포함된 조개 및 어류를 먹은 주민들에게서 손·다리 마비, 시야 협착 등 신경학적 증상이 동반된 미나마타병이 발생하였다. 신일본질소(칫소) 비료 공장에서 아세트알데히드(acetaldehyde)를 생산하기 위해 수은 성분의 촉매를 사용하였으며, 부산물로 나온 메틸수은이 정화 처리되지 않은 상태로 바다에 방류되었음이 밝혀졌다. 메틸수은이 먹이사슬을 통해 생물 농축이 되었으며(그림 1-5), 이들을 섭취한 인근 주민들에게 수은 중독 현상이 나타난 것이다. 2016년까지 공식적으로 2,280명의 환자가 확인되었다.

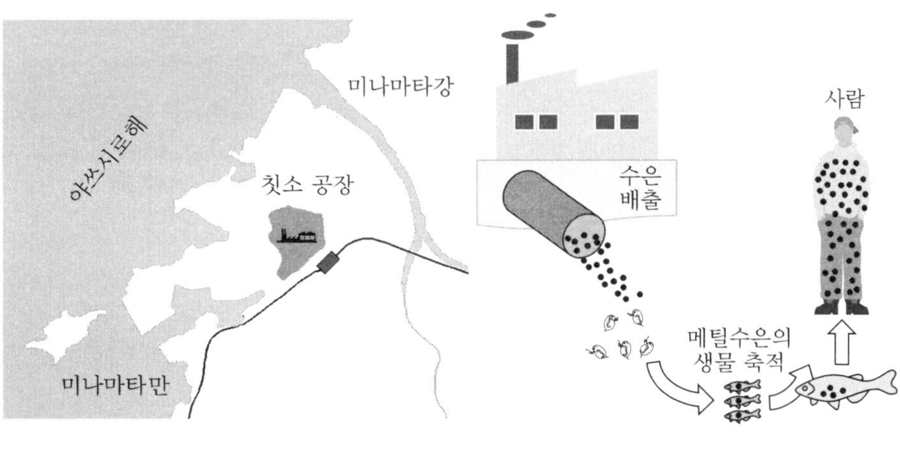

그림 1-5 미나마타만 인근 화학공장의 위치와 메틸수은의 축적

자료 : Wikipedia 참고하여 저자 재작성

- 1962년 : 미국의 해양생물학자 레이첼 카슨(Rachel Carson ; 1907～1964)은 "침묵의 봄(silent spring)"을 발간하여 무분별한 dichloro-diphenyl-trichloroethane (DDT) 사용으로 환경과 사람이 위험하다고 경고하였다. DDT는 1939년 스위스의 화학자 뮐러(Paul Hermann Müller)가 개발한 것으로, 제2차 세계대전 때 말라리아를 일으키는 모기 등 곤충으로 인한 질병의 구제에 사용되었다(그림 1-6). 새의 알껍데기가 얇아짐(그림 1-6), 곤충의 내성 현상이 보고되면서 미국 환경보호청(US EPA)에서는 1972년에 DDT 사용을 전면 중단하였다.

그림 1-6 DDT 사용으로 인해 새의 알껍데기가 얇아지는 영향

자료 : https://kestrelarts.wordpress.com/2012/05/17/common-knowledge-ddt-and-the-silent-spring

- 1969년 : 프랑스의 독성학자 르네 트루하우트(Réné Truhaut ; 1909～1994)는 '생태 독성학(ecotoxicology)'이라는 용어를 사용하여 고전적인 독성학과 구분하였다. 그는 생태 독성학을 '자연 및 인공 화학물질이 생태계를 구성하고 있는 생물 군집에 미치는 영향을 연구하는 학문'이라고 정의하였다.
- 1976년 7월 이탈리아 세베소(Seveso) 사고 : 익메사(ICMESA)라는 공장에서 헥사클로로펜(hexachlorophene) 살균제를 생산하기 위해 트리클로로페놀(trichlorophenol)을 사용하고 있었는데, 과도한 압력으로 안전밸브가 파열되어 15분간 다이옥신(2,3,7,8-TCDD)이 누출되었다. 누출된 화학물질은 분무식 구름의 형태로 온 마을을 덮쳤고, 인근 5 km 이내의 11개 마

을로 퍼져나갔다. 이 사고로 약 2만 명의 주민, 3천 마리가량의 가축이 죽거나 병들었고, 먹이사슬을 통한 다이옥신의 생체 농축을 막기 위해 약 7만 마리의 동물이 사살되었다. 주민들은 다른 곳으로 긴급 대피하였으나 대기가 회복된 후에도 토양에 잔류하는 다이옥신 때문에 사람이 살기가 어려웠다. 이 사고를 계기로 1982년 유럽연합(EU)에서는 유해화학물질과 관련된 중대 사고를 막기 위해 「Seveso II Directive」를 제정하였다.

그림 1-7 세베소(Seveso) 사고 이후 경찰관이 마을에 경고문을 부착하는 장면

자료 : https://www.thoughtco.com/briefing-the-seveso-disaster-1708806

- 1978년 러브 운하(Love canal) 사건 : 1890년대 초 윌리엄 T. 러브는 나이아가라 강에 운하를 건설하려고 땅을 매입했으나 재정위기로 운하 건설이 중단되었다. 이 토지는 몇 십 년간 방치되어 있다가 1940년대에 후커케미컬(Hooker Chemical)이라는 화학회사가 인수하여 약 21,800톤의 독성 폐기물을 매립하였다. 1953년에 이 회사가 매립지를 포함한 주변 지역을 나이아가라시에 기증한 이후로 초등학교와 주택지가 생겨나기 시작하였다. 1978년 5월, 미국 언론을 통해 러브 운하 거주민의 높은 암 발생, 유산 및 기형아 발생이 알려지기 시작했다(그림 1-8). 지미 카터 대통령은 이 지역을 연방 비상지역으로 선포하였고, 매립지 인근 1,500여 가족을 이주시키며 보상하기로 했다. 추후 조사를 통해 폐기물에 존재하는 인체 발암(가능)물질이 토양을 통해 이동하였으며, 지하실을 통해 실내 공기가

오염되었음이 규명되었다. 이 사건을 계기로 미국에서는 기금을 조성하여 유해지역에서 발생하는 문제점을 신속히 처리하기 위한 「슈퍼펀드(Superfund)」법이 제정되었다.

그림 1-8 러브 운하 사건으로 인한 피해

자료 : https://file.ejatlas.org/img/Conflict/love-canal/love_canal.jpg

- 1983년 타임즈 비치(Times beach) 사건 : 미국 미주리 주 타임즈 비치는 휴양지 마을이었으나, 제2차 세계대전의 여파로 여름용 별장의 수요가 줄어들면서 주로 저소득층이 살기 시작하였다. 1970년대 이 마을의 마구간, 실내 경기장, 비포장도로 등에서 먼지가 나는 문제를 해결하기 위해 증발이 잘 되는 물 대신 기름을 뿌리기 시작하였다. 그런데 원가 절감을 위해 베로나의 NEPACCO 농약 공장에서 가져온 폐유를 뿌리면서 이 폐유에 대량으로 포함되어 있던 다이옥신에 노출되었고, 말과 사람들이 다이옥신에 중독되어 쓰러졌다. 미국 환경보호청(US EPA)에서는 토양에 다이옥신이 오염되었음을 확인하였으며, 거주민들에게 대피 명령을 내렸다. 이후 1999년까지 정화작업을 진행하여 2001년에는 슈퍼펀드 법을 적용받는 리스트에서 제외되었고, 현재는 주립공원이 되었다.

그림 1-9 타임즈 비치 마을에 다이옥신이 오염되었다는 경고표지판

자료 : https://paulwandrews.wordpress.com/tag/dioxin

- 1984년 12월 인도 보팔(Bhopal) 사고 : 1970년대 이후 미국, 유럽 등 선진국들은 환경적으로 유해한 위험산업에 대해 법적 규제를 강화하였고, 다국적 기업들은 이러한 규제망을 피해 비교적 규제가 약한 아시아, 아프리카 등으로 진출하게 되었다. 미국계 다국적 기업인 유니언 카바이드사(Union Carbide)는 이러한 배경으로 인도 보팔시에 농약 제조 공장을 설립하여 15년간 운영하였다. 1984년 12월 2~3일, 저장탱크에 가해진 과도한 압력으로 안전밸브가 파열되면서 아이소사이안화 메틸(methyl isocyanate ; MIC) 가스가 누출되는 사고가 발생했다. 공장이 인구 밀집 지역에 있었고(그림 1-10) 안전장치가 미비하여 피해 규모가 컸다. 사고 당일에 2,200명가량이 목숨을 잃었으며, 이 사고와 연관된 후유증(예 : 실명, 호흡 곤란, 중추신경계 이상 등)으로 사망한 사람이 2만여 명에 달한다고 집계되었다(그림 1-11). 또한 살충제 제조에 사용된 유독성 폐기물이 토양과 지하수를 오염시켰으며, 2001년 다우케미컬사(Dow Chemical)에 인수된 후에도 피해자의 소송이 이어지고 있다. 이 사고를 계기로 미국에서는 「비상사태계획 및 지역사회 알 권리에 관한 법(Emergency Planning and Community Right-to-Know Act ; EPCRA)」이 제정되었으며, 화학물질에 대한 정보를 지역 주민들에게 공개하여 자신이 거주하는 지역 내 위해를 인지하도록 하였다.

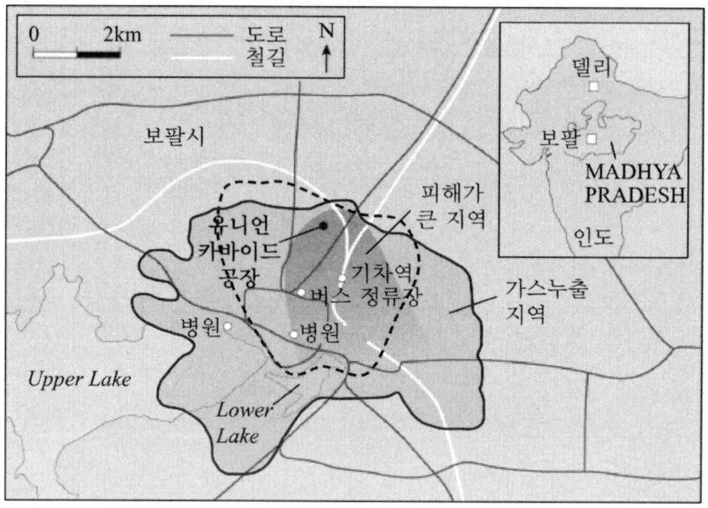

그림 1-10 인도 보팔 사고의 피해 구역

자료 : https://www.open.edu/openlearn/ocw/mod/oucontent/view.php?printable＝1&id＝13815 참고하여 저자 재작성

그림 1-11 인도 보팔 사고로 인한 인명 피해

자료 : https://www.bhopal.net/wp-content/uploads/Unorganized/iu.jpeg

- 1992년 사전주의 원칙(precautionary principle) : 리우선언에서 범세계적 차원으로 도입된 개념으로, 확실한 증거가 존재하지 않더라도 중대하거나 복구할 수 없는 환경 파괴의 위험이 있을 때에는 적기에 적극 동참해야 한다는 원칙이다. 전통적인 환경 정책은 위험이 증명되기 전까지 안전하다는 개념에 기초한다면, 사전주의 원칙은 위험의 안전성이 증명되기 전까지는 위험하다는 개념을 가지고 있다. 사전주의 원칙은 때로는 사전예

방 원칙으로도 번역이 되나, 국제 법학자들은 대부분 "preventive principle"과 구분하여 사전주의 원칙으로 번역하고 있다. 사전예방 원칙(preventive principle)은 과학적 확실성을 전제로 하고 있으며, 과학적 불확실성에도 불구하고 판단과 행동을 가능하게 하는 사전주의 원칙이 훨씬 더 적극적인 함의를 가지고 있다.

- 1996년 : 테오 콜본(Theo Colbon ; 1927～2014)이 발간한 "도둑맞은 미래(our stolen future)"에서는 비스페놀 A (bisphenol A)가 유발하는 내분비계 장애독성 문제에 대해 보고하였다.
- 2012년 9월 구미 불산 가스 누출 사고 : 2012년 9월 27일 경상북도 구미에 위치한 화학제품 생산업체 휴브글로벌에서 플루오린화 수소 가스(일명 불산 가스)가 유출되는 사고가 발생하였다. 당시 안전장비를 착용하지 않고 작업을 하던 근로자 5명이 사망하였고, 농사를 짓던 인근 주민과 사고 현장에 출동한 경찰과 소방관 등 1만 1000여명이 불산 누출의 여파로 검사와 치료를 받았다. 또한 농작물과 가축들에도 피해가 발생하였다. 불산은 공기와 접촉하게 되면 연기를 내며 자극적 냄새가 나는 유독 물질로, 기체 상태로 체내에 흡수되면 호흡기 점막을 해치고 뼈를 손상시킬 수 있으며 신경계를 교란시킬 수 있다(그림 1-12). 이 사고를 계기로 2015년

그림 1-12 구미 불산 가스 누출 사고의 피해 구역

자료 : https://www.yna.co.kr/view/AKR20121009131000053을 참고하여 저자 재작성

「유해화학물질관리법」을 「화학물질관리법」으로 개정하였다. 「화학물질관리법」에는 화학물질에 대한 통계조사 및 정보체계를 구축하여 국민의 알 권리를 보장하고, 화학사고 장외영향평가제도를 신설하여 유해화학물질 예방관리체계를 강화하는 내용이 담겨 있다.

- 2011년 가습기 살균제 사건 : 2000년대 이후 많은 가정에서 널리 사용된 가습기 살균제의 건강 영향은 2011년 출산 직후 주산기 여성들이 원인미상의 중증폐질환으로서 입원하게 되면서 문제가 드러나게 되었다. 전문가들은 겨울철 실내 환경과 민감군(산모 및 영유아)의 건강관리에 주목하여 환자-대조군 역학 연구를 진행하였고, polyhexamethylene guanidine (PHMG), oligo [2-(2-ethoxy)ehoxyethyl guanidine chloride] (PGH) 등의 성분이 포함된 가습기 살균제와 높은 관련성이 있음을 밝혀내었다. 이후 가습기 살균제의 판매를 중단하였으며, 현재는 건강 피해 규모 조사와 피해자들의 관리 및 보상(그림 1-13) 등을 진행하고 있다. 이 사건을 계기로

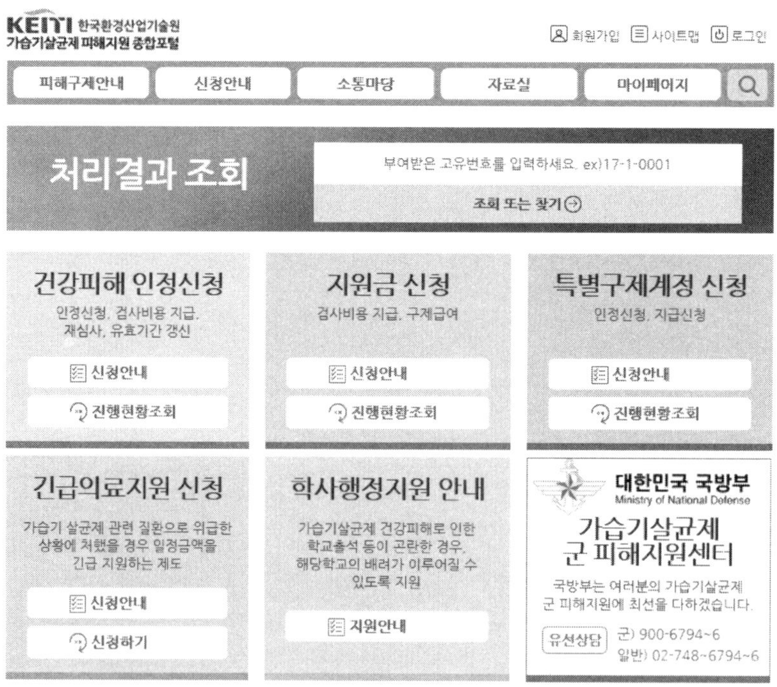

그림 1-13 가습기 살균제 피해지원 종합포털

자료 : https://www.healthrelief.or.kr/home/main.do

2013년 5월 22일 「화학물질등록평가법」이 제정·공포되어 2015년 1월부터 시행되었으며, 유해성 심사 및 위해성 평가를 통해 제품 내 화학물질 관리를 강화하고 있다.

1-2 환경 독성학과 법

환경 독성학은 법과 밀접한 관계를 맺으며 발전하고 있다. 2000년 이후로 화학물질의 사용으로 인한 사건·사고가 증가하면서 우리나라에서도 관련 법률을 제정·시행하고 있으며, 본 교재에서는 환경 독성학과 특히 밀접한 관계가 있고 환경부에서 관리하고 있는 4가지 법률(「환경보건법」, 「화학물질의 등록 및 평가 등에 관한 법률(약칭 화학물질등록평가법)」, 「화학물질관리법」, 「생활화학제품 및 살생물제의 안전관리에 관한 법률(약칭 화학제품안전법)」)에 대해 간단히 소개하고자 한다.

1) 환경보건법

2008년 3월에 제정된 「환경보건법」은 우리나라 환경보건 정책을 총괄하는 법으로 2010년 3월부터 시행되었다. 「환경보건법」은 사전주의(precautionary) 원칙, 민감·취약계층 보호 우선, 수용체 중심의 접근, 참여와 알 권리 보장의 4가지 기본이념을 바탕으로 제정되었다. 이 법이 시행되면서 환경 매체 중심으로 이루어졌던 화학물질 관리가 수용체(예 : 사람과 생태계 내 생물)의 건강 영향에 초점을 맞춘 화학물질 관리로 전환이 이루어지게 되었다. 「환경보건법」에는 환경성 질환 예방, 국민환경보건 기초조사, 환경 관련 건강피해의 예방 및 관리, 환경보건종합계획 수립, 어린이용품 및 활동공간 관리 등의 내용을 담고 있다(표 1-2). 「환경보건법」 제24조에는 어린이용품의 위해성 평가가 제시되어 있으며, 환경유해인자의 독성정보가 위해성 평가에 활용되고 있다.

「환경보건법」에서 다루는 환경성 질환이란 역학조사 등을 통하여 환경유해인자와 상관성이 있다고 인정되는 다음의 질환을 포함하며, 감염질환이 아닌 것을 의미한다.

- 「물환경보전법」 제2조 제7호에 따른 수질오염물질로 인한 질환
- 「화학물질관리법」 제2조 제7호에 따른 유해화학물질로 인한 중독증, 신경계 및 생식계 질환
- 석면으로 인한 폐질환
- 환경오염사고로 인한 건강장해
- 「실내공기질 관리법」 제2조 제3호에 따른 오염물질 및 「대기환경보전법」 제2조 제1호에 따른 대기오염물질과 관련된 호흡기 및 알레르기 질환
- 가습기 살균제에 포함된 유해화학물질로 인한 폐질환

2) 화학물질의 등록 및 평가 등에 관한 법률

2011년 우리나라는 화학물질을 관리하고 건강과 환경 피해를 최소화하기 위해 8개 부처간 합동으로 '국가화학물질 관리 기본계획'을 수립하였다. 2015년 1월부터 시행된 「화학물질등록평가법」은 시장에 출시되는 화학물질을 사전에 등록하고, 유해성과 위해성을 평가하는 내용을 담고 있다. 등록한 화학물질의 유해성과 위해성을 평가하는데 화학물질의 독성정보가 활용되고 있으며, 특히 유해성 심사를 통한 유독물질 선정에 동물 독성 및 생태독성자료가 활용되고 있다. 「화학물질등록평가법」은 환경 독성학과 가장 밀접한 관계를 가지고 독성 정보가 활용되는 법이다.

표 1-2. 「환경보건법」의 구성

분류	내 용	
제1장 총칙	제1조 : 목적	제2조 : 정의
	제3조 : 적용범위	제4조 : 기본이념
	제5조 : 국가 등의 책무	제6조 : 환경보건종합계획의 수립
	제7조 : 종합계획의 시행	제8조 : 계획 수립의 협조
	제9조 : 환경보건위원회	제10조 : 위원회의 구성 및 운영
제2장 위해성 평가 등	제 11조 : 환경유해인자의 위해성 평가 및 관리	제12조 : 새로운 기술 및 물질의 적용 또는 사용 제한
	제13조 : 건강영향 항목의 추가·평가 등	
제3장 환경 관련 건강피해의 예방·관리	제14조 : 국민환경보건 기초조사 등	제15조 : 환경 관련 건강피해의 역학조사 등
	제16조 : 조사 결과에 따른 조치	제17조 : 건강영향조사의 청원
	제18조 : 개인정보 등의 보호	제19조 : 환경성질환에 대한 배상책임
	제20조 : 국가 등의 지원	제21조 : 환경보건 지표의 개발
	제22조 : 환경보건 정보와 통계의 관리	
제4장 어린이 건강보호	제23조 : 어린이활동공간의 위해성 관리	제24조 : 어린이 용도 유해물질 관리
	제25조 : 어린이 위해성 정보의 제공	
제5장 보칙	제26조 : 환경보건센터의 지정·운영	제27조 : 환경보건센터의 지정취소 등
	제28조 : 환경보건 전문인력의 육성 및 지원	제29조 : 보고와 검사 등
	제30조 : 위임 및 위탁	
제6장 벌칙	제31조 : 벌칙	제32조 : 양벌규정
	제33조 : 과태료	

자료 : 「환경보건법」을 토대로 저자 재작성

표 1-3. 「화학물질등록평가법」의 구성

분류	내 용	
제1장 총칙	제1조 : 목적	제2조 : 정의
	제3조 : 적용범위	제4조 : 국가의 책무
	제5조 : 사업자의 책무	제6조 : 화학물질의 평가 등에 관한 기본계획
	제7조 : 화학물질평가위원회	
제2장 화학물질의 등록	제10조 : 화학물질의 등록 등	제11조 : 화학물질의 등록 등 면제
	제12조 : 변경등록 · 변경신고 등	제13조 : 등록 의무 등 불이행에 대한 조치 등
	제14조 : 화학물질의 등록 등 신청 시 제출 자료	제15조 : 기존화학물질의 등록신청 시 자료제출 방법
	제16조 : 기존 등록신청자료의 공동활용	제17조 : 척추동물시험자료에 관한 특례
제3장 화학물질의 유해성 심사 및 위해성 평가	제18조 : 유해성 심사	제19조 : 유해성 평가 등
	제20조 : 유독물질의 지정	제21조 : 유해성 심사 결과의 공개
	제22조 : 시험기관의 지정 등	제23조 : 시험기관의 지정취소 등
	제24조 : 위해성 평가	
제4장 허가물질 등의 지정 및 변경	제25조 : 허가물질의 지정	제26조 : 허가물질 지정의 해제 등
	제27조 : 제한물질 또는 금지물질의 지정 등	제28조 : 제한물질 또는 금지물질 지정의 해제 등
제5장 화학물질의 정보제공	제29조 : 화학물질의 정보제공	제30조 : 하위사용자 등의 정보제공
	제31조 : 화학물질의 정보제공을 위한 통보 등	
제6장 화학물질 함유제품의 관리	제32조 : 제품에 함유된 중점관리 물질의 신고	제35조 : 제품 내 함유 화학물질의 정보제공
제7장 보칙	제38조 : 국외제조 · 생산자가 선임한 자에 의한 등록신청 등	제39조 : 화학물질 정보처리시스템 구축 · 운영
	제40조 : 녹색화학센터의 지정 · 운영	제41조 : 녹색화학센터의 지정취소 등
	제42조 : 화학물질 정보의 공개	제43조 : 보고와 검사 등
	제44조 : 서류의 기록 및 보존	제45조 : 자료의 보호
	제46조 : 수수료	제47조 : 청문
	제48조 : 권한의 위임 · 위탁	
제8장 벌칙	제50~52조 : 벌칙	제53조 : 양벌규정
	제54조 : 과태료	

자료 : 「화학물질의 등록 및 평가 등에 관한 법률」을 토대로 저자 재작성

「화학물질등록평가법」은 유럽연합(EU)의 「신(新)화학물질 관리제도(REACH)」와 비슷하게 "화학물질에 대한 정보 없이 시장에 출시될 수 없다."는 의도로 제정된 것이다(표 1-3). 연간 1톤 이상 화학물질을 제조·수입하려는 자는 화학물질에 대한 정보를 화학물질정보처리시스템(http://kreach.me.go.kr)에 등록(registration)해야 하고, 환경부 국립환경과학원에서는 화학물질의 유해성 및 위해성을 평가(evaluation)하게 된다. 고위험성 화학물질(Substance of very high concern ; SVHCs)은 사용 규칙을 검토하여 허가(authorization)하게 되며, 위해성이 큰 화학물질은 사용을 제한 및 금지(restriction)하게 된다. 「화학물질등록평가법」에서 다루는 화학물질에 대한 정의를 표 1-4에 제시하였다.

표 1-4.　「화학물질등록평가법」에서 다루는 화학물질의 정의

분류	내 용
기존화학물질	1) 1991년 2월 2일 전에 국내에서 상업용으로 유통된 화학물질로서 환경부장관이 고용노동부장관과 협의하여 고시한 화학물질 2) 1991년 2월 2일 이후 종전의 「유해화학물질관리법」에 따라 유해성 심사를 받은 화학물질로서 환경부장관이 고시한 화학물질
신규화학물질	기존화학물질을 제외한 모든 화학물질
유독물질	유해성이 있는 화학물질로서 대통령령으로 정하는 기준에 따라 환경부장관이 지정하여 고시한 물질
허가물질	위해성이 있다고 우려되는 화학물질로서 환경부장관의 허가를 받아 제조·수입·사용하도록 환경부장관이 관계 중앙행정기관 장과의 협의와 화학물질평가위원회의 심의를 거쳐 고시한 물질
제한물질	특정 용도로 사용되는 경우 위해성이 크다고 인정되는 화학물질로서 그 용도로의 제조, 수입, 판매, 보관·저장, 운반 또는 사용을 금지하기 위해 환경부장관이 관계 중앙행정기관 장과의 협의와 화학물질평가위원회의 심의를 거쳐 고시한 물질
금지물질	위해성이 크다고 인정되는 화학물질로서 모든 용로로의 제조, 수입, 판매, 보관·저장, 운반 또는 사용을 금지하기 위해 환경부장관이 관계 중앙행정기관 장과의 협의와 화학물질평가위원회의 심의를 거쳐 고시한 물질
중점관리물질	다음 각 목의 어느 하나에 해당하는 화학물질 중에서 위해성이 있다고 우려되어 화학물질 평가위원회의 심의를 거쳐 환경부장관이 정하여 고시하는 물질 가. 사람 또는 동물에게 암, 돌변변이, 생식능력 이상 또는 내분비계 장애를 일으키거나 일으킬 우려가 있는 물질 나. 사람 또는 동식물의 체내에 축적성이 높고, 환경 중에 장기간 잔류하는 물질

	다. 사람에게 노출되는 경우 폐, 간, 신장 등의 장기에 손상을 일으킬 수 있는 물질 라. 사람 또는 동식물에게 가목부터 다목까지의 물질과 동등한 수준 또는 그 이상의 심각한 위해를 줄 수 있는 물질

자료 : 「화학물질의 등록 및 평가 등에 관한 법률」을 토대로 저자 재작성

3) 화학물질관리법

「화학물질관리법」은 1990년 8월에 제정된 「유해화학물질관리법」이 개정되어 2015년 1월부터 시행되었으며, 사업장 내 화학물질이 사업장 밖의 사람과 환경에 미치는 영향을 예방하고 화학 사고에 신속히 대응하기 위함을 목적으로 한다. 「화학물질관리법」에는 화학물질의 통계조사 및 정보공개, 유해화학물질 취급 및 설치・운영을 위한 안전관리, 화학사고 대비를 위한 장외영향평가 및 위해관리계획 등의 내용을 담고 있다(표 1-5). 장외영향평가에서는 환경매체(대기, 수질, 토양) 간 이동정보(휘발성, 흡착・이동성 포함), 수생생물독성(급・만성), 육상생물독성(급・만성), 생물 농축성, 분해성 등의 환경 유해성 정보가 적극적으로 활용되고 있다.

표 1-5. 「화학물질관리법」의 구성

분류	내 용	
제1장 총칙	제1조 : 목적	제2조 : 정의
	제3조 : 적용범위	제4조 : 국가 및 지방자치단체의 책무
	제5조 : 화학물질 취급자의 책무	제6조 : 화학물질의 관리에 관한 기본계획
	제7조 : 화학물질관리위원회	제8조 : 주요 시책 등의 협의
제2장 화학물질의 통계조사 및 정보공개 등	제9조 : 화학물질확인	제10조 : 화학물질 통계조사 및 정보체계 구축・운영
	제11조 : 화학물질 배출량조사	제12조 : 화학물질 조사결과 및 정보의 공개
제3장 유해화학물질 안전관리	제13조 : 유해화학물질 취급기준	제14조 : 취급자의 개인보호장구 착용
	제15조 : 유해화학물질의 진열량・보관량 제한 등	제16조 : 유해화학물질의 표시 등

제3장 유해화학물질 안전관리	제17조 : 유해화학물질의 제조・수입 등의 중지 등	제18조 : 금지물질의 취급금지 및 제한물질의 취급제한
	제19조 : 허가물질의 제조・수입・사용 허가 등	제20조 : 제한물질 수입허가 및 유독물질 수입신고 등
	제21조 : 제한물질 또는 금지물질의 수출승인 등	제22조 : 환각물질의 흡입 등의 금지
	제23조 : 화학사고 장외영향평가서의 작성・제출	제24조 : 취급시설의 배치・설치 및 관리 기준 등
	제25조 : 취급시설 개선명령 등	제26조 : 취급시설 등의 자체 점검
제4장 유해화학물질 영업자	제27조 : 유해화학물질 영업의 구분	제28조 : 유해화학물질 영업허가
	제29조 : 유해화학물질 영업허가의 면제	제30조 : 유해화학물질 영업자의 결격사유
	제31조 : 유해화학물질 취급의 도급신고 등	제32조 : 유해화학물질관리자
	제33조 : 유해화학물질 안전교육	제34조 : 유해화학물질 취급중단 및 휴업・폐업 등
	제35조 : 유해화학물질 영업허가의 취소 등	제36조 : 영업정지 처분을 갈음하여 부과하는 과징금 처분
	제37조 : 권리・의무의 승계	제38조 : 유해화학물질관리자 및 취급시설의 공동 활용 승인 등
제5장 화학사고의 대비 및 대응 등	제39조 : 사고대비물질의 지정	제40조 : 사고대비물질의 관리기준
	제41조 : 위해관리계획서의 작성・제출	제42조 : 위해관리계획서의 지역사회 고지
	제43조 : 화학사고 발생신고 등	제44조 : 화학사고 현장 대응
	제45조 : 화학사고 영향조사	제46조 : 조치명령 등
	제47조 : 화학사고 특별관리지역의 지정	
제6장 보칙	제48조 : 화학물질 종합정보시스템 구축・운영	제49조 : 보고 및 검사 등
	제50조 : 서류의 기록・보존	제51조 : 청문
	제52조 : 자료의 보호	제53조 : 화학물질 관리에 관한 협회
	제54조 : 수수료	제55조 : 권한의 위임・위탁
	제56조 : 벌칙 적용에서의 공무원 의제	
제7장 벌칙	제57～62조 : 벌칙	제63조 : 양벌규정
	제64조 : 과태료	

자료 : 「화학물질관리법」을 토대로 저자 재작성

4) 생활화학제품 및 살생물제의 안전관리에 관한 법률

2019년 1월에 시행된 「화학제품안전법」은 「화학물질등록평가법」에서 관리되어 온 위해우려제품과 살생물제가 함유된 생활화학제품을 이관하여 관리하고 있다(표 1-6). 이 법에서는 안전확인대상 생활화학제품의 위해성 평가, 살생물물질 및 살생물제품의 승인, 살생물처리제품의 기준 등에 관한 사항을 규정하고 있다. 한국환경산업기술원에서는 생활화학제품에 함유된 화학물질의 유해성을 확인하고 위해성을 평가하는 데 독성정보를 적극 활용하고 있다.

표 1-6. 「화학제품안전법」의 구성

분류	내 용	
제1장 총칙	제1조 : 목적	제2조 : 생활화학제품 및 살생물제 관리의 기본원칙
	제3조 : 정의	제4조 : 생활화학제품 및 살생물제 관리에 관한 종합계획의 수립
	제5조 : 적용 범위	제6조 : 생활화학제품 및 살생물제 관리위원회
제2장 생활화학제품의 관리 등	제7조 : 실태조사	제8조 : 위해성 평가 등
	제9조 : 안전확인대상생활화학제품의 안전기준	제10조 : 안전기준의 확인 및 표시기준 등
	제11조 : 안전확인대상생활화학제품의 제조·수입 금지 등	
제3장 살생물제의 안전관리	제12조 : 살생물물질의 승인	제13조 : 물질승인의 신청 등
	제14조 : 물질승인의 절차 등	제15조 : 물질승인의 변경 등
	제16조 : 물질동등성의 인정	제17조 : 물질승인의 취소 등
	제18조 : 기존살생물물질의 승인유예	제19조 : 물질승인 신청계획서 등의 제출
	제20조 : 살생물제품의 승인	제21조 : 제품승인의 신청 등
	제22조 : 제품승인의 절차 등	제23조 : 제품승인의 변경 등
	제24조 : 제품승인의 특례	제25조 : 제품유사성의 인정
	제26조 : 제품승인의 취소 등	제27조 : 살생물제품의 표시 등
	제28조 : 살생물처리제품의 안전기준 및 표시기준	제29조 : 살생물물질 및 살생물제품의 정보공개

	제30조 : 살생물처리제품의 정보제공 등	제31조 : 자료의 보호
	제32조 : 자료 사용동의	제33조 : 척추동물 시험자료에 관한 특례
제4장 생활화학제품 및 살생물제의 사후 관리 등	제34조 : 표시·광고의 제한	제35조 : 판매 등의 금지
	제36조 : 새로운 위해성 등에 대한 보고 및 조치 권고	제37조 : 회수명령 등
	제38조 : 과징금의 부과	제39조 : 과징금의 징수 및 체납처분 등
	제40조 : 위반사실 공표	
제5장 생활화학제품 및 살생물제 안전관리의 기반조성	제41조 : 시험·검사기관의 지정 등	제42조 : 시험·검사기관의 결격사유
	제43조 : 시험·검사기관의 지정 취소 등	제44조 : 교육훈련 및 홍보
	제45조 : 중소기업에 대한 지원	제46조 : 생활화학제품 및 살생물제 안전센터의 지정 등
	제47조 : 생활화학제품 정보망 구축 등	제48조 : 관련 단체 등과의 협력 등
제6장 보칙	제49조 : 기록 및 보고	제50조 : 출입·검사·수거 등
	제51조 : 권리·의무의 승계	제52조 : 수수료
	제53조 : 청문	제54조 : 권한의 위임 및 업무의 위탁
	제55조 : 벌칙 적용에서 공무원 의제	
제7장 벌칙	제56~58조 : 벌칙	제59조 : 양벌규정
	제60조 : 과태료	

자료 : 「생활화학제품 및 살생물제의 안전관리에 관한 법률」을 토대로 저자 재작성

예상문제

1. 환경 독성학에 대한 설명으로 옳지 않은 것은?

① 환경 중으로 배출되는 다양한 유해요인이 인체 건강과 생태계 건전성에 미치는 해로운 영향에 대해 연구하는 학문이다.
② 생물학, 화학, 독성학, 환경과학 등 다양한 학문 분야와 연계된 다학제간 과학(multidisciplinary science)이다.
③ 환경 매체에 낮은 농도로 존재하여 사람 및 생태계에 영향을 주는 오염물질을 대상으로 한다.
④ 환경 독성학은 공공정책의 활용과는 거리가 먼 순수기초과학이다.

해설 환경 독성학은 기초과학과는 달리 공공정책에 의해서 발전되거나 시작되기도 하며, 규제 독성학과도 밀접하게 연관되어 있다.

2. 화학물질의 투여 용량이 높아지면 생체에 해로운 작용을 일으킨다는 개념을 주장한 독성학자로 옳은 것은?

① 테오 콜본(Theo Colbon)
② 파라켈수스(Paracelsus)
③ 라마치니(Bernardino Ramazzini)
④ 오르필라(Mathieu Orfila)

해설 파라켈수스(Paracelsus)는 용량－반응 간의 상관관계를 확립하였다.

3. 나이아가라강 인근에 매립된 독성 폐기물이 거주민에게 발암, 유산을 일으키면서 대중에게 알려졌으며, 미국에서 슈퍼펀드(superfund)법이 제정된 계기가 된 사건으로 옳은 것은?

① 러브 운하(Love canel) 사건
② 세베소(Seveso) 사고
③ 타임즈 비치(Times beach) 사건
④ 인도 보팔(Bhopal) 사고

해설 ② 세베소(Seveso) 사고 : 이탈리아의 살균제 생산 회사에서 안전밸브가 파열되어 다이옥신이 누출된 사건
③ 타임즈 비치(Times beach) 사건 : 미국 미주리주 타임즈 비치에서 폐유에 대량으로 포함되어 있던 다이옥신에 노출된 사건
④ 인도 보팔(Bhopal) 사고 : 인도 보팔시에 있는 농약 제조 공장에서 안전밸브가 파열되면서 아이소사이안화 메틸(methyl isocyanate ; MIC) 가스가 누출된 사건

4. 미국에서 「비상사태계획 및 지역사회 알 권리에 관한 법(EPCRA)」이 제정된 계기가 된 사건으로 옳은 것은?

① 인도 보팔(Bhopal) 사고
② 체르노빌(Chernobyl) 사고
③ 세베소(Seveso) 사고
④ 구미 불산 사고

해설 미국에서는 인도 보팔(Bhopal) 사고를 계기로 「비상사태계획 및 지역사회 알 권리에 관한 법(Emergency Planning and Community Right-to Know Act ; EPCRA)」이 제정되었으며, 화학물질에 대한 정보를 지역 주민들에게 공개하여 자신이 거주하는 지역 내 위해를 인지하도록 하였다.

5. 「환경보건법」의 4가지 기본이념으로 옳지 않은 것은?

① 참여와 알 권리 보장
② 환경 매체 중심의 접근
③ 민감・취약계층 보호 우선
④ 사전주의 원칙

해설 수용체 중심의 접근을 추구한다.

6. 「화학물질등록평가법」에서 다루는 중점관리물질에 해당되지 않는 것은?

① 발암성, 돌연변이성, 생식능력 이상을 일으키는 물질
② 체내 축적성이 높고 환경 중에 장기간 잔류하는 물질
③ 사람에게 노출되는 경우 폐, 간, 신장 등의 장기에 손상을 일으키는 물질
④ 피부 과민성, 눈 자극성이 있는 물질

7. 「화학물질관리법」에서 다루는 내용으로 옳지 않은 것은?

① 화학물질 배출량조사
② 위해관리계획서의 작성 · 제출
③ 제품에 함유된 중점관리물질의 신고
④ 화학사고 장외영향평가서의 작성 · 제출

해설 ③ 중점관리물질의 신고는 「화학물질등록평가법」에서 다루는 내용이다.

8. 「화학제품안전법」에서 관리하는 제품으로 옳지 않은 것은?

① 안전확인대상생활화학제품
② 살생물처리제품
③ 살생물제품
④ 위생용품

해설 ④ 위생용품은 「위생용품관리법」에 따라 식품의약품안전처에서 관리하고 있다.

정답 1. ④ 2. ② 3. ① 4. ① 5. ② 6. ④ 7. ③ 8. ④

CHAPTER 2

환경 독성학의 기초 개념

2-1 용량의 단위

용량(dose)은 한 번에 투여하는 물질의 양으로 정의된다. 독성학에서는 다른 분야와 동일하게 그램(gram)을 표준단위로 사용하나, 대부분의 노출이 이보다 적은 양이기 때문에 밀리그램(milligram ; mg)이 일반적으로 사용된다. 예를 들어, 아세트아미노펜(타이레놀의 주성분)의 성인 용량은 650 mg이며, 이부프로펜(애드빌의 주성분)의 성인 용량은 200 mg이다. 용량은 유효성과 독성을 잘 비교하기 위해 몸무게(kg)에 근거한 투여량(mg)을 사용해 mg/kg으로 표시하기도 한다. 복용한 용량의 전체 시간(time)도 중요한 인자이므로, 만성 노출인 경우에 투여량 단위를 mg/kg · day로 나타내기도 한다. 일부 물질은 밀리그램 단위보다도 훨씬 적은 양으로 독성을 나타내며, 이 단위를 그램 단위하면 표 2-1과 같다.

표 2-1. 용량의 단위

단 위	그램 환산
킬로그램(kilogram ; kg)	10^{3} g
그램(gram ; g)	1 g
밀리그램(milligram ; mg)	10^{-3} g
마이크로그램(microgram ; μg)	10^{-6} g
나노그램(nanogram ; ng)	10^{-9} g
피코그램(picogram ; pg)	10^{-12} g
펨토그램(femtogram ; fg)	10^{-15} g

표 2-2. 물환경 노출에서 주로 사용되는 용량의 단위

단 위	환 산
mg/L	parts per million (ppm)
μg/L	parts per billion (ppb)
ng/L	parts per trillion (ppt)
pg/L	parts per quadrillion (ppq)

환경 노출 단위는 단위 매체 내에 존재하는 오염물질의 양으로 표시된다. 즉, 액체는 mg/liter (mg/L), 고체는 mg/gram (mg/g), 기체는 mg/cubic meter (mg/m^3)로 표시된다. 필요에 따라 이보다 낮은 단위가 사용되고 있으며(예 : μg/mL), 그 외 자주 사용되는 단위로 백만(10^6)분의 일(ppm), 10억(10^9)분의 일(ppb), 1조(10^{12})분의 일(ppt)이 있다(표 2-2).

화학물질의 독성은 생체의 크기와 밀접한 관련이 있으므로 투여하는 양은 절대량보다는 다양한 인자 등을 고려한 상대적 용량 개념으로 정의한다. 따라서 시험관 내(*in vitro*) 실험에서는 매질 mL당 무게 단위(mg 또는 μg) 또는 몰단위(mM, μM, nM)를 사용하며, 동물실험에서는 체중 kg당 노출량 혹은 체표면적 m^{2}당 노출량으로 표시한다.

2-2 양-반응 관계 곡선

독성학에서는 화학물질의 특성을 평가하기 위해 용량과 독성반응의 상관관계를 연구해 왔다. 파라켈수스(Paracelsus)는 모든 물질은 독성이 있으며, 용량이 독성을 결정한다고 이야기하였다. 화학물질의 양을 증가시켜 독성작용을 나타낼 때 독성물질로 정의했다는 점에서 '용량-반응 관계'의 개념을 사용한 시초라 할 수 있다. 우리 주변의 많은 유해요인도 노출되는 양이 많아지면 독성이 나타날 수 있으며, 현재까지도 이러한 개념이 독성학의 근간이 되고 있

다. 예를 들어, 비스테로이드성 소염제로 사용되는 아스피린은 권장량을 섭취하는 것은 안전하지만, 고용량(예 : 70 kg의 체중을 가진 사람이 325 mg 정제를 30개 복용)을 복용하면 구토, 신부전, 호흡 곤란 등의 증상이 나타날 수도 있다.

트레반(Trevan)은 화학물질의 용량-반응 연구를 통해 1927년에 처음으로 반수치사량(median lethal concentration ; LD_{50}) 개념을 도입하였다(CCOHS, 2019). 반수치사량(LD_{50})은 '실험동물에 화학물질을 노출시켰을 때 실험동물의 50%가 치사할 때의 용량'으로 정의된다. 비슷한 개념으로서 반수치사농도(LC_{50})는 '실험동물의 50%가 치사하는 농도'가 된다. 반수치사량(LD_{50})과 반수치사농도(LC_{50})는 화학물질 간 상대적인 독성을 비교하는 데 있어 매우 유용하므로, 환경오염물질의 독성을 상대적으로 평가하는 데 적합한 수단이 된다. 반수치사량(LD_{50})과 반수치사농도(LC_{50})를 결정하는 가장 간단한 방법은 실험동물에 화학물질의 용량을 점차적으로 증가시켜 노출시킨 후 각 그룹에서 치사한 동물 수를 세어 양-반응 곡선을 그리는 것이다.

기본적으로 양-반응 관계에서는 반응이 투여된 물질에 의해 유발되며, 반응의 크기는 용량의 크기와 관련이 있다고 가정한다. 많은 비발암성 화학물질

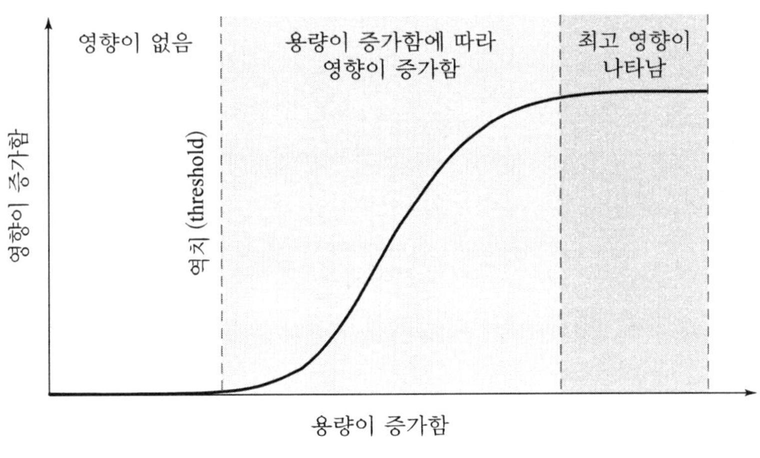

그림 2-1 양-반응 곡선(Dose-response curve)과 역치(Threshold)

들이 소량으로 투여될 때까지는 반응이 나타나지 않다가 일정량 이상으로 투여될 때 반응이 나타나기 시작하고, 최고 영향이 나타날 때까지 투여량과 비례하여 영향이 증가하게 된다. 어떤 자극이 체내에서 반응을 일으키기 위한 최소한의 자극 크기 값을 '역치(threshold)'라고 하며, 비발암성 화학물질들은 역치 모델을 적용해 양-반응 곡선이 S자 모양으로 나타나게 된다(그림 2-1).

양-반응 관계 곡선은 일반적으로 ① 정규분포 곡선, ② 누적 양-반응 곡선, ③ 확률 곡선으로 나타낼 수 있다(그림 2-2).

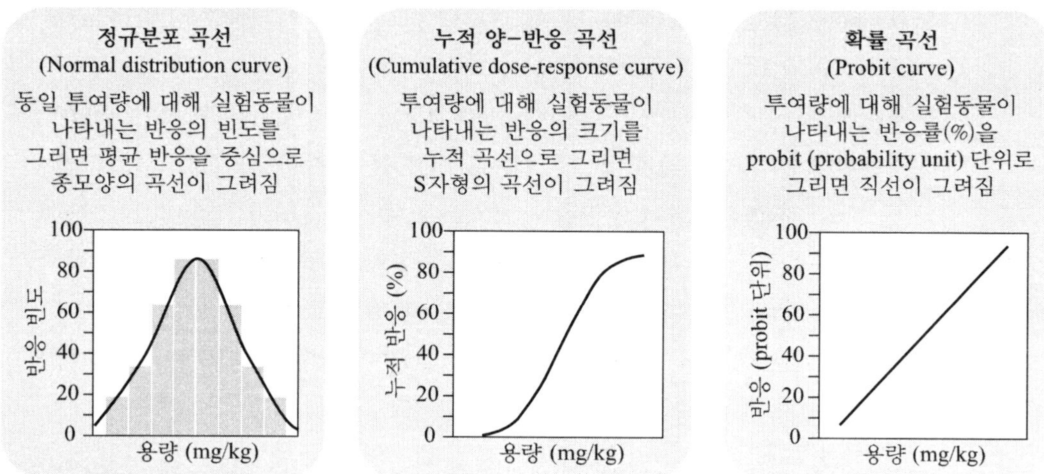

그림 2-2 양-반응 곡선(Dose-response curve)의 종류

1) 정규분포 곡선

실험동물에 투여한 용량(x축)의 구간별로 관찰된 영향의 빈도수(y축)를 히스토그램 막대로 표현한 후 중앙값을 이어 '정규분포 곡선(normal distribution curve)'을 나타낼 수 있다. 이 곡선은 '종 모양 곡선(bell-shape curve)' 또는 'Gaussian curve'라고도 불린다. 이러한 모양의 곡선이 형성되는 이유는 실험동물마다 독성물질에 대한 감수성(sensitivity)이 다르기 때문이다. 따라서 정규분포 곡선에서 x축의 왼쪽으로 갈수록 독성물질에 대한 민감성(sensitivity)이 크고 오른쪽으로 갈수록 저항성(resistence)이 큼을 의미한다. 시험에 많은 수의 실험동물을 사용할수록 곡선은 더욱 만곡형에 가깝게 된다. 정규분포 곡선

을 이용해 실험동물의 절반이 영향을 받게 되는 용량(ED_{50})을 산출할 수 있으며, 그림 2-3의 예에서는 100 mg/kg이 반수영향용량(ED_{50})이 된다. 정규분포 곡선에서 －2표준편차(－2SD)는 $ED_{2.3}$, －1표준편차(－1SD)는 ED_{16}, ＋1표준편차(＋1SD)는 ED_{84}, ＋2표준편차(＋2SD)는 $ED_{97.7}$에 각각 해당한다.

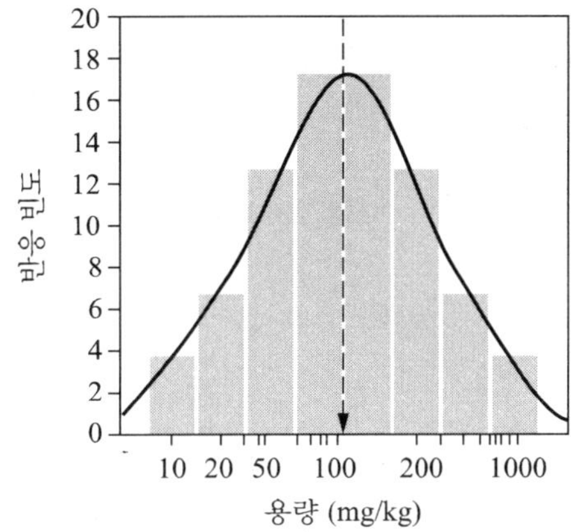

그림 2-3 정규분포 곡선(Normal distribution curve)의 예

2) 누적 양-반응 곡선

실험동물에 투여한 각 용량(x축)에서의 반응률을 누적(y축)하여 양－반응 곡선으로 나타낸 것을 '누적 양－반응 곡선(cumulative dose-response curve)'이라고 하며, 'S 곡선(sigmoidal curve)'이라고도 불린다. 이 곡선은 Bliss (1939)가 살충제의 용량과 곤충의 치사율에 대한 연구에서 처음으로 시도한 방법이다. 누적 반응률의 1표준편차(16～84%)는 직선 형태를 가져 양－반응 관계의 자료 분석이 편리하다. 많은 수의 실험동물을 사용할수록 곡선은 더욱 S자형에 가깝게 된다. 누적 양－반응 곡선을 이용해 실험동물의 절반이 영향을 받게 되는 용량(ED_{50})을 산출할 수 있으며, 그림 2-4의 예에서는 100 mg/kg이 반수영향용량(ED_{50})이 된다.

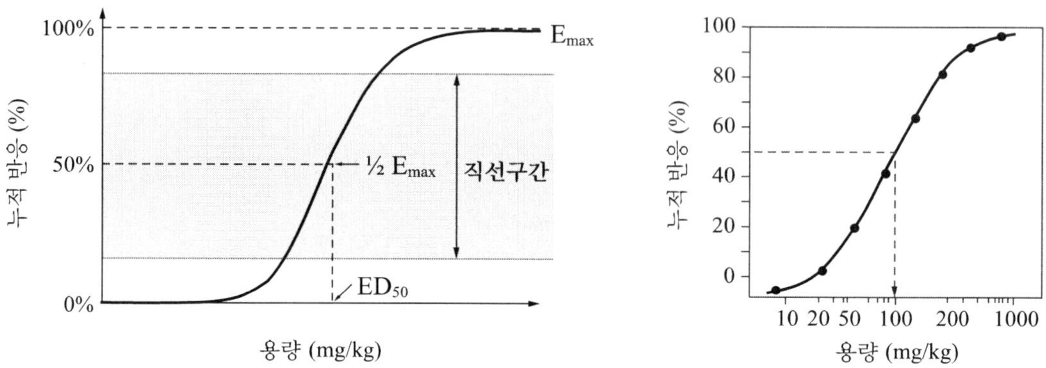

그림 2-4 누적 양-반응 곡선(Cumulative dose-response curve)의 예

3) 확률 곡선

실험자료의 실용적인 분석이 가능하도록 독성 영향의 백분율을 확률값(probit 단위)으로 환산하여 직선으로 나타난 그래프를 '확률 곡선(probit curve)'이라고 한다. 반응률을 정규등가편차(normal equivalent deviation ; NED)로 표시한 후 정규등가편차(NED)가 가지고 있는 +, -를 피하기 위해 정규등가편차(NED) 단위에 5를 더하여 probit 단위로 바꾼 것이다. 확률 곡선을 이용해 실험동물의 절반이 영향을 받게 되는 용량(ED_{50})을 산출할 수 있으며, 그림 2-5의 예에서는 100 mg/kg이 반수영향용량(ED_{50})이 된다.

반응률 (% response)	정규등가편차 (normal equivalent deviation)	probit 단위
0.1	−3	2
2.3	−2	3
16	−1	4
50	0	5
84	+1	6
97.7	+2	7
99.9	+3	8

1표준편차 : 67%, 2표준편차 : 95.4%, 3표준편차 : 99.8%

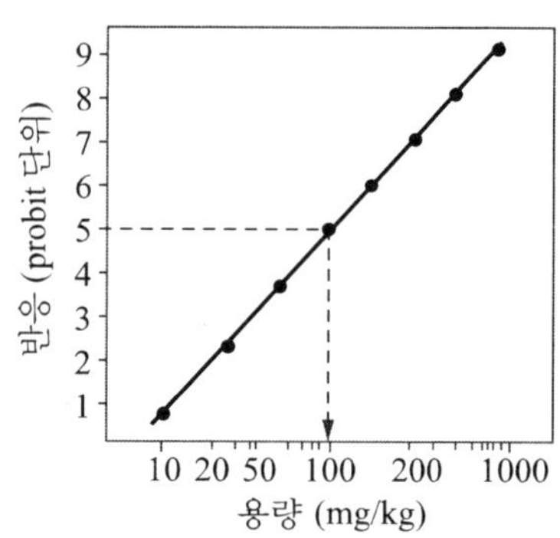

그림 2-5 확률 곡선(Probit curve)의 예

2-3 화학물질의 양-반응 관계 곡선 해석

양-반응 관계 곡선을 이용하여 여러 가지 화학물질의 독성의 정도를 비교할 수 있다. 아래에는 단일물질 A에 노출시킨 실험동물의 독성 자료를 이용하여(표 2-3) 정규분포 곡선과 누적 양-반응 곡선을 나타내었다(그림 2-6).

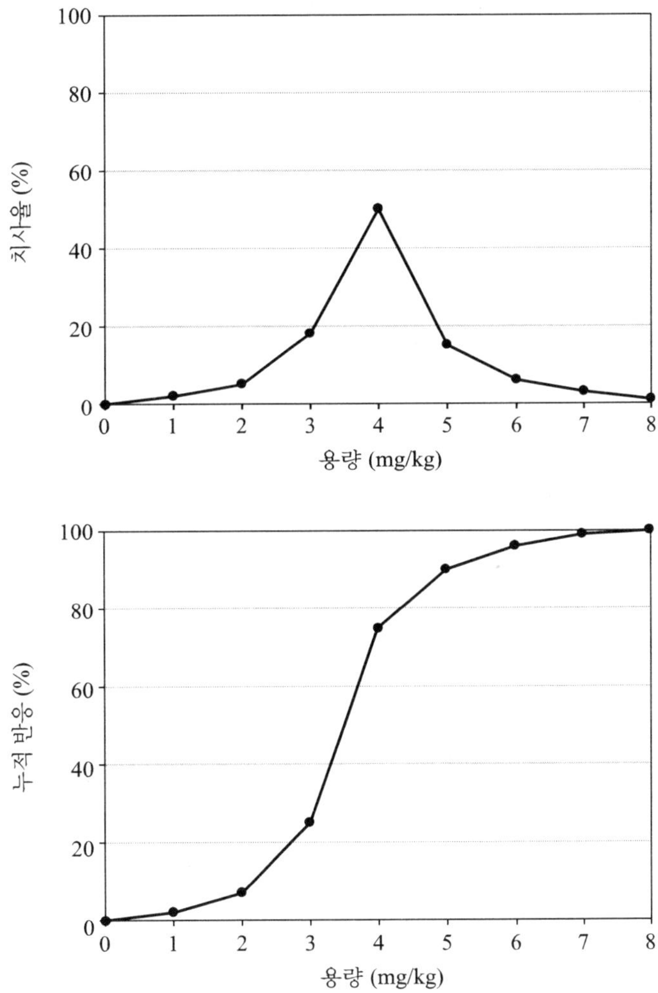

그림 2-6 A 물질에 대한 정규분포와 누적 양-반응 곡선

표 2-3. A 물질에 대한 독성 자료

독성 (%)	용량 (mg/kg)								
	0	1	2	3	4	5	6	7	8
각 용량에서 추가 사망률	0	2	5	18	50	15	6	3	1
누적 독성	0	2	7	25	75	90	96	99	100

A 물질에 대한 누적 양-반응 곡선을 이용하여 실험동물의 20% (LD_{20}), 절반이 영향을 받게 되는 용량(LD_{50})을 구할 수 있다(그림 2-7). LD_{20}은 약 2.7 mg/kg, LD_{50}은 약 3.5 mg/kg으로 산출된다.

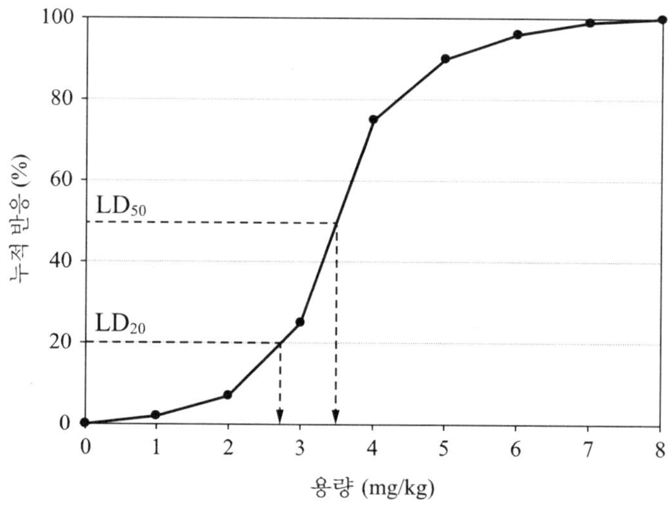

그림 2-7 A 물질의 누적 양-반응 곡선에서 LD_{20}, LD_{50} 산출하기

다음에는 A, B 물질의 누적 양-반응 곡선을 2가지의 사례로 나타내었다. 첫 번째 사례는 반수치사용량(LD_{50})으로 두 가지 물질의 독성을 비교한 것이다. 표 2-4의 자료를 이용하여 누적 양-반응 곡선을 그리면 그림 2-8과 같다. 이 곡선을 이용하여 실험동물의 50%가 영향을 받게 되는 용량(LD_{50})을 구하면 A 물질은 약 3.5 mg/kg, B 물질은 약 4.2 mg/kg으로 산출된다. A 물질이 더 적은 용량으로 같은 반응(LD_{50})을 나타낼 수 있으므로 B 물질보다 독성이

크다고 해석할 수 있다.

표 2-4. **A, B 물질에 대한 독성 자료(Case 1)**

물질	독성(%)	용량(mg/kg)								
		0	1	2	3	4	5	6	7	8
A	각 용량에서 추가 사망률	0	2	5	18	50	15	6	3	1
	누적 독성	0	2	7	25	75	90	96	99	100
B	각 용량에서 추가 사망률	0	2	3	7	26	44	11	5	2
	누적 독성	0	2	5	12	38	82	93	98	100

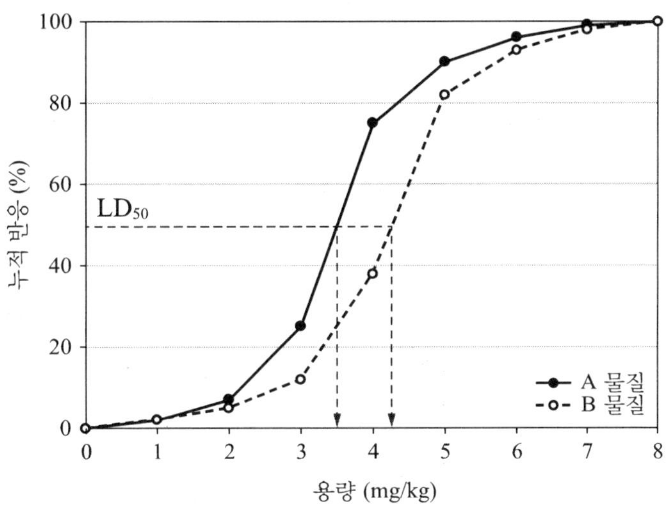

그림 2-8 A, B 물질의 누적 양-반응 곡선에서 LD_{50} 산출하기(Case 1)

두 번째 사례는 반수치사용량(LD_{50}) 외의 다른 용량을 선정하여 두 가지 물질의 독성을 비교한 것이다. 표 2-5의 자료를 이용하여 누적 양-반응 곡선을 그리면 그림 2-9와 같다. 이 곡선을 이용하여 실험동물의 50%가 영향을 받게 되는 용량(LD_{50})을 구하면 A 물질과 B 물질은 모두 약 3.5 mg/kg으로 산출된다. 그러나 LD_{50}이 같다고 A 물질과 B 물질이 같은 것은 아니므로, 해석에 주의를 기울여야 한다. 실험동물의 20%가 영향을 받게 되는 용량(LD_{20})은 A 물질이 약 2.8 mg/kg, B 물질이 약 2.2 mg/kg으로 산출되며, 실험동물의 80%가 영향을 받게 되는 용량(LD_{80})은 A 물질이 약 4.3 mg/kg, B 물질이 약 4.7 mg/kg으로 산출된다. LD_{20}을 기준으로 할 때에는 B 물질의 독성이 A 물질의 독성보다 크며, LD_{80}을 기준으로 할 때에는 A 물질의 독성이 B 물질의 독성보다 크다고 해석할 수 있다.

표 2-5. **A, B 물질에 대한 독성 자료**(Case 2)

물질	독성 (%)	용량 (mg/kg)								
		0	1	2	3	4	5	6	7	8
A	각 용량에서 추가 사망률	0	2	5	18	50	15	6	3	1
	누적 독성	0	2	7	25	75	90	96	99	100
B	각 용량에서 추가 사망률	0	5	10	15	40	15	10	5	0
	누적 독성	0	5	15	30	70	85	95	100	100

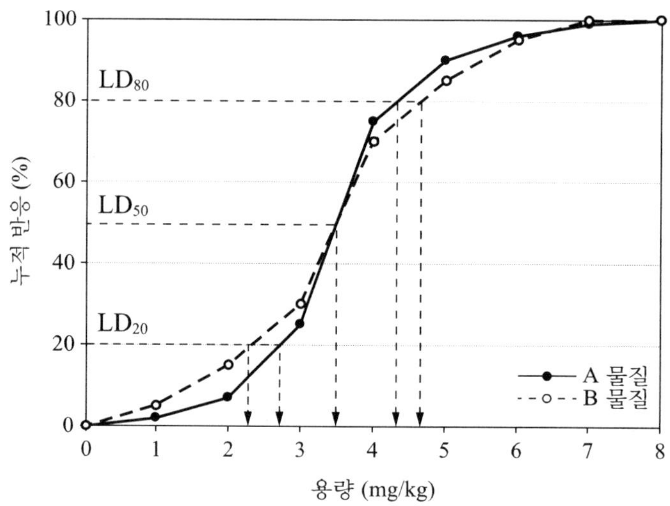

그림 2-9 A, B 물질의 누적 양-반응 곡선에서 LD_{20}, LD_{50}, LD_{80} 산출하기(Case 2)

2-4 역치와 호르메시스

이전에 논의된 양-반응 곡선이 S자 모양으로 나타난 것은 역치(threshold) 농도(또는 용량)가 있다는 가정에서 비롯된 것이다. 실제로 저용량에 노출될 때 실험동물에게 나타날 수 있는 독성물질의 활성은 3가지 모델로 설명된다(그림 2-10).

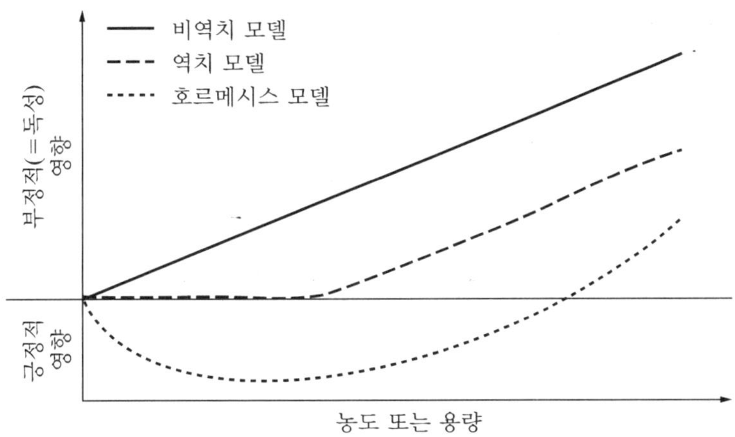

그림 2-10 비역치 모델, 역치 모델, 호르메시스 모델

1) 비역치 모델

비역치 모델(no threshold model)은 역치가 없다는 가정으로, 독성물질의 농도(또는 용량)가 증가할수록 영향이 나타난다는 것이다. 비역치 모델은 주로 인체에 노출되었을 때 암을 유발하거나 암 발생 가능성을 높이는 '발암성/유전독성 물질'에 적용된다. '발암성/비유전독성 물질'은 간접적으로 암의 진전을 촉진시키는 것이기 때문에 발암의 활성화에 역치가 있다고 가정하며, '발암성/유전독성' 물질은 직접적으로 세포 내 DNA를 변이시키고 잠복성 신생물로 변환시켜 암을 유발할 수 있기 때문에 역치가 없다고 가정한다. 비역치 모델을 적용하게 되는 발암성/유전독성 물질은 국제기관에서 발암 등급을 구분하여 표시하고 있다(표 2-6).

표 2-6. 국제기관에서 제시하는 발암성 물질의 분류 기준

분류기준	의미	IARC [a]	ACGIH [b]	US EPA [c]	EU [d]	NTP [e]
인간 발암 확정물질 (human carcinogen)	인간 대상 연구 : 충분 동물 대상 연구 : 충분	Group 1	Group A1	Group A	Category 1	K
인간 발암 우려물질 (probable human carcinogen)	인간 대상 연구 : 제한적 동물 대상 연구 : 충분	Group 2A	Group A2	Group B1, B2	Category 2	R
인간 발암 가능물질 (possible human carcinogen)	인간 대상 연구 : 제한적 동물 대상 연구 : 불충분	Group 2B	Group A3	Group C	Category 3	-
발암 미분류물질 (not classificable)	인간 대상 연구 : 불충분 동물 대상 연구 : 불충분	Group 3	Group A4	Group D	-	-
인간 비발암 물질 (probably not human carcinogen)	인간 발암 가능성 : 없음	Group 4	Group A5	Group E	-	-

[a] 국제암연구소 [b] 미국 산업위생전문가협의회 [c] 미국 환경보호청
[d] 유럽연합 [e] 미국 국립독성프로그램

2) 역치 모델

역치 모델(threshold model)은 보상 기전(compensatory mechanism)을 통해 생물이 특정 수준까지 독성물질의 영향을 완충시킬 수 있다고 가정하며, 역치 이하 수준의 농도(또는 용량)에서는 영향이 없다고 판단한다. 역치 모델은 '비발암성 물질' 또는 '발암성/비유전독성 물질'에 적용하며, 비발암성 물질의 독성 지표를 표 2-7에 제시하였다.

3) 호르메시스 모델

호르메시스 모델(hormesis model)은 저농도에서 독성물질이 첨가될 때 종말점의 긍정적 영향이 증가할 수 있다고 가정하는 것이다(Calabrese and Baldwin, 2003).

표 2-7. 비역치를 가정하는 발암성 물질과 역치를 가정하는 비발암성 물질의 독성 지표

비역치를 가정하는 발암성 독성 지표[단위]	역치를 가정하는 비발암성 독성 지표[단위]
• 발암잠재력(cancer slope factor ; CSF) [(mg/kg · day)$^{-1}$] • 단위위해도(unit risk ; UR) [(μg/m^3)$^{-1}$] • 25% 발암 증가를 나타내는 용량(T_{25}) [mg/kg · day] • 최소영향도출수준(derived minimal effect level ; DMEL) [mg/kg · day or mg/m^3]	• 무영향관찰용량(no observed adverse effect level ; NOAEL) [mg/kg · day] • 독성 참고치(reference dose ; RfD) [mg/kg · day] • 독성 참고치(reference concentration ; RfC) [mg/m^3] • 일일섭취허용량(acceptable daily intake ; ADI) [mg/kg · day] • 일일섭취한계량(tolerable daily intake ; TDI) [mg/kg · day] • 무영향도출수준(derived no effect level ; DNEL) [mg/kg · day or mg/m^3]

2-5 환경 독성학에서 자주 사용되는 용어

1) 종말점

종말점(endpoint)이란 독성시험의 종료를 나타내는 변수를 의미하며(국립환경과학원, 2012), 투여한 물질에 대한 실험동물의 영향을 판단하는 기준으로 사용되고 있다. 일반적으로 사용되는 급·만성 생태독성시험의 주요 종말점을 표 2-8에 제시하였다.

표 2-8. 급·만성 생태독성시험의 주요 종말점

급성 독성시험의 종말점	만성 독성시험의 종말점
• 반수치사농도(median lethal concentration ; LC_{50}) • 반수영향농도(median effect concentration) ; EC_{50}) • 반수저해농도(median inhibition concentration ; IC_{50})	• 10% 영향농도(10% effect concentration ; EC_{10}) • 무영향관찰농도(no observed effect concentration ; NOEC) • 최소영향관찰농도(lowest observed effect concentration ; LOEC)

(1) 반수치사농도

반수치사농도(median lethal concentration ; LC_{50})란 일정한 시험기간 실험동물 수의 절반(50%)이 죽게 되는 수용액 상의 시험물질 농도를 의미한다(국립환경과학원, 2012 ; 그림 2-11). 주로 급성으로 설치류 등의 육상생물에 시험물질을 흡입 노출하거나 액체 중에 시험물질을 녹여 수서생물에 노출할 때 사용하며, mg/L 등의 단위를 사용한다. 예를 들어, 물고기 급성 독성시험에서는 96시간 노출 후 치사(mortality)한 물고기의 개체수를 세어 96시간 반수치사농도(LC_{50})를 산출한다. 반수치사농도(LC_{50}) 값이 클수록 급성 독성이 낮음을 의미한다[예 : 반수치사농도(LC_{50})가 1,000 mg/L인 물질보다 10 mg/L인 물질의 급성 독성이 더 크다].

c.f. 반수치사량(median lethal dose ; LD_{50})
일정한 시험기간 실험동물 수의 절반(50%)이 죽게 되는 시험물질의 투여 용량(dose)을 의미한다(국립환경과학원, 2012). 주로 설치류 등의 육상생물에 시험물질을 경구 투여하여 급성으로 노출할 때 사용하며, mg/kg 등의 단위를 사용한다.

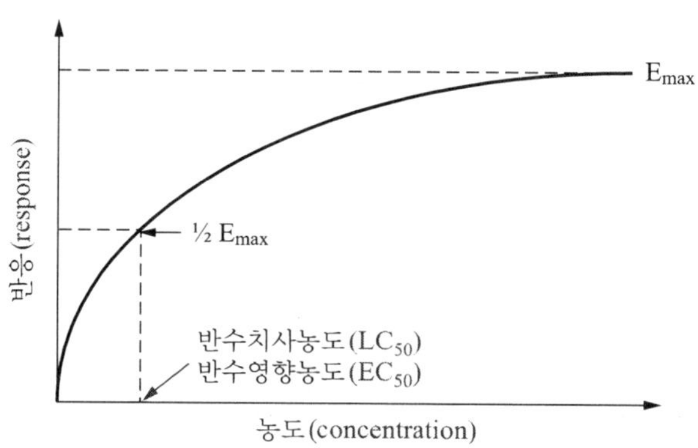

그림 2-11 양-반응 곡선에서 반수치사농도(LC_{50})와 반수영향농도(EC_{50})의 의미

설명 일반적으로 농도가 0이면 반응이 0이며, E_{max}는 최대반응률, EC_{50}은 수용체의 50%가 영향을 받는 농도, LC_{50}은 수용체의 50%가 치사하는 농도를 의미한다.

(2) 반수영향농도

반수영향농도(median effective concentration ; EC_{50})란 일정한 시험기간 실험동물 수의 절반(50%)이 독성영향을 받는 농도를 의미한다(국립환경과학원, 2012 ; 그림 2-11). 주로 급성으로 액체 중에 시험물질을 녹여 수서생물에 노출할 때 사용하며, mg/L 등의 단위를 사용한다. 예를 들어, 물벼룩 급성 독성시험에서는 48시간 노출 후 물벼룩의 유영저해(immobilization) 개체수를 세어 48시간 반수영향농도(EC_{50})를 산출한다. 반수영향농도(EC_{50}) 역시 값이 클수록 급성 독성이 낮음을 의미한다.

c.f. 반수영향용량(median effect dose ; ED_{50})
일정한 시험기간 실험동물 수의 절반(50%)이 영향을 받게 되는 시험물질의 투여용량(dose)을 의미한다(국립환경과학원, 2012). 주로 설치류 등의 육상생물에 시험물질을 경구 투여하여 급성으로 노출할 때 사용하며, mg/kg 등의 단위를 사용한다.

(3) 최소영향관찰농도

최소영향관찰농도(lowest observed effect concentration ; LOEC)는 일정한 시험기간 노출군과 대조군 간 영향의 빈도나 심각성이 통계적으로($p < 0.05$) 유의한 변화를 보이는 가장 낮은 농도를 말한다(국립환경과학원, 2012). 주로 만성 독성시험에서 종말점으로 사용되고 있으며, mg/L 등의 단위를 사용한다. 그림 2-12에서 최소영향관찰농도는 생존율의 경우 100 mg/L, 첫 번째 새끼를 낳는 시기 및 어미가 낳는 산자수의 경우 50 mg/L이다.

(4) 무영향관찰농도

무영향관찰농도(no observed effect concentration ; NOEC)는 일정한 시험기간 노출군과 대조군 간 영향의 빈도나 심각성이 통계적으로($p < 0.05$) 유의한 변화가 없는 가장 높은 농도를 말한다(국립환경과학원, 2012). 다만, 이러한 노출량에서 어떤 영향이 일어날 수도 있으나 특정한 악영향과 직접적인 관련성이 없으면 악영향으로 간주되지 않는다. 그림 2-12에서 무영향관찰농도는 생존율의 경우 50 mg/L, 첫 번째 새끼를 낳는 시기 및 어미가 낳는 산자수의 경

우 25 mg/L이다.

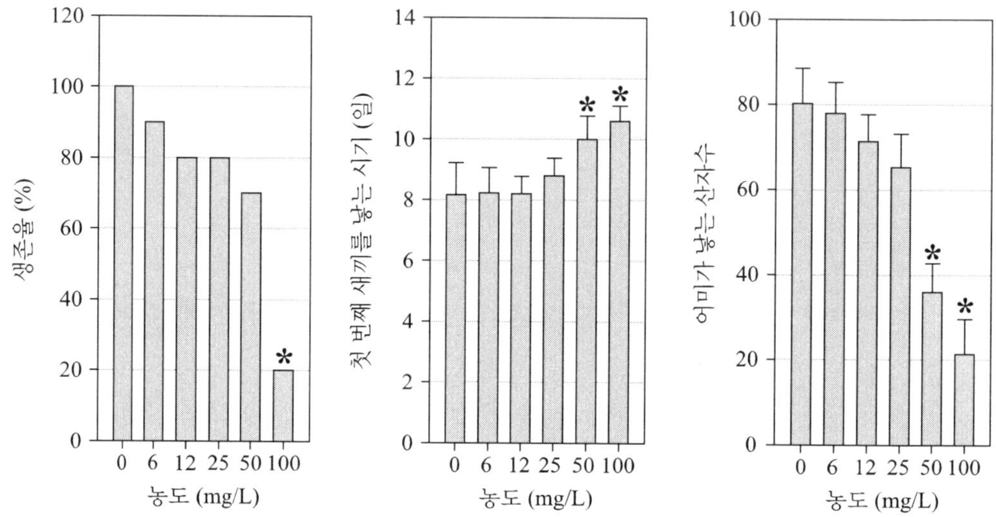

그림 2-12 무영향관찰농도(NOEC)와 최소영향관찰농도(LOEC)의 의미

설명 *는 대조군과 비교했을 때 통계적으로 유의한 차이가 발생함을 나타낸다.

2) 기준용량

기준용량(benchmark dose ; BMD)이란 독성 영향이 대조군에 비해 특정 증가분이 발생했을 때 이에 해당되는 노출량을 추정한 값을 말한다. 일반적으로 대조군과 비교해 5% (=BMD_5) 또는 10% (=BMD_{10})의 유해한 영향을 나타내는 용량이 사용된다. 그림 2-13의 용량–반응 곡선에서 BMD_{10}은 생물학적 영향(benchmark response) 10% (y축)에 대응하는 용량(x축)을 말한다. '기준용량 하한값(BMD lower bound ; BMDL)'이란 기준용량의 95% 신뢰구간 하한값을 나타낸다. 주로 대조군과 비교해 5% (=BMD_5) 또는 10% (=BMD_{10})의 반응이 나타나는 용량이 사용된다.

3) 독성시작값

독성시작값(point of departure ; POD)이란 아주 낮은 농도에서 독성이 시작되는 지점으로 정의되며(그림 2-13), 독성참고치(RfD)로 외삽하는 데 사용된다. 실험에서 관찰된 무영향관찰용량(NOAEL), 최소영향관찰용량(LOAEL)과 같은 독성값이나 수학적 모델을 활용하여 산출된 기준용량(BMD) 등의 독성값을 활용할 수 있다.

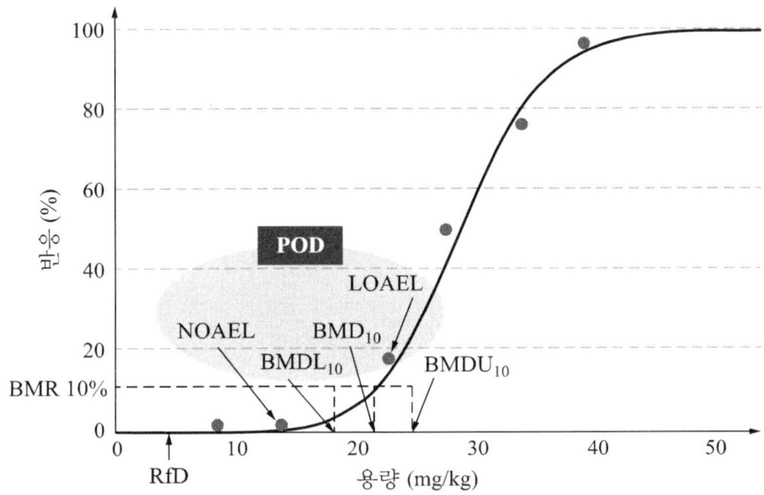

그림 2-13 기준용량(benchmark dose)의 설정과 독성시작값(point of departure)

자료 : EFSA (2009)를 참고하여 저자 재작성

2-6 독성물질의 상호작용

1) 상호작용 기전

일반적으로 화학물질의 상호작용은 협동작용(incorporation)과 길항작용(antagonism)으로 나누어진다. 협동작용은 두 가지 독성물질에 동시 노출될 경우 전체 독성이 개별적으로 노출된 독성을 합한 것보다 큰 경우를 말한다(그림 2-14). 길항작용은 두 가지 독성물질에 동시 노출될 경우 한 물질이 다른 물질의 독성작용을 방해함으로써 전체 독성이 개별 독성물질들을 합한 것보다 작아지는 현상을 말한다(그림 2-14).

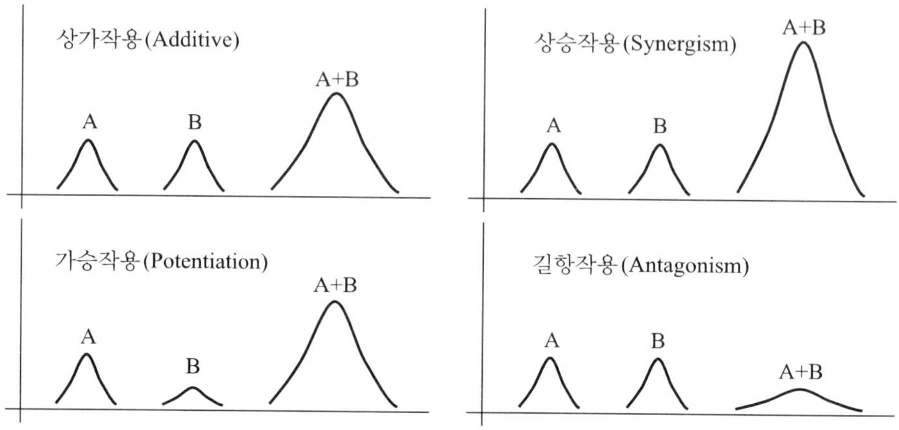

그림 2-14 화학물질의 상호작용 기전

(1) 협동작용

① 상가작용(additive effect)

두 물질에 동시에 노출될 경우 전체 독성이 개별적인 독성을 합한 것과 비슷하다는 현상을 의미한다(그림 2-14). 예를 들어, A 물질의 독성이 1, B 물질의 독성이 2라고 가정하면 상가작용 결과의 전체 독성은 1+2=3이 되는 경우이다.

② 상승작용(synergistic effect)

두 물질에 동시에 노출될 경우, 적어도 개별적으로 노출될 경우에 나타나는 독성을 합한 것보다 커지는 현상을 의미한다(그림 2-14). 예를 들어, A 물질의 독성이 1, B 물질의 독성이 2라고 가정하면 상가작용 결과의 전체 독성은 3보다 큰 경우이다.

③ 가승작용(potentiation)

단독으로 노출될 경우에는 독성이 전혀 없거나 혹은 거의 없는 물질(A 물질)이 다른 독성물질(B 물질)과 함께 노출되면 독성물질(B 물질)의 독성이 현저하게 증가되는 현상을 의미한다(그림 2-14). 예를 들어, A 물질의 독성이 0, B 물질의 독성이 2라고 가정하면 가승작용 결과의 전체 독성은 10이 되는 경우이다.

(2) 길항작용

길항작용(antagonism)은 두 가지 독성물질에 동시 노출될 경우 전체 독성이 개별 독성물질들을 합한 것보다 작아지는 현상으로, 화학적, 생리적, 배분적, 수용체 길항작용으로 분류된다(표 2-9).

표 2-9. 길항작용의 분류

분류	의 미
화학적 길항작용 (chemical antagonism)	불활성화(inactivation) 과정이라고도 부르며, 두 물질에 동시 노출될 경우 상호반응하여 독성이 감소되는 현상을 말한다.
생리적 길항작용 (functional antagonism)	기능적 길항작용이라고도 부르며, 두 물질이 생체에서 서로 반대되는 생리기능을 갖기 때문에 동시에 노출되면 독성이 상쇄 또는 감소되는 경우이다.
배분적 길항작용 (dispositional antagonism)	독성물질의 생체 내 흡수, 분포, 생체 내 변환, 배설 과정을 변화시켜 독성이 감소되는 경우이다.
수용체 길항작용 (receptor antagonism)	차단제(blocker)에 의한 길항작용이라고도 부르며, 두 종류의 독성물질이 생체 내 같은 수용체에 결합하는데 동시에 노출될 경우 서로 경쟁하여 독성이 감소하는 현상을 말한다.

2) 혼합물의 독성

일반적으로 혼합물에 대한 유해성은 '전체 혼합물에 대한 접근(whole mixture approach)'과 '구성 물질에 대한 접근(component-based approach)'으로 나뉜다. 전체 혼합물에 대한 접근법은 혼합물을 하나의 개별물질처럼 직접적인 독성 영향을 측정하는 방법이다. 예를 들어, effect-directed analysis (EDA), toxicity identificaton and evaluation (TIE), whole effluent toxicity (WET) 시험 등이 이에 속한다.

구성 물질에 대한 접근은 크게 농도부가(concentration addition ; CA) 방법과 독립기전(independent action ; IA) 방법으로 나눌 수 있다. 두 물질의 작용기전이 비슷할 경우 농도부가(CA) 방법으로 예측한 결과와 비슷하며, 작용기전이 서로 다를 경우에는 독립기전(IA) 방법이 적절하다. 아직까지는 혼합물의 상호작용에 대한 지식과 정보가 부족하여 농도부가(CA) 방법이 가장 보수적인 방법으로 활용되고 있으며, 신(新)화학물질 관리제도(REACH)와 Water Framework Directive (WFD)에서도 농도부가(CA) 방법을 기본값으로 사용할 것을 권장하고 있다.

2-7 환경오염물질의 생체 내 거동

환경오염물질이 생체 내로 흡수(absorption)되면 혈액을 따라 이동하여 수용체(receptor)에 분포(distribution)하고, 간에서 대사(metabolism)가 이루어진 후 대소변, 땀 등으로 배출(excretion)된다(그림 2-15). 이러한 일련의 과정을 생체 내 거동이라고 한다.

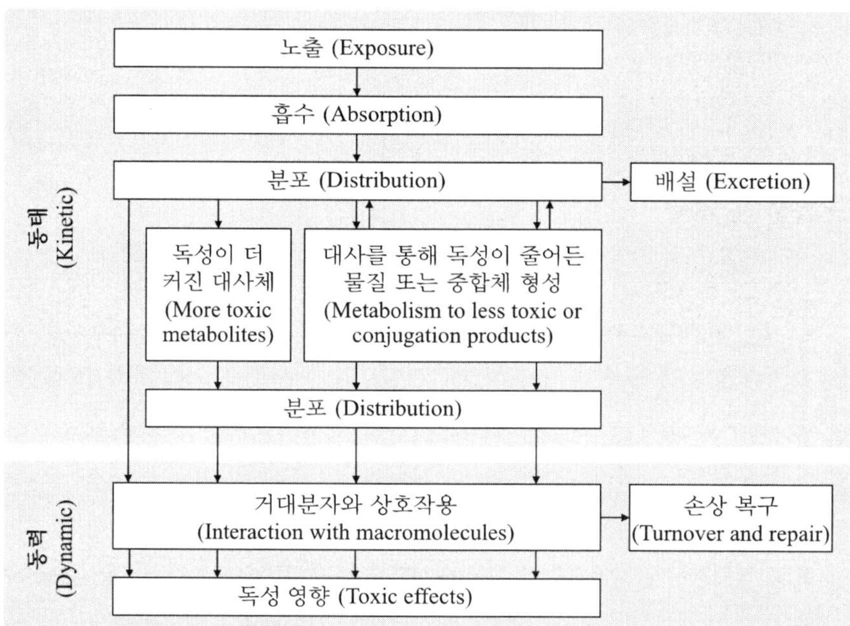

그림 2-15 독성물질의 생체 내 거동

1) 흡수

환경오염물질이 세포막을 통과하여 생체 내로 흡수되는 경로는 수용체에 따라 다르다. 예를 들어, 사람은 경구, 흡입, 경피 등의 경로를 통해 흡수되며, 생태계의 생물들은 사람과 다른 흡수 경로(예 : 각피, 아가미 등)가 있다(표 2-10).

표 2-10. 사람과 생태계 수용체의 흡수 경로 차이점

사람	생태계 수용체
• 경구(oral) : 물, 음식, 먼지의 흡수 경로 • 흡입(inhalation) : 가스상, 입자상 물질의 흡수 경로 • 경피(dermal) : 지질 화합물의 흡수 경로	• 곤충류의 각피(cuticle) : 척추동물의 피부보다 더 중요한 흡수 경로 • 어류의 아가미 : 용해된 물환경 오염물질의 중요한 흡수 경로

환경오염물질이 생체 내로 흡수되는 기전은 크게 3가지로 구분된다. 즉, 세포 내외의 독성물질의 농도 차이로 발생하는 수동적 수송(passive transport), 세포 내 에너지(adenosine triphosphate ; ATP)를 원동력으로 이용하는 능동적 수송(active transport), 그리고 세포막의 일부가 독성물질을 감싼 다음 세포질 내로 흡인하여 통과시키는 세포 흡수(endocytosis)로 구분된다(그림 2-16).

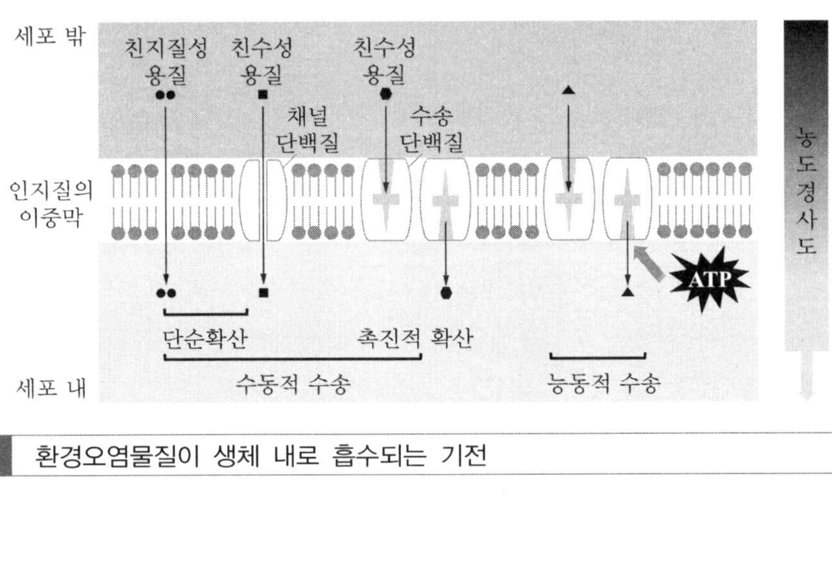

그림 2-16 환경오염물질이 생체 내로 흡수되는 기전

(1) 단순 확산

단순 확산(simple diffusion)은 세포막 내외의 농도경사도(concentration gradient)에 따라 세포막을 통과하는 형태로, 세포 내 또는 세포 밖으로 농도의 평형이 이루어질 때까지 이동한다. 세포 내 에너지(ATP)를 사용하지 않는 수동적 운반이며, 수서생물의 체내로 독성물질이 유입되는 가장 중요한 방식이다. 분자량 600 이하의 친수성 물질은 단백질 채널(protein channel)을 통해 이동하며, 소수성(=친지질성) 물질은 인지질 막을 통해 통과한다.

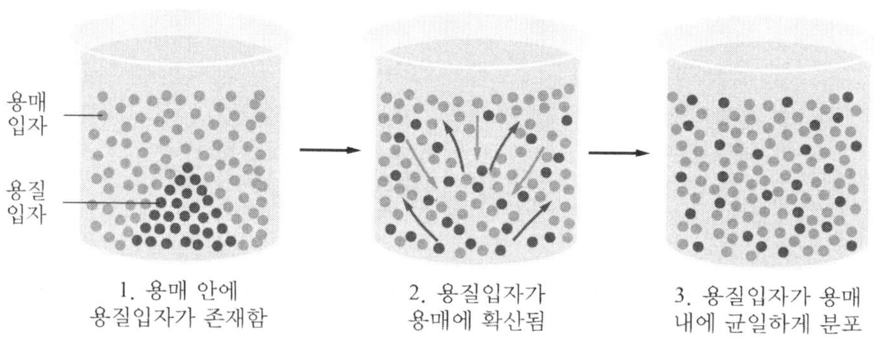

그림 2-17 단순 확산의 원리

(2) 여과

여과(filtration)란 세포막의 작은(0.2～0.4 nm) 구멍으로 삼투압 혹은 수압에 의해 물이 통과할 때 독성물질이 함께 통과하는 형태로서 주로 저분자의 유기물질이나 무기물질이 통과하는 방식이다.

(3) 촉진적 확산

촉진적 확산(facilitated diffusion)이란 화학물질이 특정 운반 단백질(carrier protein)에 결합되어 세포막을 통과하는 방식이다. 세포 내 에너지(ATP)를 사용하지 않고 농도경사도에 따라 이동하는 수동적 운반이며, 수송체가 최대수송한계를 갖는다. 이 방식은 친수성(=지용성이 약한) 화학물질이 지방성 막을 아주 천천히 이동할 때 사용되며, 흡수된 독성물질의 대사체를 제거할 때에도 사용된다.

(4) 능동적 수송

능동적 수송(active transport)이란 특정 운반체 단백질(carrier protein)에 결합되어 세포막을 통과하며, 세포 내 에너지(ATP)를 사용한다. 농도경사도를 넘어 세포가 분자들을 운반하며, 흡수된 독성물질의 대사체를 제거할 때에도 사용된다.

(5) 세포 흡수

세포 흡수(endocytosis)란 세포막이 주위로 늘어지면서 거대 화학물질을 감싼 다음 세포질 내로 흡인하여 통과시키는 방식으로서, 주로 큰 분자들의 수동·능동 수송이 불가능할 때 사용되는 과정이다. 일단 삼켜지면 세포막 안으로 함입되어 소포를 형성하고 세포막에서 떨어지게 된다. 독성물질이 액체인 경우에는 음세포작용(pinocytosis), 고체인 경우에는 식세포 작용(phagocytosis)이라 세분하여 부르기도 한다.

독성물질은 노출 경로와 노출 부위, 독성물질의 특성에 따라 흡수되는 양이 달라진다. 특히 수서생물은 사람과 달리 섭취(uptake)와 배출이 단순 확산(simple diffusion)으로 이루어지며, 이러한 단순 확산에 영향을 주는 물질의 특성은 다음과 같다(그림 2-18).

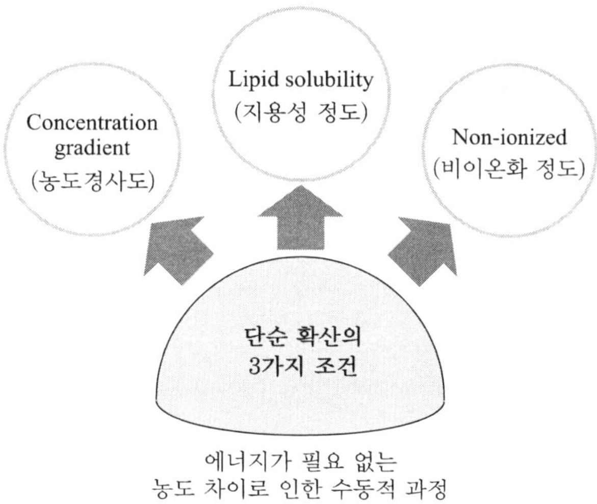

그림 2-18 단순 확산에 영향을 미치는 인자들

- 농도경사도(concentration gradient) : 세포막을 중심으로 안쪽과 바깥쪽의 독성물질의 농도 차이를 말한다. 농도경사도가 클수록 단순 확산이 잘 일어난다.
- 지용성 정도(lipid solubility) : 화학물질이 지질에 녹는 정도를 나타내는 것으로서 옥탄올－물 분배계수(logKow)로서 표시할 수 있다. 옥탄올－물 분배계수(logKow)는 화학물질이 지용성을 대표하는 옥탄올과 수용성을 대표하는 물 중에서 어느 쪽에 더 잘 녹는지를 나타내는 분배계수를 상용대수 값으로 나타낸 것으로, 옥탄올－물 분배계수가 클수록 지용성이 크다는 것을 의미한다. 예를 들어, 옥탄올－물 분배계수(logKow)가 3이라는 것은 물보다 옥탄올에 $10^3=1,000$배 잘 녹는다는 것을 의미한다. 옥탄올－물 분배계수(logKow)는 일정 수준(약 6)까지는 단순 확산을 통한 흡수와 생물 농축이 증가하지만, 이 수준을 초과하면 더 이상 증가하지 않고 감소한다.
- 비이온화 정도(non-ionized) : 물질의 극성을 표시하는 것으로서 이온화되지 않은 형태일수록 세포의 지질막을 통한 확산이 용이하다.

2) 분포

입, 코, 피부를 통해 흡수된 독성물질은 흡수경로에 따라 체내 분포(distribution) 양상이 다르다. 예를 들어, 섭취 경로(oral)를 통해 들어온 독성물질은 간에서 대사가 되고 심혈관 순환계, 림프 순환계를 따라 전신으로 이동한다. 흡입 경로(inhalation)를 통해 들어온 독성물질은 폐순환계로 직접 들어간 후 폐정맥을 통해 산소와 함께 운반된다. 피부경로(skin)를 통해 들어온 독성물질은 말초혈액으로 들어와 멀리 떨어진 조직까지 분포된 후 세포들과 작용하게 된다. 독성물질의 분포에 영향을 주는 요인들을 표 2-11에 정리하였다. 포유류의 중요한 기관에는 특수 장벽이 있어 독성물질의 흡수를 지연시키며, 대표적으로 혈액－뇌 관문(그림 2-19), 혈액－태반 관문이 있다.

표 2-11. 독성물질의 분포에 영향을 주는 요인들

요인들	내 용
독성물질의 물리화학적 성질	크기가 작고 비극성 독성물질일수록 목표 조직에 더 잘 접근할 수 있음
농도경사도	혈액과 조직에서 독성물질의 농도차이가 클수록 목표 조직에 더 잘 접근할 수 있음
특정조직을 통과하는 혈액량	혈액의 흐름이 증가되면 근육과 장기들에 더 많은 독성물질이 축적될 수 있음
특정물질의 조직에 대한 특이성/선호도	피하지방은 혈액이 잘 흐르지 않아도 지질 용해성 독성물질이 잘 침착됨
독성물질의 흡수를 지연시키는 특수 장벽의 존재	뇌, 태반 등은 특수 장벽이 있어 독성물질들이 확산되기 어려움

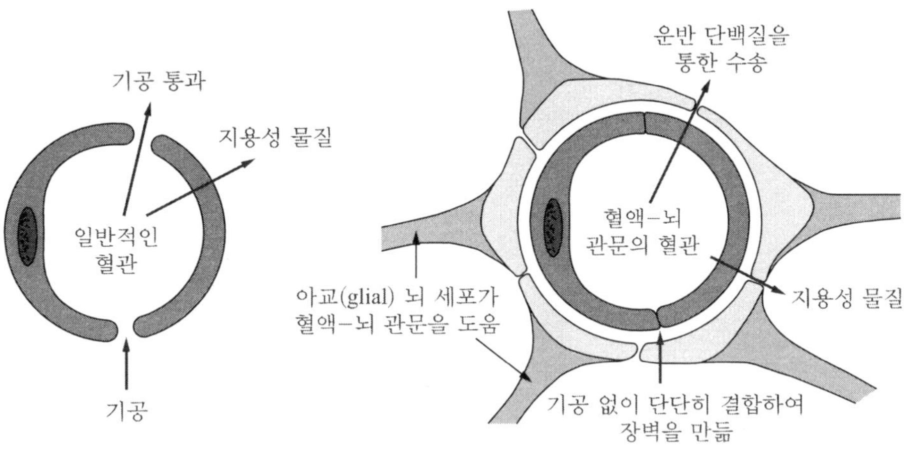

그림 2-19 일반 혈관과 혈액-뇌 관문(Blood-brain barrier)의 비교

설명 : 뇌에는 특수 장벽이 있어 독성물질들이 확산되기 어렵다.

3) 대사

대사(metabolism)란 인체로 들어오는 내인성, 외인성 물질이 배설이 용이하도록 소수성(hydrophobic)에서 친수성(hydrophilic) 분자로 변화시키는 과정을 의미한다. 대사는 주로 간에 존재하는 효소가 관여하며, 대부분의 대사체

(metabolites)는 모화합물(parent compound)보다 독성이 약해진다. 대사는 크게 제1상 대사(phase I metabolism)와 제2상 대사(phase II metabolism)로 구성된다(그림 2-20).

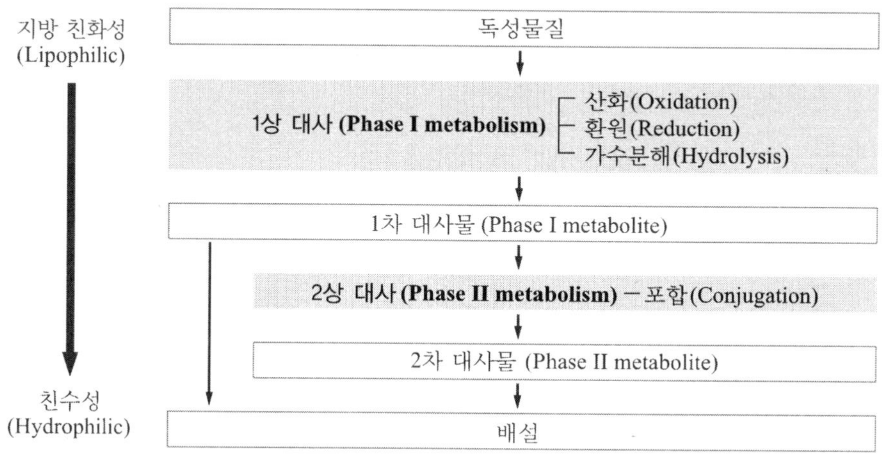

그림 2-20 독성물질의 대사 과정

제1상 대사반응은 독성물질 내의 작은 극성기가 드러나게 하거나 독성물질에 극성기가 결합되어 진행된다. 극성기가 결합되면 독성물질의 수용해도가 증가하여 배설이 잘 된다. 이 반응은 비특이성을 가지는 효소에 의해 촉매 되는데, 가장 대표적인 효소는 사이토크롬 P450 (cytochrome P450 ; CYP)이다. 제1상 대사반응에는 산화반응(oxidation), 환원반응(reduction), 가수분해(hydrolysis)가 있다(표 2-12).

제1상 대사반응이 끝나면 활성이 큰 화학기[예 : 수산기(−OH기), 아미노기(−NH_2기), 카르복실기(−COOH기)]가 포함된 새로운 중간 대사물이 생성된다. 제1상 대사반응 후에 생성된 중간 대사체들은 이들이 생체 밖으로 배설될 만큼 충분한 친수성을 갖지 못하는 경우도 있다. 이러한 대사체들은 극성을 더 증가시키기 위해 제2상 대사반응이 진행된다.

제2상 대사반응은 일종의 포합 반응(conjugation reaction)으로서(표 2-13), 체내에 존재하는 정상적인 분자가 제1상 대사체의 반응 부위에 결합하는 것이다. 제2상 대사반응의 효소들은 당, 아미노산과 같은 내인성 기질을 결합시켜

극성을 증가시키며, 대개의 경우 제2상 대사체는 모분자나 제1상 대사체보다 친수성이 높아 생체 배설이 쉽게 일어난다. 글루쿠로나이드 결합(glucuronidation)과 황산 결합(sulfate conjugation)이 제2상 대사반응에서 중요한 반응이다.

표 2-12. 대표적인 제1상 대사반응의 예

제1상 대사반응	예
산화 (Oxidation)	• Cytochrome P450 monooxygenase system • Flavin-containing monooxygenase system • Alcohol dehydrogenation • Aldehyde dehydrogenation • Monoamine oxidase • Co-oxidation by peroxidase
환원 (Reduction)	• NADPH-cytochrome P450 reductase • Reduced (ferrous) cytochrome P450
가수분해 (Hydrolysis)	• Esterases and amidase • Epoxide hydrolase

자료 : Wikipedia를 참고하여 저자 재작성

표 2-13. 대표적인 제2상 대사반응의 예

제2상 대사반응	관여하는 효소	함께 작용하는 물질
글루쿠로나이드 결합 (glucuronidation)	UDP-glucuronosyltransferases	UDP-glucuronic acid
황산 결합 (sulphate conjugation)	Sulfotransferases	3′-phosphoadenosine-5′-phosphosulfate
글루타치온 결합 (glutathione conjugation)	Glutathione S-transferases	Glutathione
아세틸화 결합 (acetylation)	N-acetyltransferases Bile acid-CoA : amino acid N-acyltransferases	Acetyl coenzyme A
메틸화 반응 (methylation)	Methyltransferase	S-adenosyl-L-methionine

자료 : Wikipedia를 참고하여 저자 재작성

4) 배출

독성물질의 배출은 독성을 결정하는 중요한 요소로서, 체내에 오래 머무를수록 독성 발현의 가능성이 커진다. 즉, 빨리 배출될수록 독성 발현의 기회가 줄어든다는 의미이다. 일반적으로 독성물질은 소변, 배설물, 숨을 내쉬는 것을 통해 배출된다.

가장 빈번히 이루어지는 배출 기전은 신장에서 생성된 소변을 통해 배설되는 것이다. 신장에서는 사구체 여과, 원위세뇨관 분비, 근위세뇨관 재흡수의 3가지 과정이 일어나며, 극성 물질들이나 대사체는 사구체 여과와 세뇨관 분비로 소변을 통해 제거된다. 흡수되지 않은 생체 이물질, 장간순환을 거친 대사체는 대변을 통해 배출되며, 폐는 기체 상태로 존재하는 생체 이물질을 호흡을 통해 제거한다. 그 외에도 타액, 땀, 모유, 손톱, 머리카락, 피부 등으로도 배출된다. 알코올음료를 섭취하였을 때 우리 몸에서 흡수, 분포, 대사, 배출되는 과정을 그림 2-21에 제시하였다.

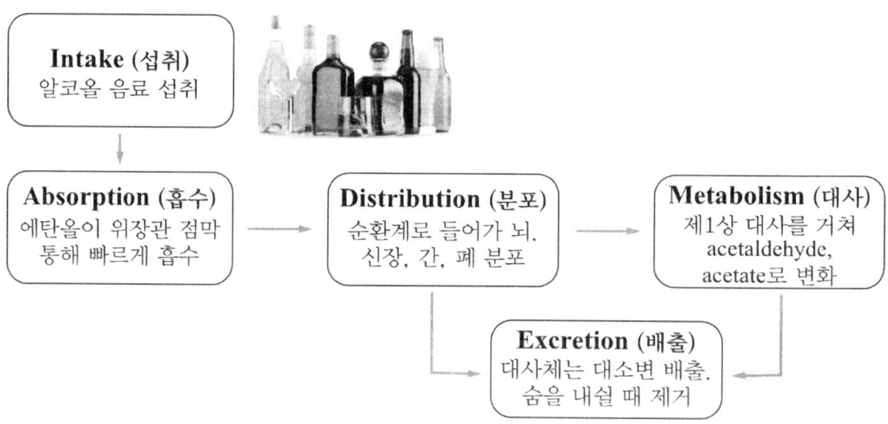

그림 2-21 알코올음료를 섭취한 후 흡수, 분포, 대사, 배출되는 과정의 예

예상문제

1. 용량(μg)이 나타내는 의미로 옳은 것은?

① g의 $\frac{1}{1,000,000}$

② g의 $\frac{1}{1,000}$

③ g의 1,000

④ g의 1,000,000

2. 다음의 누적 양－반응 곡선에 대한 설명으로 옳지 않은 것은?

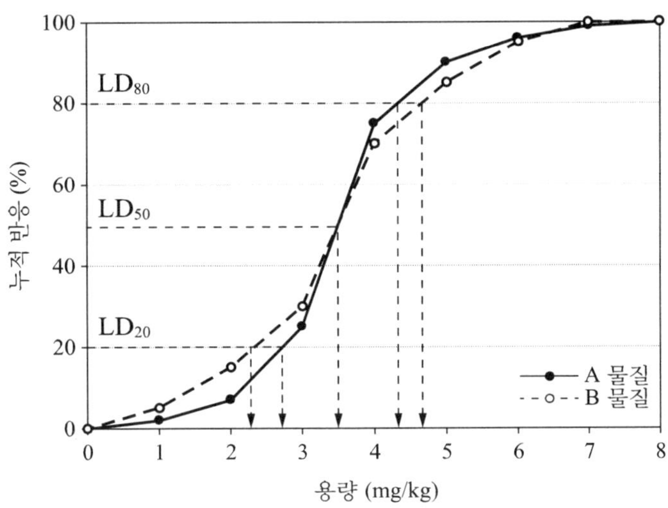

① A 물질과 B 물질의 반수치사량(LD_{50})은 같다.

② 실험동물의 20%가 치사하는 용량(LD_{20})을 기준으로 할 때 B 물질의 독성이 A 물질의 독성보다 크다.

③ 실험동물의 80%가 치사하는 용량(LD_{80})을 기준으로 할 때 A 물질의 독성이 B 물질의 독성보다 크다.

④ A 물질과 B 물질은 같은 물질이다.

해설 반수치사량(LD_{50})이 같다고 A 물질과 B 물질이 같은 것은 아니다.

3. A 물질을 대조군과 시험군에 투여한 후 물벼룩의 산자수 변화를 측정한 결과이다. 무영향관찰농도(NOEC)와 최소영향관찰농도(LOEC)로 옳은 것은? (*는 대조군과 비교했을 때 통계적으로 유의한 차이가 발생함을 의미한다)

투여농도 (mg/L)	산자수	p–value
0 (대조군)	100	-
6.25	102	0.98
12.5	92	0.76
25	75	0.21
50	62	0.04 *
100	40	0.01 *

① NOEC 6.25 mg/L, LOEC 12.5 mg/L
② NOEC 12.5 mg/L, LOEC 25 mg/L
③ NOEC 25 mg/L, LOEC 50 mg/L
④ NOEC 50 mg/L, LOEC 100 mg/L

해설 대조군과 비교했을 때 통계적으로 유의한 차이가 발생하는 가장 낮은 농도(50 mg/L)가 최소영향관찰농도(LOEC)이며, 통계적으로 유의한 차이가 관찰되지 않는 가장 높은 농도(25 mg/L)가 무영향관찰농도(NOEC)이다.

4. 발암성 물질의 평가에 활용되는 독성지표로 옳지 않은 것은?

① 발암잠재력(CSF)
② 독성참고치(RfD)
③ 최소영향도출수준(DMEL)
④ 단위위해도(UR)

해설 발암성은 역치(threshold)가 없음을 가정하며, 독성참고치(RfD)는 비발암성 독성지표로 사용된다.

5. '인간 발암 우려 물질'에 해당하는 발암성 분류기준으로 옳은 것은?

① 유럽연합(EU)의 Category 2
② 국제암연구소(IARC)의 Group 2B
③ 미국 환경보호청(US EPA)의 Group C
④ 미국 산업위생전문가협의회(ACGIH)의 Group A3

해설 국제암연구소(IARC)의 Group 2A, 미국 환경보호청(US EPA)의 Group B1, B2, 미국 산업위생전문가협의회(ACGIH)의 Group A2에 해당된다.

발암성 분류기준	IARC	ACGIH	US EPA	EU
인간 발암 확정 물질	Group 1	Group A1	Group A	Category 1
인간 발암 우려 물질	Group 2A	Group A2	Group B1, B2	Category 2
인간 발암 가능 물질	Group 2B	Group A3	Group C	Category 3
발암 미분류 물질	Group 3	Group A4	Group D	-
인간 비발암 물질	Group 4	Group A5	Group E	-

6. 만성 생태독성의 종말점으로 옳지 않은 것은?

① 무영향관찰농도(NOEC)
② 최소영향관찰농도(LOEC)
③ 반수영향농도(EC_{50})
④ 10% 영향농도(EC_{10})

해설 반수영향농도(EC_{50})는 급성 생태독성의 지표로 사용된다.

7. 독성시작값(POD)에 활용할 수 있는 독성값으로 옳지 않은 것은?

① 무영향관찰용량(NOAEL)
② 최소영향관찰용량(LOAEL)
③ 기준용량(BMD)
④ 일일섭취허용량(ADI)

해설 독성시작값은 독성참고치(RfD)로 외삽하는 데 사용되는 독성값이다.

8. 두 가지 독성물질에 동시 노출될 경우 전체 독성이 개별적으로 노출된 독성을 합한 것보다 큰 경우를 의미하는 용어로 옳지 않은 것은?

① 상가작용(additive effect)
② 상승작용(synergistic effect)
③ 가승작용(potentiation)
④ 길항작용(antagonism)

해설 길항작용은 두 가지 독성물질에 동시 노출될 경우 한 물질이 다른 물질의 독성작용을 방해함으로써 전체 독성이 개별 독성물질들을 합한 것보다 작아지는 현상을 말한다.

9. 환경오염물질이 세포막 내외의 농도경사도에 따라 세포 내 에너지(ATP)를 이용하지 않고 세포막을 통과하는 기전으로 옳은 것은?

① 단순 확산(simple diffusion)
② 촉진적 확산(facilitated diffusion)
③ 능동적 수송(active transport)
④ 세포 확산(endocytosis)

해설 ② 촉진적 확산(facilitated diffusion)이란 화학물질이 특정 운반 단백질(carrier protein)에 결합되어 세포막을 통과하는 방식이다.
③ 능동적 수송(active transport)이란 특정 운반체 단백질(carrier protein)에 결합되어 세포막을 통과하며, 세포 내 에너지(adenosine triphosphate ; ATP)를 사용한다.
④ 세포 흡수(endocytosis)란 세포막이 주위로 늘어지면서 거대 화학물질을 감싼 다음 세포질 내로 흡인하여 통과시키는 방식으로서, 주로 큰 분자들의 수동·능동 수송이 불가능할 때 사용되는 과정이다.

10. 단순 확산에 영향을 주는 물질의 특성으로 옳지 않은 것은?

① 지용성 물질
② 비이온화 물질
③ 농도 경사도가 큰 물질
④ 옥탄올-물 분배계수가 작은 물질

해설 옥탄올-물 분배계수는 화학물질이 지질에 녹는 정도를 나타내는 지표로서 이 계수가 작으면 수용성에 가까운 물질을 나타낸다.

11. 독성물질의 분포에 영향을 주는 요인들에 대한 설명으로 옳지 않은 것은?

① 뇌와 태반은 특수 장벽이 존재하지 않아 독성물질들이 확산되기 쉽다.
② 크기가 작고 비극성 독성물질일수록 목표 조직에 더 잘 접근할 수 있다.
③ 혈액의 흐름이 증가되면 근육과 장기들에 더 많은 독성물질들이 축적될 수 있다.
④ 혈액과 조직에서 독성물질의 농도차이가 클수록 목표 조직에 더 잘 접근할 수 있다.

해설 뇌와 태반은 특수 장벽이 존재하여 독성물질들이 확산되기 어렵다.

12. 제1상 대사(metabolism) 반응에 해당하지 않는 것은?

① 산화(oxidation)
② 환원(reduction)
③ 가수분해(hydrolysis)
④ 글루쿠로나이드 결합(glucuronidation)

해설 글루쿠로나이드 결합(glucuronidation)은 제2상 대사반응에 해당한다.

정답 1. ① 2. ④ 3. ③ 4. ② 5. ① 6. ③ 7. ④ 8. ④ 9. ① 10. ④ 11. ① 12. ④

a
b
c

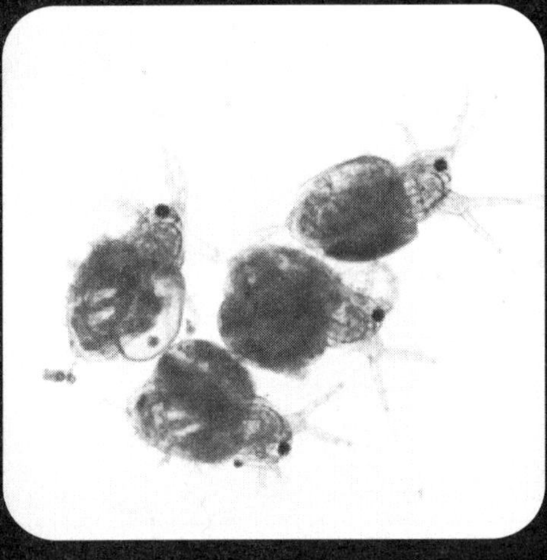

제 2 편 수서생물의 독성과 생태 위해성 평가

CHAPTER 3

담수조류 생장저해시험

2019년 1월 개정된 「화학물질등록평가법」에 따르면 연간 10톤 이상 제조·수입하는 등록대상 화학물질은 위해성 자료를 제출해야 한다. 위해성에 관한 자료란 화학물질을 제조·수입하는 자가 해당 화학물질의 위해성을 적절한 방

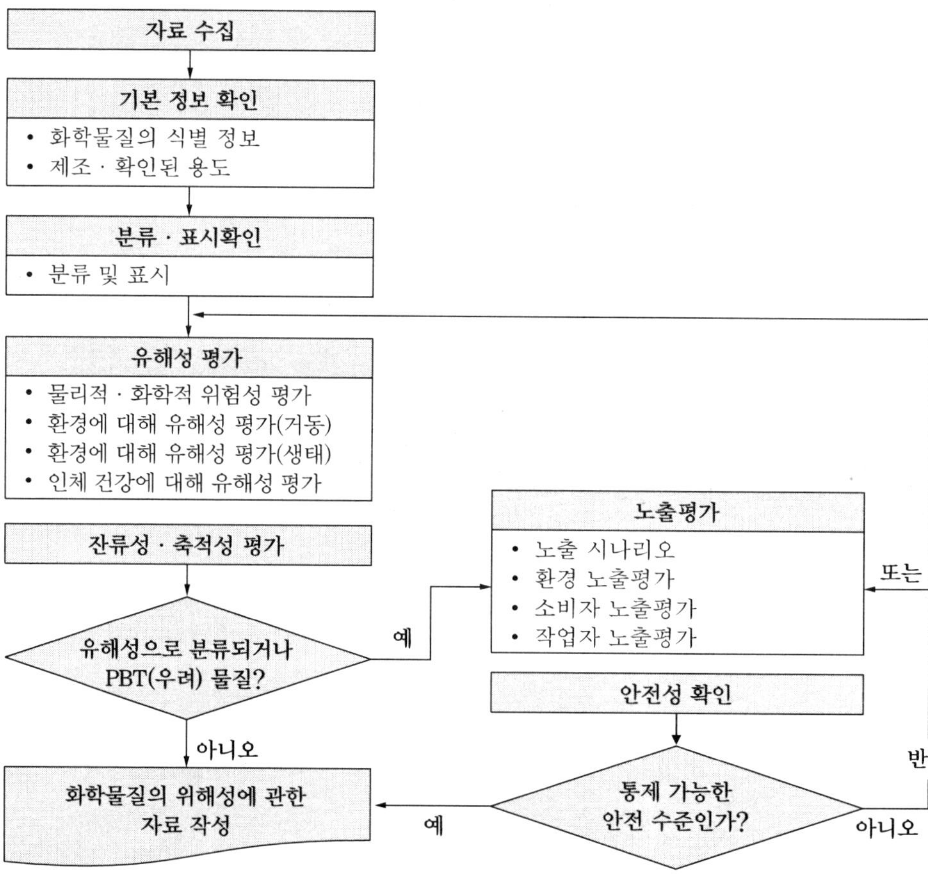

그림 3-1 위해성에 관한 자료 작성 절차

자료 : '화학물질의 위해성에 관한 자료 작성지침(국립환경과학원, 2017)' 참고하여 저자 재작성

법으로 통제하고 있는가를 평가하여 작성한 보고서이다. 위해성 자료에는 ① 물리적·화학적 위험성 평가, ② 환경에 대한 유해성(분해성 및 노출성 등 거동) 평가, ③ 환경에 대한 유해성(생태영향) 평가, ④ 인체 건강에 대한 유해성 평가, ⑤ 잔류성·축적성 평가, ⑥ 노출평가(노출시나리오 개발 및 노출 예측), ⑦ 안전성 확인 등이 포함되어야 한다(그림 3-1).

환경에 대한 유해성 중 생태영향 평가 항목은 수생생물 독성, 침전물 독성, 육상생물 독성, 하수처리시설 미생물활성을 포함한 총 11개 시험항목으로 구성되어 있으며, 각 톤수별 해당 시험항목은 표 3-1과 같다.

「화학물질등록평가법」의 등록대상물질은 환경으로 배출되기 전의 잠재적 오염물질로서, 환경 독성학적 측면에서 함께 이해하는 것이 필요하다. 제2편에서는 환경에 대한 유해성(생태영향) 평가 항목 중 수생생물(담수조류, 물벼룩, 어류)의 급·만성 독성 영향에 초점을 맞추어 평가 방법과 위해성 평가에의 활용방안에 대해 기술하였다.

표 3-1. 톤수별 환경 유해성(생태영향) 시험항목

대그룹	중그룹	0.1~1톤	1~10톤	10~100톤	100~1,000톤	1,000톤 이상
수생생물 독성	어류 급성 독성(OECD TG 203)	○	○	○	○	○
	물벼룩 급성 독성(OECD TG 202)	-	○	○	○	○
	담수조류 급성 독성(OECD TG 201)	-	-	○	○	○
	어류 만성 독성(OECD TG 210/212/215)	-	-	-	●	●
	물벼룩 만성 독성(OECD TG 211)	-	-	-	●	●
침전물 독성	저서생물 만성 독성(OECD TG 218/219)	-	-	-	-	●
육상생물 독성	육생식물 급성 독성(OECD TG 208/227)	-	-	-	●	●
	육생 무척추동물 급성 독성(OECD TG 207)	-	-	-	●	●
	육생식물 만성 독성(ISO 22030)	-	-	-	-	●
	육생 무척추동물 만성 독성(OECD TG 222)	-	-	-	-	●
하수처리시설 미생물활성	활성 슬러지 호흡저해(OECD TG 209)	-	-	-	●	●

○ : 필수 시험항목, ● : 시험계획서 제출항목(향후 시험자료 제출 필요)

자료 : '화학물질의 위해성에 관한 자료 작성지침(국립환경과학원, 2017)' 참고하여 저자 재작성

3-1 조류의 특징과 배양방법

1) 조류의 특징

미세 조류(microalgae)는 담수(하천, 호수, 연못 등) 또는 해수에 서식하는 단세포 광합성 생물로서, 흔히 식물성 플랑크톤으로 불리는 생물이다. 먹이사슬에서 가장 아래 단계를 차지하는 생산자로서 1차 소비자인 무척추동물(invertebrate)의 먹이가 된다(그림 3-2). 담수조류는 높은 번식력, 시험의 용이성, 독성물질에 대한 민감성으로 독성실험에 자주 사용된다.

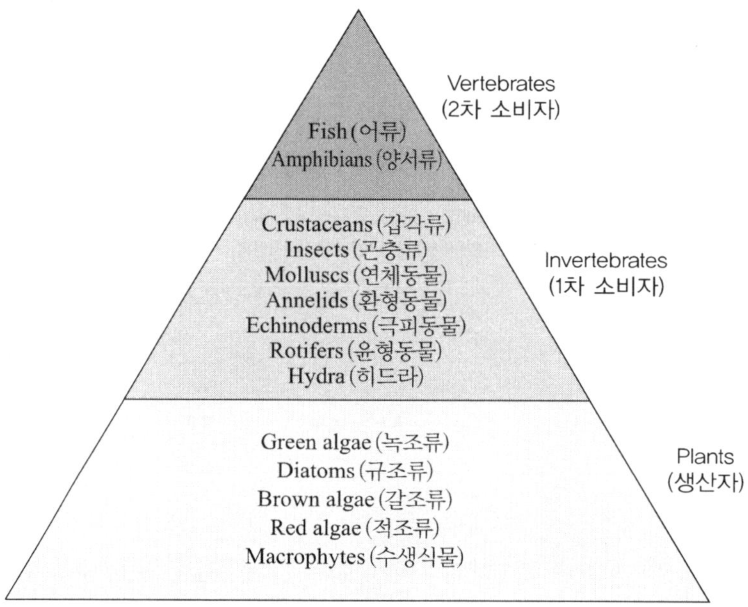

그림 3-2 먹이사슬 내 생산자에 해당하는 조류(Algae)

담수조류 시험에는 주로 5가지 시험종(*Pseudokirchneriella subcapitata, Desmodesmus subspicatus, Navicula pelliculosa, Anabaena flos-aquae, Synechococcus leopoliensis*)이 사용되며, 이 시험종의 외형, 크기, 세포 용적, 세포의 건중량, 성장률에 대한 정보를 표 3-2에 제시하였다.

표 3-2. 담수조류 시험에 이용되는 시험종의 외형, 크기, 세포 용적, 세포의 건중량, 성장률

분류	녹조류		규조류	남조류	
	Pseudokirchneriella subcapitata	*Desmodesmus subspicatus*	*Navicula pelliculosa*	*Anabaena flos-aquae*	*Synechococcus leopoliensis*
외형	낫처럼 구부러진 모양, 단세포	타원형, 주로 단세포	막대형	타원형 세포가 사슬처럼 엮여 있음	막대형
	① 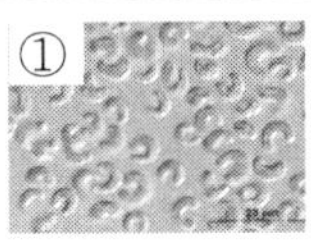	② 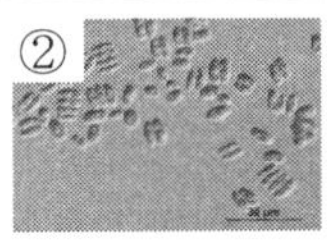	③ 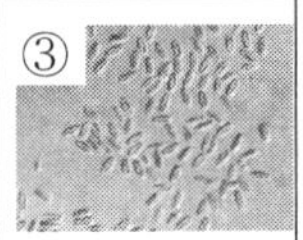	④ 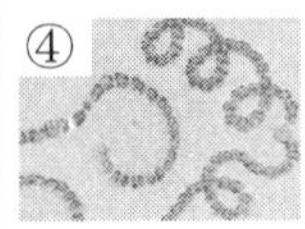	⑤ 
크기(L × W, μm)	(8～14)×(2～3)	(7～15)×(3～12)	7.1 × 3.7	4.5 × 3	6 × 1
세포 용적(μm^3/cell)	40～60[a]	60～80[a]	40～50[a]	30～40[a]	2.5[b]
세포의 건중량(mg/cell)	$2\sim3\times10^{-8}$	$3\sim4\times10^{-8}$	$3\sim4\times10^{-8}$	$1\sim2\times10^{-8}$	$2\sim3\times10^{-9}$
성장률(day^{-1})[c]	1.5～1.7	1.2～1.5	1.4	1.1～1.4	2.0～2.4

[a] 전자 입자 계수기로 측정
[b] 크기를 토대로 계산
[c] 21℃, 약 70 $\mu E/m^2 \cdot s$의 광도로 OECD 배지에서 배양했을 때의 성장률

자료 : 'OECD TG 201 (OECD, 2011)'을 참고하여 저자 재작성하였으며, 사진은 다음 홈페이지 참고
자료 : ①, ② 사진 : https://sagdb.uni-goettingen.de/detailedList.php?str_number=61.81
③ 사진 : https://sammlungen.uni-goettingen.de/objekt/record_DE-MUS-070420_1050-3
④ 사진 : https://www.researchgate.net/figure/Cyanobacterium-Anabaena-flos-aqua-Nostocaceae-Anabaenoidea-producing-MAAs-Anabaena_fig1_8190811
⑤ 사진 : https://research.utexas.edu/showcase/articles/view/cyanobacterium-found-in-ut-algae-collection-holds-biotech-promise

(1) 녹조류

Pseudokirchneriella subcapitata (현재 *Raphidocelis subcapitata*로 명명)와 *Desmodesmus subspicatus*가 대표 시험종으로 사용되며, 담수 환경 내 오염물질 수준을 평가하는 생체지표로 사용된다. 다양한 배지에서 배양하기 쉬우며, 전자 입자 계수기(electronic particle counter) 또는 현미경으로 쉽게 세포 밀도를 측정할 수 있다.

(2) 규조류

*Navicula pelliculosa*가 대표 시험종으로 사용되며, 규산염(silicate)이 포함된 배지로 배양이 가능하다. 이 시험종은 특정 조건에서 응집체(aggregate)를 형성할 수 있으며, 이러한 상황에서는 대표 시료를 얻기 위해 특별한 조치(예 : 시험관 혼합기(vortex mixer)를 이용하여 격렬하게 흔듦)를 취하기도 한다.

(3) 남조류

*Anabaena flos-aquae*와 *Synechococcus leopoliensis*가 대표 시험종으로 사용되며, 다양한 배지에서 배양하기 쉽다. *Anabaena flos-aquae*는 계대배양(renewing) 시 대수증식기(log phase = exponential growth phase)를 넘어가지 않도록 주의가 필요하며, 이 시기를 넘어가면 복구하기가 어렵다. *Anabaena flos-aquae*는 세포가 사슬처럼 엮여 응집체(aggregate)를 형성하며, 이러한 응집체의 크기는 배양조건에 따라 달라진다. 전자 입자 계수기 또는 현미경으로 세포를 계수할 때 차이(variability)를 줄이기 위해 초음파 분산기(sonication)로 응집체를 분해하기도 한다. 그런데 이 때 사슬을 분해하는 데 걸리는 시간보다 길게 초음파 분산기 처리를 하면 세포가 파괴될 수도 있으므로 주의가 필요하다.

세포를 계수할 때 혈구계수기(hemocytometer)를 사용할 때에는 충분한 영역을 계산하는 것이 필요하다. 초음파 분산기로 사슬을 분해한 후 총 세포 용적(total cell volume)을 측정하기 위해 전자 입자 계수기를 사용할 때에는 세포 파괴가 발생하지 않도록 초음파 에너지를 조절해야 한다. 이 조류를 배양할 때 응집(clumping)되지 않도록 진탕기(shaker)를 사용하거나 간헐적으로 교반(intermittent agitation)을 할 수 있다.

*Synechococcus leopoliensis*는 막대 모양의 단세포로 자라는 조류이다. 세포가 매우 작아 바이오매스 측정에 현미경 계수를 사용하는 것이 어려우며, 전자 입자 계수기 또는 *in vitro* 형광 측정기를 사용하는 것이 좋다.

2) 조류의 성장곡선과 밀도 측정방법

미세조류를 배양할 때에는 성장곡선(growth curve)을 이해하고 밀도를 측정하는 방법을 익히는 것이 중요하다. 이것은 미생물학, 세포학 등에서도 자주 언급되는 내용이며, 배양 시간에 따라 밀도가 달라짐을 그래프로 나타낸 것이다. 일반적으로 조류의 성장곡선은 가로축(x축)에 배양 시간, 세로축(y축)에 밀도로 나타내며, 조류의 밀도는 세포의 수를 세거나(cell counting), 세포들을 모아서 건조시킨 무게를 넣거나(dry weight), 흡수되는 빛의 양을 측정(absorbance)을 하여 세로축에 넣는다.

미세조류의 성장곡선은 그림 3-3과 같이 크게 4개의 구간으로 나뉜다. 유도기(lag phase)는 미세조류가 신선한 배지에 접종되어 성장이 바로 일어나지 않는 시기를 의미한다. 즉, 세포가 새로운 환경에서 증식하는 데 필요한 RNA, 효소, 기타 물질들을 생합성하고 있는 준비기간이다. 대수증식기(exponential growth phase)는 미세조류의 세포가 최대 속도로 분열, 증식하는 시기이며, 미세조류를 계대배양할 때에는 대수증식기를 넘어가지 않도록 주의가 필요하다. 정지기(stationary phase)는 영양소 고갈, 공간 부족 등으로 대수성장이 저해되며, 전체적인 세포 개체수의 증가나 감소가 없는 시기이다. 사멸기(death phase)는 에너지의 고갈, 세포 구성물질의 분해, 효소의 불활성화 등으로 세포수가 감소하는 시기이다.

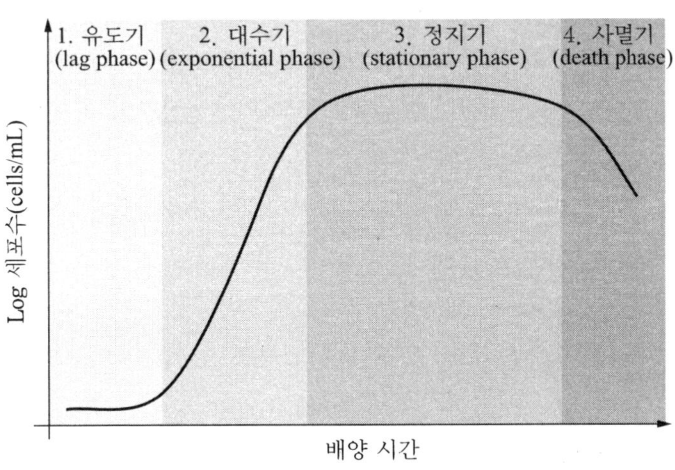

그림 3-3 미세조류의 성장곡선(Growth curve)

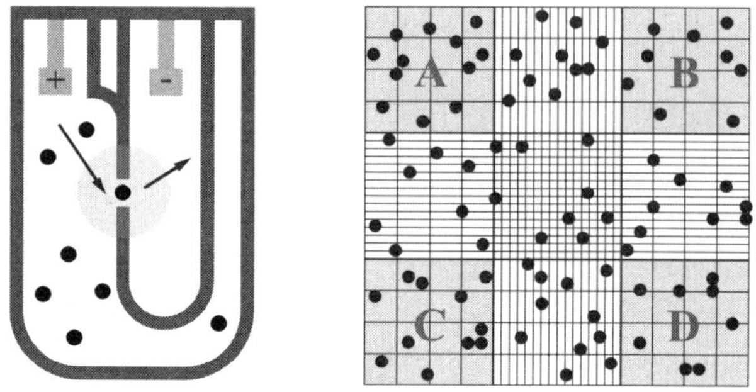

그림 3-4 전자 입자 계수기(Coulter counter)와 혈구계수기(Hemacytometer)를 이용한 미세조류 계수

미세조류의 밀도를 측정할 때에는 생물량 측정 장치[예 : 전자 입자 계수기(coulter counter), 흐름세포분석기(flow cytometer), 혈구계수기(hemacytometer)]를 이용할 수 있다. 전자 입자 계수기는 세포 현탁액이 미세유리관을 통과할 때 관 사이 흐르는 전류량이 감소하며, 이를 측정하여 입자의 수를 세는 방법이다(그림 3-4). 혈구계수기는 원래 혈구세포를 세기 위해 고안되었지만, 현미경 상으로 볼 수 있는 대부분의 입자들을 세는 데 활용되고 있다. 혈구계수기는 챔버를 가진 슬라이드 글라스로 만들어져 있으며, 이 챔버의 두께와 격자의 면적을 이용해서 일정 용량 내의 세포 또는 입자를 계수한 후, 희석배율 등을 고려하여 전체 용액 내의 세포 및 입자수를 계산할 수 있다.

예를 들어, 그림 3-4의 오른쪽 그림은 혈구계수기의 단면도를 나타내었으며, A, B, C, D 격자 구역은 가로 1 mm, 세로 1 mm, 깊이 0.1 mm를 나타낸다. 혈구계수기로 세는 방법은 다양하며, 그 중 한 가지 방법을 소개하고자 한다. 즉, 각각의 격자 구역(A, B, C, D) 내에 있는 입자수를 모두 계수한 다음 평균을 구하고, 1 mL 당 개체수로 환산하기 위해 10^4를 곱해주는 방법이다. 그림 3-4에서 세포는 A구역 12개, B구역 9개, C구역 11개, D구역 8개이다. 이들의 평균은 $(12+9+11+8) \div 4 = 10$이고, 이것은 $1\ mm \times 1\ mm \times 0.1\ mm = 0.1\ mm^3$의 부피 내에 들어있는 입자의 수이다. $1\ mL = 1\ cm^3 = 1000\ mm^3$이므로, 1 mL 당 입자의 수를 구하기 위해 10^4를 곱해준다. $(12+9+11+8) \div 4 \times 10{,}000$ cells/mL $= 0.1 \times 10^6$ cells/mL로 계수할 수 있다.

3) 조류의 배양방법

담수 조류를 배양하기 위해서는 배양장치(예 : shaking incubator), 생물량 측정장치(예 : 전자 입자 계수기, 흐름세포분석기, 혈구계수기), 현미경, 조도 측정장치, 고압증기멸균기 등이 필요하다(그림 3-5).

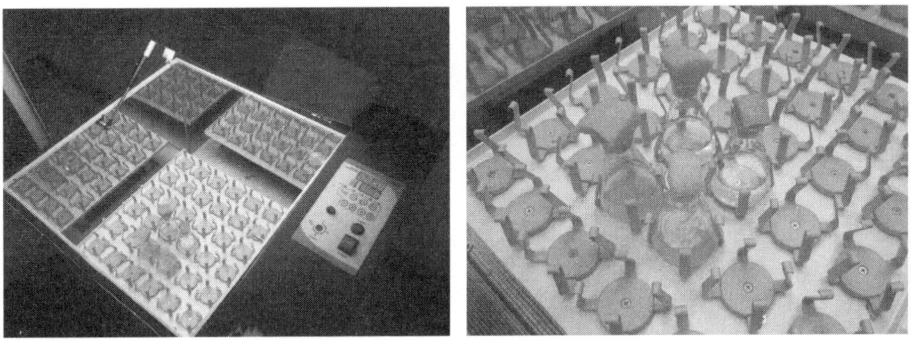

그림 3-5 조류 배양에 필요한 shaking incubator

조류의 배지로는 EPA-AAP 배지 또는 OECD-TG 201 배지가 주로 사용된다(표 3-3). EPA-AAP 배지는 미국 환경보호청(US EPA)에서 ASTM에 따라 제조한 배지이며, OECD-TG 201 배지는 ISO 8692에 따라 제조한 배지이다. 배지를 제조할 때에는 분석용급 시약을 탈이온수에 용해시켜 제조하도록 하며, EPA-AAP 배지 및 OECD-TG 201 배지의 조성은 표 3-3과 같다.

EPA-AAP 배지를 제조하려면 먼저 표 3-4에 제시된 배지원액(stock solution)을 제조해야 한다. 1～7까지의 배지원액 각각 1 mL씩을 900 mL의 멸균 증류수 또는 탈이온수에 첨가하고 최종적으로 1 L로 맞춘다. 규조류를 배양할 때에는 $Na_2SiO_3 \cdot 9H_2O$ 202.4 mg을 최종 조제된 1 L 배지에 첨가한다(최종배지에서의 농도가 20 mg Si/L가 되도록 함). 그 후, 0.1 N 또는 1.0 N의 NaOH 또는 HCl을 사용하여 pH 7.5 ± 0.1로 맞춘다. 여과막(membrane filter, 0.22 μm 또는 0.45 μm)을 사용하여 멸균한 후, 저온(4℃)의 암 조건에서 배지를 보관한다.

OECD TG 201 배지의 경우, 표 3-5에 제시된 용질을 멸균증류수 또는 탈이온수에 녹여 배지원액(stock solution)을 제조한다. 배지원액 2와 4는 여과막

표 3-3. 조류 배양용 EPA-AAP 배지 및 OECD-TG 201 배지의 조성[a]

시약	EPA-AAP 배지		OECD-TG 201 배지	
	농도(mg/L)	농도(mM)	농도(mg/L)	농도(mM)
탄산수소나트륨($NaHCO_3$)	15	0.179	50	0.595
질산나트륨($NaNO_3$)	25.5	0.3	-	-
염화암모늄(NH_4Cl)	-	-	15	0.28
염화마그네슘 6수화물($MgCl_2 \cdot 6H_2O$)	12.16	0.0598	12	0.059
염화칼슘 2수화물($CaCl_2 \cdot 2H_2O$)	4.41	0.03	18	0.122
황산마그네슘 7수화물($MgSO_4 \cdot 7H_2O$)	14.6	0.0592	15	0.0609
인산수소이칼륨(K_2HPO_4)	1.044	0.00599	-	-
인산이수소칼륨(KH_2PO_4)	-	-	1.6	0.00919
염화철 6수화물($FeCl_3 \cdot 6H_2O$)	0.16	0.000591	0.064	0.000237
EDTA이나트륨 2수화물($Na_2EDTA \cdot 2H_2O$)	0.3	0.000806	0.1	0.00269[b]
붕산(H_3BO_3)	0.186	0.003	0.185	0.00299
염화망간 4수화물($MnCl_2 \cdot 4H_2O$)	0.415	0.00201	0.415	0.0021
염화아연($ZnCl_2$)	0.00327	0.000024	0.003	0.000022
염화코발트 6수화물($CoCl_2 \cdot H_2O$)	0.00143	0.000006	0.0015	0.0000063
몰리브덴산나트륨 2수화물($Na_2MoO_4 \cdot 2H_2O$)	0.00726	0.00003	0.007	0.0000289
염화구리 2수화물($CuCl_2 \cdot 2H_2O$)	0.000012	0.00000007	0.00001	0.00000006
pH	7.5		8.1	

[a] 규조류인 *Navicula pelliculosa*를 시험할 때에는 1.4 mg Si/L 농도를 확보할 수 있도록 두 가지 배지 모두 $Na_2SiO_3 \cdot 9H_2O$를 보충해야 한다.

[b] EDTA 대 철의 몰비(molar ratio)는 1을 약간 초과한다. 이 농도는 철 침전을 방지하며 동시에 중금속 이온의 킬레이트가 최소화된다.

자료 : 'OECD Test Guideline 201 (OECD, 2011)'을 참고하여 저자 재작성

표 3-4. 조류 배양용 EPA-AAP 배지 제조에 필요한 배지원액(stock solution)의 조성

배지 원액 번호	시약	농도(g/500 mL)
1	질산나트륨($NaNO_3$)	12.75
2	염화마그네슘 6수화물($MgCl_3 \cdot 6H_2O$)	6.082
3	염화칼슘 2수화물($CaCl_2 \cdot 2H_2O$)	2.205
4	황산마그네슘 7수화물($MgSO_4 \cdot 7H_2O$)	7.350

5	인산수소이칼륨(K_2HPO_4)	0.522	
6	탄산수소나트륨($NaHCO_3$)	7.500	
7	① 붕산(H_3BO_3) ② 염화망간 4수화물($MnCl_2 \cdot 4H_2O$) ③ 염화아연($ZnCl_2$) ④ 염화철 6수화물($FeCl_3 \cdot 6H_2O$) ⑤ 염화코발트 6수화물($CoCl_2 \cdot 6H_2O$) ⑥ 몰리브덴산나트륨 2수화물($Na_2MoO_4 \cdot 2H_2O$) ⑦ 염화구리 2수화물($CuCl_2 \cdot 2H_2O$) ⑧ EDTA이나트륨 2수화물($Na_2EDTA \cdot 2H_2O$) ⑨ 셀렌산나트륨 5수화물($Na_2SeO_4 \cdot 5H_2O$)	92.76 mg 207.69 mg 1.635 mg 79.88 mg 0.714 mg 3.63 mg 0.006 mg 150 mg 0.005 mg	• ①~⑨의 시약을 멸균증류수에 제시된 양으로 녹여 500 mL로 맞춤 • 시약 ⑨는 규조류를 배양하는 경우 추가로 넣음

자료 : 'OECD Test Guideline 201 (OECD, 2011)'을 참고하여 저자 재작성

표 3-5. 조류 배양용 OECD-TG 201 배지 제조에 필요한 배지원액(stock solution)의 조성

배지원액 번호	시약	농도
1 (macro nutrients)	염화암모늄(NH_4Cl) 염화마그네슘 6수화물($MgCl_2 \cdot 6H_2O$) 염화칼슘 2수화물($CaCl_2 \cdot 2H_2O$) 황산마그네슘 7수화물($MgSO_4 \cdot 7H_2O$) 인산이수소칼륨(KH_2PO_4)	1.5 g/L 1.2 g/L 1.8 g/L 1.5 g/L 0.16 g/L
2 (iron)	염화철 6수화물($FeCl_3 \cdot 6H_2O$) EDTA이나트륨 2수화물($Na_2EDTA \cdot 2H_2O$)	64 mg/L 100 mg/L
3 (trace elements)	붕산(H_3BO_3) 염화망간 4수화물($MnCl_2 \cdot 4H_2O$) 염화아연($ZnCl_2$) 염화코발트 6수화물($CoCl_2 \cdot 6H_2O$) 염화구리 2수화물($CuCl_2 \cdot 2H_2O$) 몰리브덴산나트륨 2수화물($Na2MoO_4 \cdot 2H_2O$)	185 mg/L 415 mg/L 3 mg/L 1.5 mg/L 0.01 mg/L 7 mg/L
4 (bicarbonate)	탄산수소나트륨($NaHCO_3$) 메타규산나트륨 9수화물($Na_2SiO_3 \cdot 9H_2O$)	50 g/L

자료 : 'OECD Test Guideline 201 (OECD, 2011)'을 참고하여 저자 재작성

(평균 공극크기 0.2 μm)를 사용하여 여과하고, 배지원액 1과 3은 여과막으로 여과하거나 121℃에서 15분간 고압증기멸균한다. 각 배지원액은 저온(4℃)의

암 조건에서 보관한다. 멸균증류수 500 mL에 배지원액 1번 10 mL, 배지원액 2번 1 mL, 배지원액 3번 1 mL, 배지원액 4번 1 mL를 첨가하고, 멸균증류수를 추가로 더 넣어 최종 1 L를 맞춘다. 조제된 배지의 pH는 일반적으로 8.1을 나타낸다. 시험용 조류로 *Navicular pelliculosa*를 사용할 경우, 배지원액 4번에 $Na_2SiO_3 \cdot 9H_2O$를 첨가한다(최종배지에서의 농도가 1.4 mg Si/L가 되도록 함). 보존 배양용 고체배지는 위 배지에 0.8% 한천을 첨가한다.

3-2 담수조류 생장저해시험(OECD TG 201)

이 시험은 수서생물 중 화학물질에 노출된 담수성 녹조류 및 남조류(cyanobacteria)의 생장을 관찰하여 화학물질이 담수 생태계의 생산자에 미치는 영향을 평가하는 것이다. 「화학물질등록평가법」 제14조 제1항 및 동법 시행규칙 제5조 제1항 제1호 별표1의 제8호에 따라 규정한 '화학물질의 시험방법(국립환경과학원고시 제2019-23호)'을 참고할 수 있으며, OECD 홈페이지에서 시험지침을 다운로드 받을 수 있다(그림 3-6).

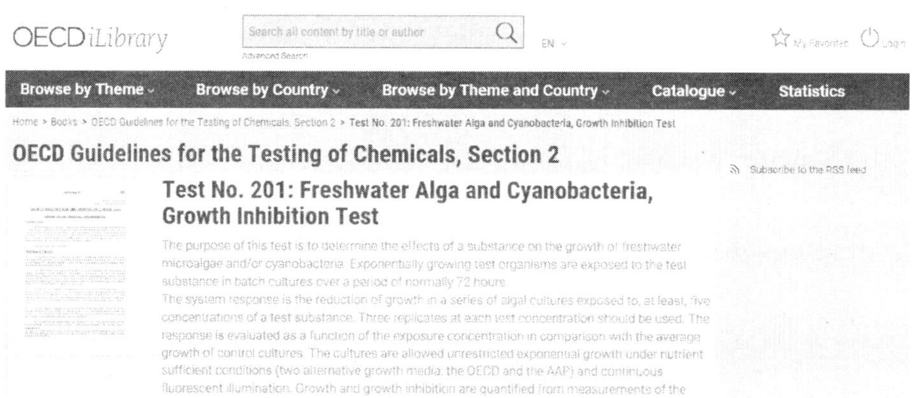

그림 3-6 경제협력개발기구(OECD) 시험지침(TG) 201

자료 : https://www.oecd-ilibrary.org/environment/test-no-201-alga-growth-inhibition-test_9789264069923-en

1) 시험의 원리

담수조류 생장저해시험은 지수생장기에 있는 조류를 여러 농도의 시험물질에 노출한 후 일정 조건에서 72시간 배양을 하면서 조류의 생장률에 미치는 시험물질의 영향농도(ECx), 무영향관찰농도(NOEC), 최소영향관찰농도(LOEC)를 산출하는 것이다. 본시험을 수행하기 전에 시험물질의 적절한 농도 범위를 알기 위하여 농도설정시험(range-finding test)을 실시하며, 시험물질의 수용해도와 적절한 정량분석 방법을 확보하는 것이 필요하다. 또한 물질의 구조식, 순도, 물과 빛에서의 안정성, 해리상수(pKa), 옥탄올/물 분배계수(Pow), 증기압, 생분해성 시험결과 등도 확보하는 것이 좋다.

2) 시험의 준비

(1) 장치 및 기구

시험용기[화학적으로 불활성인 재질(예 : 유리, 스테인리스 등)로 만들어진 용기], 배양장치(21～24℃의 온도범위에서 온도 편차가 ±2℃로 유지), pH 측정기, 생물량 측정장치[예 : 전자 입자 계수기(coulter counter), 세포분석기(flow cytometer), 혈구계수기(hemacytometer) ; 그림 3-7], 현미경, 조도 측정장치, 고압증기멸균기, 기타 일반적인 실험실의 장치 및 기구(예 : 삼각플라스크, 비커 등)가 필요하다.

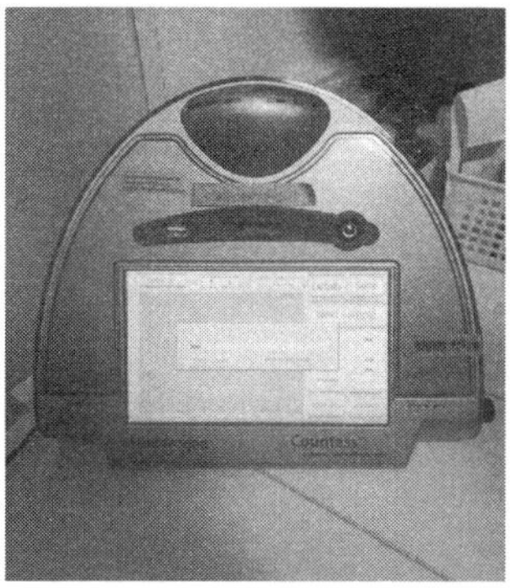

전자 입자 계수기(coulter counter)

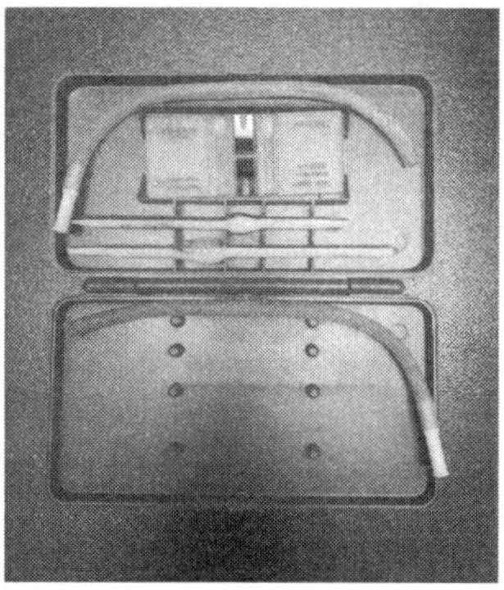

혈구계수기(hemacytometer)

그림 3-7 생물량 측정장치

(2) 배지

조류의 배지는 미국 환경보호청(US EPA)에서 제시하는 AAP 배지나 경제협력개발기구(OECD) 시험지침에서 추천하는 OECD-TG 201배지 중 필요에 따라 선택해서 사용할 것을 권장한다. 두 가지 배지는 초기 pH 값과 완충 능력이 다르며, 특히 이온성 물질을 시험할 때 사용한 배지에 따라 시험 결과가 달라질 수 있다. 만일 배지 조성을 변경해서 사용할 때(예 : 금속이나 킬레이트제를 시험, 다른 pH 조건에서 시험)에는 상세한 변경 내용과 타당성을 보고서에 기재해야 한다.

(3) 시험종

시험에 적합한 조류는 녹조류, 규조류, 남조류이며, 표 3-6에 제시된 5개 시험종 중에서 선택하여 시험을 진행한다. 만약 다른 시험종을 사용하는 경우에는 사용 균주(strain)와 출처를 보고해야 한다.

표 3-6. 담수조류 시험에 적합한 시험종과 균주

분류군	시험종	균주
녹조류 (green algae)	*Pseudokirchneriella subcapitata*	ATCC 22662, CCAP 278/4, 61.81 SAG
	Desmodesmus subspicatus	86.81 SAG
규조류 (diatoms)	*Navicula pelliculosa*	UTEX 664
남조류 (cyanobacteria)	*Anabaena flos-aquae*	UTEX 1444, ATCC 29413, CCAP 1403/13A
	Synechococcus leopoliensis	UTEX 625, CCAP 1405/1

자료 : 'OECD TG 201 (OECD, 2011)'을 참고하여 저자 재작성

(4) 계대(繼代)배양

조류 원액을 정기적으로 신선한 액체 배지에 옮겨 키워 계대배양(stock culture)을 하며, 만약 배양을 정기적으로 하지 않는다면 보존용 고체 배지에 이식한다. 조류는 활성 유지를 위하여 적어도 2개월에 1번은 신선한 배지에 이식하

는 것이 좋다.

조류 원액은 적절한 배지(약 100 mL)를 삼각플라스크에 담아 배양하며, 조명을 연속적으로 켜 놓고 20℃에서 배양할 때에는 매주 계대배양을 한다. 이식할 때에는 많은 양의 오래된 배지(조류의 농도 높음)를 멸균 피펫을 사용하여 신선한 배지의 플라스크로 옮기면 된다. 빠르게 성장하는 시험종은 이전 배지보다 대략적으로 100배 적은 양을 넣으면 된다. 예를 들어, 100 mL의 오래된 배지에서 100 mL ÷ 100 = 1 mL를 피펫으로 옮겨 신선한 배지에 접종한다. 시험종의 성장률을 성장곡선에서 확인하여 조류의 밀도를 추정할 수 있으며, 시험종이 사멸기에 도달하기 전에 계대배양을 수행해야 한다.

(5) 전(前)배양

전배양(pre-culture)은 시험에 사용할 조류를 얻기 위해 시험 시작 전에 배양하는 것을 말한다. 전배양은 시험조건과 동일한 조건에서 배양하며, 대수증식기(=지수적으로 성장하는 시기)에 이른 조류를 시험에 사용한다. 대개 시험을 시작하기 2~4일 전에 전배양을 시작하며, 조류의 성장 속도에 따라 전배양 기간을 적절하게 조정한다. 시험용 조류를 관찰하여 비정상적인 모양이 관찰될 때는 시험에 사용해서는 안 된다.

(6) 초기 생물량 농도

일반적으로 생물량(biomass)은 질량으로 정의되지만, 이 시험에서 생물량이란 주어진 부피 내에 존재하는 생물의 건중량(dry weight)을 의미하며, mg 조류/L 용액으로 표기된다. 또한 이 시험에서는 세포수 등 다른 대체 측정법으로 생물량을 표기하기도 한다.

조류의 초기 생물량은 시험군 간에 동일하게 접종되도록 주의하며, 생물량이 건조 중량으로 0.5 mg/L를 넘지 않도록 한다. 조류의 종류마다 초기 접종량이 다르며(표 3-7), 시험기간 동안 조류가 지수적으로 증식할 수 있도록 생물량을 조절하여 접종한다.

표 3-7. 조류의 초기 생물량 농도

시험종	초기 생물량 농도(cells/mL)
Pseudokirchneriella subcapitata	$5 \times 10^3 \sim 10^4$
Desmodesmus subspicatus	$2 \times 10^3 \sim 5 \times 10^3$
Navicula pelliculosa	10^4
Anabaena flos-aquae	10^4
Synechococcus leopoliensis	$5 \times 10^4 \sim 10^5$

자료 : '화학물질의 시험방법(국립환경과학원고시 제2019-23호)'을 참고하여 저자 재작성

(7) 시험용액의 조제

시험물질 표준원액은 시험물질을 배지에 녹여 조제하고 유기용매 등의 보조제는 원칙적으로 사용해서는 안 된다. 수용해도가 낮은 물질의 경우 적절한 물리적인 방법[예 : 초음파 분산기(ultrasonic dispersion)]을 이용하여 시험물질 표준원액을 만들 수 있다. 보조제 사용이 불가피하다면 가급적 독성이 낮은 것을 선택하고, 최소한의 필요량을 사용하며, 보조제 사용에 대한 타당성을 제시하여야 한다. 유기용매는 아세톤, t-뷰틸 알코올, 다이메틸 폼아마이드(DMSO) 등을 사용할 수 있다. 보조제 농도는 시험용액에서 100 μL/L를 초과하지 않도록 하며, 모든 농도군에서 동일 농도의 보조제가 첨가되어야 한다. 각 농도의 시험용액(test solution)은 시험물질 표준원액(stock solution)을 희석수로 희석하여 조제한다. 보조제를 사용하는 경우는 이들 물질이 포함된 음성 대조군(negative control)을 추가로 두어야 한다.

3) 시험방법

(1) 한계시험

농도설정시험(range-finding test) 등의 예비시험에서 시험물질의 농도가 최대 100 mg/L 또는 배지에 대한 시험물질 최대 용해도에 이르기까지 어떠한 독성 영향도 나타나지 않는다면, 이 농도(100 mg/L 또는 이보다 낮은 최대용해도)와 대조군을 두어 한계시험을 실시한다. 노출농도를 분석할 것을 권장하며, 처리하는 반복군의 수가 최소 6개이어야 한다는 점을 제외하고 모든 시험 조

건과 타당성 기준을 한계시험에도 동일하게 적용한다.

(2) 본시험

본시험 농도는 농도설정시험(range-finding test)을 통해 결정하며, 최소 5개 이상의 농도를 대수등간격으로 설정한다. 농도군 간 희석비율(=공비)은 3.2를 초과하지 않도록 하되, 그 이상 적용할 때에는 근거를 제시해야 한다. 노출농도 설정 시에는 대조군과 비교하여 5~75% 범위의 생장저해가 관찰되도록 최저농도와 최고농도를 결정하는 것이 바람직하다.

시험용액과 조류를 넣으면 통기성 마개(air-permeable stoppers)로 시험 용기를 막고, 용기를 잘 흔들어 준 후 교반 배양장치(shaking incubator)에 넣는다. 플라스크는 배양장치에 무작위적으로 배치하고, 매일 위치를 바꿀 것을 권장한다. 시험하는 동안 지속적으로 교반해 주며, 시험 시 온도는 21~24℃의 범위에서 편차가 ±2℃를 넘어가지 않도록 조절한다. pH는 시험 시작 전과 시험 종료 후에 측정하며, 원칙적으로 시험기간에 대조군의 pH가 1.5 이상 변화해서는 안 된다.

백색(cool-white), 주광색(daylight)의 연속 조명에서 배양하며, 조도는 일반적으로 60~120 $\mu E/m^2 \cdot s$ 범위이다(이와 같은 광량은 조도계로 측정하면 약 4,440~8,880 lux 가량임). 일부 종(예 : *Anabaena flos-aquae*)은 조도 조건을 40~60 $\mu E/m^2 \cdot s$ 범위로 하며, 시험 영역 전체가 평균 조도 ±15% 이내로 유지되도록 한다.

대조군 및 농도군은 각각 3개 이상의 반복군을 두며, 무영향관찰농도(NOEC) 설정이 필요하지 않다면 농도군을 늘리고 반복군을 줄여 시험 디자인을 변경할 수 있다. 이상적인 대조군의 반복군은 농도군에 사용하는 반복군 수의 두 배여야 한다.

시험기간은 72시간으로 하며, 성장이 느린 조류는 필요하면 시험기간을 늘릴 수 있다. 각 플라스크의 생물량은 24시간마다 측정하며, 생물량은 일반적으로 전자 입자 계수기(electronic particle counter) 또는 현미경을 통한 세포수 측정, 유세포분석기(flow cytometry), *in vitro* 또는 *in vivo* 엽록소 형광 측정장치(chlorophyll fluorescence), 흡광도(optical density) 측정장치를 이용하여 측정한다.

(3) 시험의 타당성 기준

시험이 적합하게 수행된 것을 입증하기 위해 시험의 종료일까지 다음의 타당성 기준(validity criteria)을 만족해야 하며, 기준을 만족하지 않을 때에는 재시험을 수행한다.

- 대조군의 생물량이 시험기간(72시간) 내에 최소 16배 이상 증가해야 한다. 이는 0.92 day^{-1}의 성장률에 해당한다. 가장 빈번하게 사용되는 생물종의 성장속도는 일반적으로 높다(표 3-2 참고). 조류의 종류에 따라 생물량 조건을 만족하기 위해 시험기간을 증감할 수 있으며, 최소 노출기간은 48시간이다.
- 대조군에서 각 구간별(0～1일, 1～2일, 2～3일) 비생장률(specific growth rate)의 변이계수(coefficient of variation) 평균이 35%를 초과하지 않아야 한다. 변이계수는 평균에 대한 표준편차의 비율(평균 ÷ 표준편차 × 100%)을 의미한다.
- 시험기간 동안 대조군의 반복군에서 평균 비생장률의 변이계수가 *Pseudokirchneriella subcapitata* 또는 *Desmodesmus subspicatus*의 경우 7%, 그 외 시험종은 10%를 초과하지 않아야 한다.

(4) 시험물질 농도의 실측

시험기간 중 시험용액 내 시험물질 농도를 확인하기 위해 적절한 분석방법을 이용하여 다음과 같이 실측농도(measured concentration)를 측정해야 한다.

- 시험기간 동안 시험물질 노출농도가 설정농도(nominal concentration)의 80～120% 이내로 유지될 것으로 예상되는 경우 최소한 최고 시험농도, 최저 시험농도, 그리고 예상되는 EC_{50}에 가까운 농도에 대해서 노출 시작과 종료 시점에 시험물질의 농도를 측정한다.
- 노출농도가 설정농도의 80～120% 이내로 유지될 가능성이 없는 경우 노출 시작과 종료 시점에 모든 시험 농도를 측정한다.
- 휘발성 물질, 불안정한 물질, 흡착성이 강한 물질 등은 시험물질의 농도 변화를 파악하기 위해서 노출기간 내 24시간 간격으로 분석을 실시한다.
- 농도분석에 다량의 시료가 필요한 경우, 반복군을 추가하고 시험과 같은

양의 조류를 접종하여 본시험과 동일한 시험조건으로 배양한 것을 이용한다.

원칙적으로 시험결과는 측정농도로 산출한다. 시험기간에 시험물질의 농도가 설정농도나 측정한 초기농도의 ±20% 이내일 경우 시험물질의 설정농도나 초기 측정농도를 토대로 산출할 수 있다.

(5) 표준독성시험

표준독성시험(reference test)은 표준독성물질을 이용해 시험 생물종의 상대적인 민감도가 일정하게 유지되는지 확인하는 시험이다. 즉, 시험조건 및 시험결과에 대한 신뢰성을 확인하기 위해 표준독성시험은 최소한 1년에 2회 이상 수행한다. 표준독성물질로는 3,5-다이클로로페놀($C_6H_4Cl_2O$, 3,5-dichlorophenol) 또는 중크롬산칼륨($K_2Cr_2O_7$, potassium dichromate)을 주로 사용한다.

4) 시험결과 및 보고

(1) 결과의 처리

담수조류 독성시험은 조류의 생장에 대한 시험물질의 독성 영향을 결정하는 것이다. 일반적으로 평균 비생장률(average specific growth rate)과 수율(yield)의 두 가지 지표로 결과를 설명한다. 시험기간 중 생물량은 대수적(logarithmic)으로 증가하며, 단위시간 당 세포 농도의 증가율을 생장률이라 한다. 특히, 단위시간 당 자연 대수적 생물량의 변화율을 비생장률(specific growth rate)이라 하며, 이의 평균값을 평균 비생장률이라 한다. 수율이란 시험 종료 시 생물량에서 시작 시 생물량을 뺀 값을 의미한다.

대조군과 각 농도군의 생물량(예 : 세포수, 엽록소 형광 등)을 측정시간과 시험물질 농도별로 표로 정리한다. 대조군과 농도군의 평균 세포 농도(y축)를 측정시간(x축) 별로 그래프에 표시하여 생장곡선을 그린다. 생장곡선은 로그 스케일(logarithmic scale) 또는 선형 스케일(linear scale)로 모두 나타낼 수 있으나, 로그 스케일을 권장한다.

다음에 제시된 방법으로 평균 비생장률과 수율을 구한 후, 적절한 통계 방법을 사용하여 반수영향농도(EC_{50}), 10% 영향농도(EC_{10}), 무영향관찰농도(NOEC),

최소영향관찰농도(LOEC)를 산출한다. 영향농도(ECx)는 시험 조류의 생장이 대조군보다 $X\%$ 만큼 감소할 때의 시험물질 농도이며, 일반적으로 특정 노출 시간에 대한 반수영향농도(예 : 72 h-EC_{50})나 10% 영향농도(72 h-EC_{10})로 나타낸다. "E_rC"는 비생장률(specific growth rate)의 영향농도를 의미하며, "E_yC"는 수율(yield)의 영향농도를 의미한다.

① 평균 비생장률(average specific growth rate)

시험 동안 일정기간의 평균 비생장률(specific growth rate)은 다음 식 3-1로 구할 수 있다.

$$\mu_{i-j} = \frac{\ln X_j - \ln X_i}{t_j - t_i}\ (\text{day}^{-1}) \qquad \text{(식 3-1)}$$

여기서, μ_{i-j} : 평균 비생장률(i에서 j까지의 시간)

X_i : i 시간에서의 생물량

X_j : j 시간에서의 생물량

평균 비생장률에 대한 저해율($\%I_r$)은 다음 식 3-2로 구할 수 있다. 용매 대조군이 사용되는 경우, $\%I_r$을 구할 때 용매 대조군에 대한 μ_c를 이용한다.

$$\%I_r = \frac{\mu_c - \mu_r}{\mu_c} \times 100 \qquad \text{(식 3-2)}$$

여기서, $\%I_r$: 평균 비생장률에 대한 저해율

μ_c : 대조군에서의 평균 비생장률(μ)의 평균값

μ_r : 각 농도군에서의 평균 비생장률

② 수율(yield)

시험 동안 수율 저해율($\%I_y$)은 다음 식 3-3으로 구할 수 있다.

$$\%I_y = \frac{Y_c - Y_y}{Y_c} \times 100 \qquad \text{(식 3-3)}$$

여기서, $\%I_y$: 수율에 대한 저해율

Y_c : 대조군의 평균 수율

Y_r : 각 처리군의 수율

(2) 시험결과의 보고

시험결과를 보고할 때에는 표 3-8의 내용이 포함되어야 한다.

표 3-8. 담수조류 독성시험의 보고내용

분류	보고 내용
시험기관의 명칭 및 소재지	-
시험책임자 및 담당자 성명, 소속	-
시험물질	• 화학물질의 명칭(CAS 번호, 일반명, 상품명 명기) • 입수처, 입수일 • 순도(%), 불순물 • 물리화학적 특성(안정성, 용해도 정보 등)
시험종	• 학명 및 균주번호 • 입수처 • 배양조건(먹이 종류, 먹이량, 먹이공급 빈도 등)
시험조건	• 시험 시작일, 종료일, 시험기간 • 시험절차 및 관련 세부사항(시험용기 및 용량, 시험종 배양, 초기 생물량, 온도, 광원의 종류 및 광도, 사용기기 등) • 배지 조성 및 배양장치 • 시험물질 노출농도(설정농도, 측정농도)와 반복군, 시험물질 농도 분석에 대한 사항 • 시험용액 조제방법 • 생물량 측정방법
시험결과	• 매 24시간마다 측정한 각 시험농도별 생물량 및 측정방법 • 각 농도군에서 계산된 평균 생장률 및 수율, 반복군에 대한 평균값과 변동계수 • 생장곡선 • 영향농도(ECx)와 신뢰구간(예 : 95%) • 무영향관찰농도(NOEC)와 최소영향관찰농도(LOEC) • 조류의 형태학적 변화 • 통계처리방법 • 시험 시작과 종료시점의 pH 값 • 보조제 사용의 타당성(해당 보조제의 사용, 선정 및 농도설정의 이유 등)
시험결과에 대한 고찰	-

예상문제

1. 미세조류 성장곡선 중 세포가 최대 속도로 분열·증식하는 시기로 옳은 것은?

① 유도기(lag phase)
② 대수증식기(exponential growth phase)
③ 정지기(stationary phase)
④ 사멸기(death phase)

2. 담수조류 시험에 적합한 시험종과 분류군에 대한 짝으로 옳지 않은 것은?

① *Anabaena flos-aquae* – 남조류(cyanobacteria)
② *Desmodesmus subspicatus* – 남조류(cyanobacteria)
③ *Navicula pelliculosa* – 규조류(diatoms)
④ *Pseudokirchneriella subcapitata* – 녹조류(green algae)

해설 *Desmodesmus subspicatus*는 녹조류임(표 4-6 참고)

3. 담수조류의 계대배양에 대한 설명으로 옳지 않은 것은?

① 조류 원액을 정기적으로 신선한 액체 배지에 옮겨 키워 계대배양을 한다.
② 배양을 정기적으로 하지 않는다면 보존용 고체 배지에 이식한다.
③ 활성 유지를 위하여 적어도 2개월에 1번은 신선한 배지에 이식하는 것이 좋다.
④ 시험종이 대수증식기에 도달하기 전에 계대배양을 수행해야 한다.

해설 시험종이 사멸기(death phase)에 도달하기 전에 계대배양을 수행해야 한다.

4. 담수조류 생장저해시험(OECD TG 201)의 시험환경 조건으로 옳지 않은 것은?

① 시험 시 온도는 18～20℃의 범위에서 편차가 ±1℃를 넘어가지 않도록 조절한다.
② 시험기간에 대조군의 pH가 1.5 이상 변화해서는 안 된다.
③ 조도는 일반적으로 60～120 $\mu E/m^2 \cdot s$ 범위에서 진행한다.
④ 통기성 마개로 시험용기를 막고, 교반 배양장치에서 노출한다.

해설 시험 시 온도는 21～24℃의 범위에서 편차가 ±2℃를 넘어가지 않도록 조절한다.

5. 담수조류 생장저해시험(OECD TG 201)의 타당성 기준으로 옳지 않은 것은?

① *Synechococcus leopoliensis* 대조군의 반복군에서 평균 비생장률의 변이계수가 10%를 초과하지 않아야 한다.

② *Pseudokirchneriella subcapitata*는 대조군의 반복군에서 평균 비생장률의 변이계수가 7%를 초과하지 않아야 한다.

③ 대조군에서 각 구간별(0～1일, 1～2일, 2～3일) 비생장률의 변이계수 평균이 35%를 초과하지 않아야 한다.

④ 대조군의 생물량이 시험기간 내에 최소 32배 이상 증가해야 한다.

해설 대조군의 생물량이 시험기간 내에 최소 16배 이상 증가해야 한다.

6. 담수조류 생장저해시험(OECD TG 201)에 주로 사용하는 시험종의 초기 생물량 농도로 옳지 않은 것은?

① *Anabaena flos-aquae* − 10^6 cells/mL

② *Desmodesmus subspicatus* − $2 \times 10^3 \sim 5 \times 10^3$ cells/mL

③ *Pseudokirchneriella subcapitata* − $5 \times 10^3 \sim 10^4$ cells/mL

④ *Synechococcus leopoliensis* − $5 \times 10^4 \sim 10^5$ cells/mL

해설 *Anabaena flos-aquae* − 10^4 cells/mL이 적합하다.

7. 담수조류 생장저해시험(OECD TG 201)에 대한 설명으로 옳지 않은 것은?

① 생물량(biomass)이란 주어진 부피 내에 존재하는 생물의 건중량(dry weight)을 의미한다.

② 시험기간은 96시간이며, 시험종의 성장 속도에 따라 기간을 조절할 수 있다.

③ E_rC는 비생장률(specific growth rate)의 영향농도를 의미한다.

④ E_yC는 수율(yield)의 영향농도를 의미한다.

해설 일반적으로 시험기간은 72시간으로 한다.

8. 담수조류의 표준독성시험에 사용하는 독성물질로 옳은 것은?

① 크롬산칼륨(potassium chromate)
② 중크롬산나트륨(sodium dichromate)
③ 3,5-다이클로로페놀(3,5-dichlorophenol)
④ 4-클로로페놀(4-chlorophenol)

정답 1. ② 2. ② 3. ④ 4. ① 5. ④ 6. ① 7. ② 8. ③

CHAPTER 4

물벼룩 급·만성 독성시험

4-1 물벼룩의 특징과 배양방법

1) 물벼룩의 특징

물벼룩은 대부분 담수(하천, 호수, 연못 등)에 서식하는 무척추동물(invertebrate)로, 1차 소비자로서 먹이사슬의 중요한 역할을 담당한다. 생산자인 녹조류(algae)와 같은 식물성 플랑크톤, 원생동물, 박테리아 등의 미생물을 먹이로 섭취하며, 2차 소비자인 어류의 좋은 먹이가 된다. 투명한 갑각이 몸을 감싸고 있어 기관의 움직임을 쉽게 관찰할 수 있으며, 높은 번식력, 짧은 생활사, 시험의 용이성, 독성물질에 대한 민감성으로 독성실험에 자주 사용된다. 물벼룩은 전 세계적으로 11과 52속 450여 종이 있으며(표 4-1), 이들 중 한국산 물벼룩은 9과 29속 55종으로 알려져 있다(국립환경과학원, 2015). 미국에서는 주로 큰 물벼룩(*Daphnia magna*)과 참 물벼룩(*Daphnia pulex*)이 서식하고 있으며, 국내 수계에는 모이나 물벼룩(*Moina macrocopa*), 유리 물벼룩(*Daphnia galeata*) 등이 서식하고 있다(최영설 외, 2016).

큰 물벼룩(*Daphnia magna*)은 가장 큰 Daphnia 물벼룩으로 알려져 있으며, 2～5 mm 정도의 길이를 가진다. 경제협력개발기구(Organization for Economic Co-operation and Development ; OECD), 국제표준화기구(ISO) 등 국제기관에서는 큰 물벼룩을 국제표준 독성시험종으로 추천하고 있으며, 우리나라에서도 폐수종말처리시설의 방류수 등을 채수하여 생태독성을 평가할 때 큰 물벼룩을 독성시험에 사용하고 있다. 큰 물벼룩은 알(egg) → 유충(neonate ; 약 ～1일) → 알을 갖고 있지 않은 개체(juvenile ; 약 ～6일) → 처음 알을 갖게 된 개체(adolescent ; 약 ～7일) → 성충(adult)의 과정을 거쳐 자라나게 된다. 평균적으로 20℃에서 약 56일 정도의 생애주기(life cycle)를 지니며, 수온이 높아지

표 4-1. 물벼룩류의 종류와 특징(예)

물벼룩명(학명)	국내명	서식온도 (℃)	최대 크기 (mm)	서식지 또는 특이사항
Daphnia manga	큰 물벼룩	16～28	2～5	• 미북반구에 서식 • 급성 독성시험 OECD 공식 추천종 • 국내 생태독성 관리제도에서 선정한 시험종
Daphnia pulex	참 물벼룩	15～25	3～4	• 미국 전역에 서식 • 급성 독성 시험종
Moina macrocopa	모이나 물벼룩	16～23	0.8～1.2	• 국내 및 북반구 서식 • 국내 고유 시험종으로 연구 중
Bosmina longirostris	긴뿔 물벼룩	6～24	0.5	• 물에 부유성으로 서식 • 국내 및 전 세계 분포

면 성충의 생애주기가 짧아지고(25℃에서 약 40일 ; Clare, 2002) 유충의 부화량은 증가한다(국립환경과학원, 2015). 일반적으로 물벼룩은 먹이의 색깔에 따라 옅은 녹색 또는 흑갈색을 띠지만, 먹이 섭취가 부족하거나 건강하지 못한 물벼룩은 투명한 색을 띤다(그림 4-1).

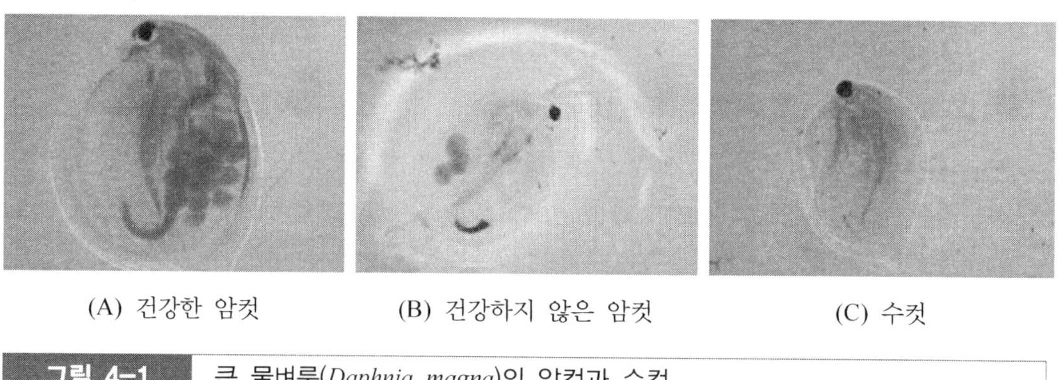

(A) 건강한 암컷 (B) 건강하지 않은 암컷 (C) 수컷

그림 4-1 큰 물벼룩(*Daphnia magna*)의 암컷과 수컷

자료 : '환경보건학(한국환경보건학회, 2016)'을 참고하여 저자 재작성

큰 물벼룩(*Daphnia magna*)의 성숙한 암컷은 ① 주둥이 부근에 돌기가 돌출되어 있고(elongated rostrum), ② 첫 번째 더듬이가 작으며(small first antennae), ③ 가슴 부근이 매끈하고 강모(setae)가 없으며, ④ 알을 받칠 수 있는 긴 돌기가 있고(long abdominal process), ⑤ 크기가 3~4 mm 정도가 된다(한국환경보건학회, 2016 ; 그림 4-2). 반면에 수컷은 ① 주둥이 부근이 안쪽으로 들어가 있으며, ② 첫 번째 더듬이가 수염처럼 길고, ③ 가슴 부근에 강모가 있으며, ④ 알을 받칠 수 있는 긴 돌기가 없고, ⑤ 크기는 2~3 mm로 암컷보다 작다(한국환경보건학회, 2016 ; 그림 4-2).

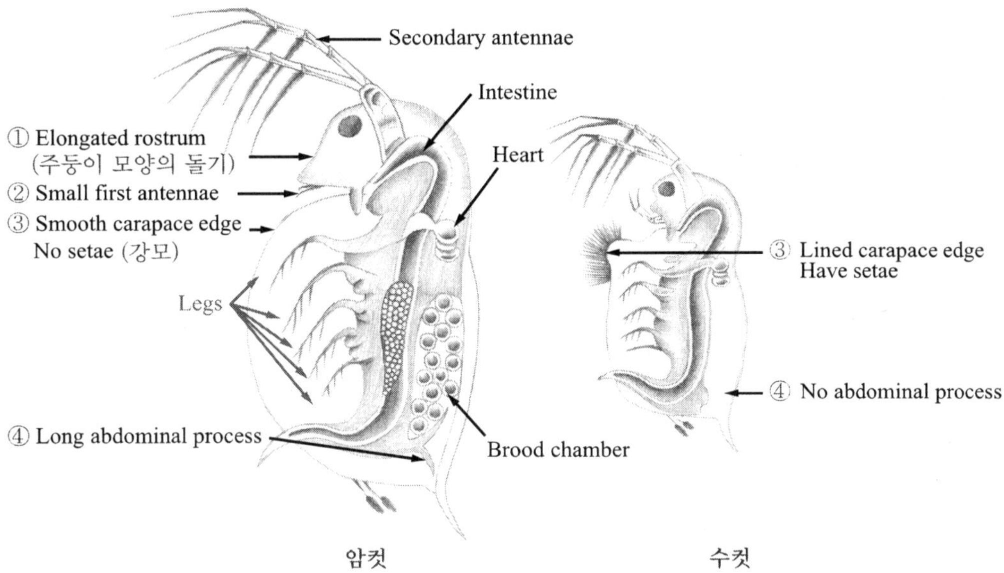

그림 4-2 큰 물벼룩의 기관과 암·수컷의 차이

자료 : '환경보건학(한국환경보건학회, 2016)'을 참고하여 저자 재작성

2) 물벼룩의 생식방법

물벼룩은 크게 단위생식(asexual reproduction or parthenogenesis)과 수정생식(bisexual reproduction)을 통해 생식이 이루어진다(Ebert, 2005). 이는 환경 상태에 따라 좌우되며, 영양 상태가 좋은 환경에서는 암컷에서 암컷이 생산되는 단위생식을 한다. 유충(neonates)을 약 7일 정도 배양하면 알을 가지기 시

작해 2~3일 간격으로 평균 15~30마리 가량의 새끼를 낳는다. 그러나 저온(15℃ 이하), 고밀도, 광량 부족, 먹이 부족 등 환경 상황이 나빠지면 수컷(그림 4-1) 및 내구란(black egg 또는 ephippia)이 생기며, 양성생식을 하기 시작한다(그림 4-3).

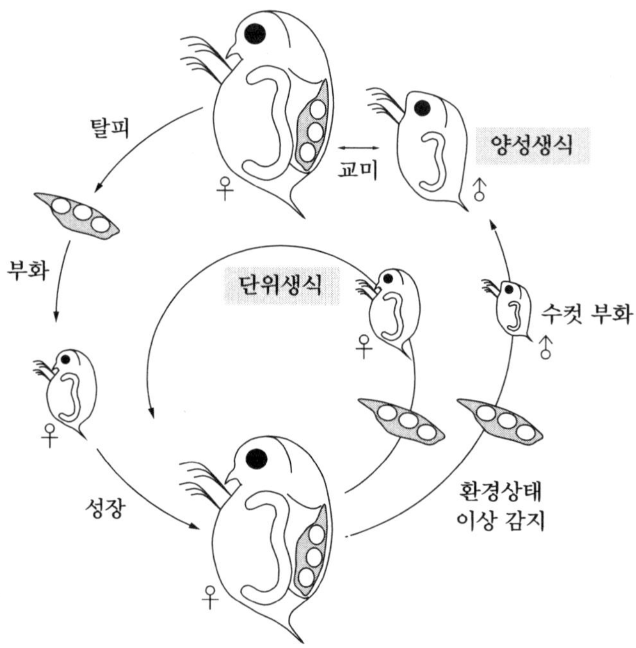

그림 4-3 큰 물벼룩(*Daphnia magna*)의 단위생식과 양성생식

자료 : '생태독성시험방법 및 운영 지침(국립환경과학원, 2015)'을 참고하여 저자 재작성

3) 큰 물벼룩의 배양방법

큰 물벼룩은 신뢰할 수 있는 기관에서 분양받아 어린 개체는 2세대 이상 계대 배양 후 실험에 사용하여야 한다. 물벼룩을 배양하기 위한 장비 및 기구 등은 그림 4-4와 같다.

(A) 물벼룩 배양기

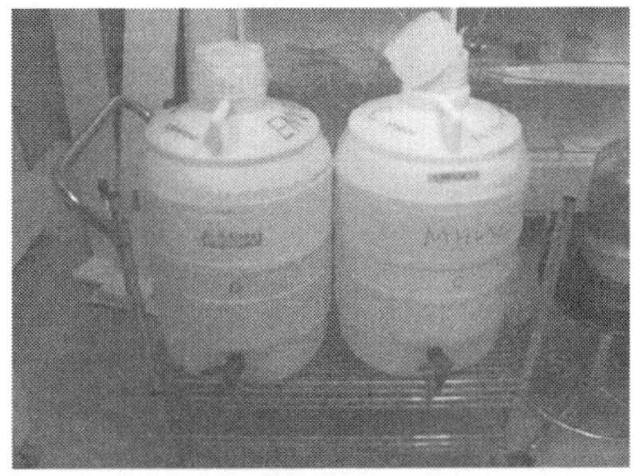

(B) 배지 제조 장치

(C) 배양 용기

(D) 배지 폭기 장치

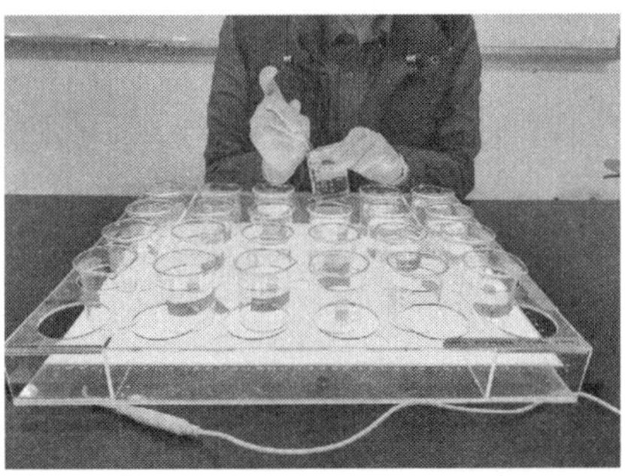

(E) 라이트 박스(light box)와 스포이트

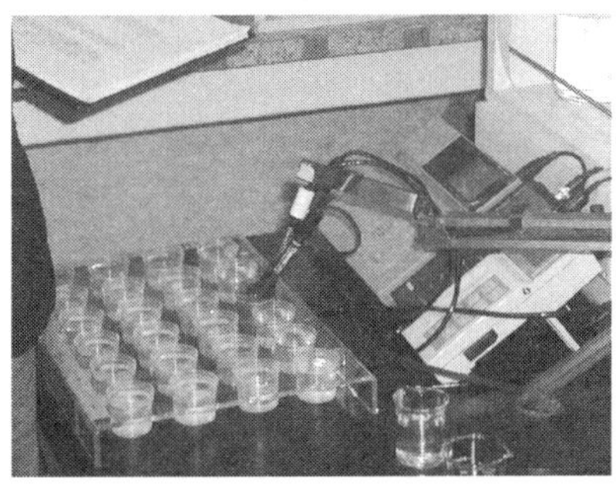

(F) 화학분석 기기

그림 4-4 물벼룩 배양에 필요한 장비 및 기구(예)

배지는 moderately hard water (MHW), Elendt M4, Elendt M7, ISO 배지 등 다양하며, 본 교재에는 MHW 배지와 M4 배지를 제조하는 방법을 소개하고자 한다. MHW 배지는 미국 환경보호청(US EPA)의 급·만성 물벼룩 독성시험 지침서에 소개된 배지이며(US EPA, 2002a, 2002b), 제조 순서(20 L 제조 기준 ; 표 4-2)는 다음과 같다. 제조된 배지는 pH 7.6～8.0, 경도(hardness) 160～180 $CaCO_3$ mg/L, 알칼리도(alkalinity) 110～120 $CaCO_3$ mg/L를 나타내

며, 위 항목들을 최소 주 1회 이상 확인해야 한다(국립환경과학원, 2015).

- 증류수 18 L를 준비한다.
- 준비된 증류수에 배지원액(stock solution) I (표 4-2)에 해당하는 물질을 첨가하고 12시간 정도 폭기한다.
- 별도로 2 L 증류수에 배지원액 II (표 4-2)에 해당하는 물질을 첨가하고 교반기와 마그네틱 바를 이용하여 충분히 용해시킨다.
- 배지원액 I과 배지원액 II의 용액을 혼합하고 온도를 맞추어 배지로 사용한다.

표 4-2. 물벼룩 MHW 배지 제조에 필요한 용질의 조성(20 L 제조 기준)

배지원액 I	용질/증류수의 양	배지원액 II	용질/증류수의 양
• 황산마그네슘($MgSO_4$) • 염화칼륨(KCl) • 탄산수소나트륨($NaHCO_3$)	• 2.40 g / 20 L • 0.16 g / 20 L • 3.84 g / 20 L	• 황산칼슘 2수화물 ($CaSO_4 \cdot 2H_2O$)	• 2.40 g / 20 L

자료 : 'Methods for Measuring the Acute Toxicity of Effluents and Receiving Waters to Freshwater and Marine Organisms (US EPA, 2002a)', '생태독성시험방법 및 운영 지침(국립환경과학원, 2015)'을 참고하여 저자 재작성

Elendt M4 배지 또는 M7 배지는 경제협력개발기구(OECD) 시험지침에서 큰 물벼룩의 배양액과 독성시험의 희석수로 추천하는 배지이다(OECD, 2004, 2012). 표 4-3에 제시된 배지원액 I과 표 4-4에 제시된 배지원액 II를 제조한 후 제조하는 배지의 용량에 맞추어 농축액을 넣어 혼합한다. 제조된 배양액은 폭기 후 온도를 맞추어 사용한다.

배지는 1주일에 3회 정도 교체해 주는 것이 좋으며, 물벼룩은 스포이트, 피펫, 망 등을 이용해 최대한 조심스럽게 새로운 배지로 옮긴다(그림 4-5). 물벼룩을 새로운 배지로 옮길 때에는 물벼룩의 껍질(carapace)에 공기가 부착되어 수면 위로 떠오르는 것을 방지하도록 스포이트나 피펫이 충분히 용액에 잠기게 한 후 물벼룩을 내보내야 한다(국립환경과학원, 2015 ; 그림 4-6).

표 4-3. 물벼룩 M4 배지 또는 M7 배지 제조에 필요한 배지원액(stock solution) I의 조성

각 배지원액명	농도[a] (mg/L)	농축도(배) -M4 기준	각 배지원액의 첨가량(mL/L)[a]	
			M4 배지	M7 배지
1) 붕산(H_3BO_3)	57,190	20,000	1.0	0.25
2) 염화망간 4수화물($MnCl_2 \cdot 4H_2O$)	7,210	20,000	1.0	0.25
3) 염화리튬(LiCl)	6,120	20,000	1.0	0.25
4) 염화루비듐(RbCl)	1,420	20,000	1.0	0.25
5) 염화스트론튬 6수화물($SrCl_2 \cdot 6H_2O$)	3,040	20,000	1.0	0.25
6) 브롬화나트륨(NaBr)	320	20,000	1.0	0.25
7) 몰리브덴산나트륨 2수화물 ($Na_2MoO_4 \cdot 2H_2O$)	1,260	20,000	1.0	0.25
8) 염화구리 2수화물($CuCl_2 \cdot 2H_2O$)	335	20,000	1.0	0.25
9) 염화아연($ZnCl_2$)	260	20,000	1.0	1.0
10) 염화코발트 6수화물($CoCl_2 \cdot 6H_2O$)	200	20,000	1.0	1.0
11) 요오드화칼륨(KI)	65	20,000	1.0	1.0
12) 아셀렌산나트륨(Na_2SeO_3)	43.8	20,000	1.0	1.0
13) 바나딘산암모늄(NH_4VO_3)	11.5	20,000	1.0	1.0
14) Fe-EDTA 용액	-	1,000	20.0	5.0
에틸렌다이아민테트라아세트산나트륨 2수화물($Na_2EDTA \cdot 2H_2O$)	5,000	2,000	NA_2EDTA와 $FeSO_4$는 두 가지 용액을 각각 준비하여 1 : 1로 혼합한 후 즉시 고압증기멸균(autoclave)을 하여 Fe-EDTA 용액을 조제한다.	
황산철 7수화물 ($FeSO_4 \cdot 7H_2O$)	1,991	2,000		

[a] 용액은 탈이온수(deionised), 증류수(distilled), 역삼투를 이용해 얻은 순수한 물(reverse osmosis)을 사용한다.

자료 : 'OECD TG 211 (OECD, 2012)'을 참고하여 저자 재작성

표 4-4. 물벼룩 M4 배지 및 M7 배지 제조에 필요한 배지원액(stock solution) II[a]의 조성

각 배지원액명	농도[b] (mg/L)	농축도(배) –M4 기준	각 배지원액의 첨가량(mL/L)[b]	
			M4	M7
1) 염화칼슘 2수화물($CaCl_2 \cdot 2H_2O$)	293,800	1,000	1.0	1.0
2) 황산마그네슘 7수화물($MgSO_4 \cdot 7H_2O$)	246,600	2,000	0.5	0.5
3) 염화칼륨(KCl)	58,000	10,000	0.1	0.1
4) 탄산수소나트륨($NaHCO_3$)	64,800	1,000	1.0	1.0
5) 메타규산나트륨 9수화물($Na_2SiO_3 \cdot 9H_2O$)	50,000	5,000	0.2	0.2
6) 질산나트륨($NaNO_3$)	2,740	10,000	0.1	0.1
7) 인산이수소칼륨(KH_2PO_4)	1,430	10,000	0.1	0.1
8) 인산수소이칼륨(K_2HPO_4)	1,840	10,000	0.1	0.1
9) 혼합비타민용액(Combined vitamin stock)[c]	-	10,000	0.1	0.1
Thiamine hydrochloride	750	10,000	혼합비타민용액은 증류수 1 L에 3가지 비타민을 용해시켜 조제한다.	
Cyanocobalamine (B_{12})	10	10,000		
Biotine	7.5	10,000		

[a] 개별적으로 배지원액을 준비한 후 함께 섞으면 M4 또는 M7 배지에 넣는 용액의 20배 높은 용액이 만들어진다. 준비된 배지에 이 혼합용액을 50 mL 넣으면 된다.

[b] 용액은 탈이온수(deionised), 증류수(distilled), 역삼투를 이용해 얻은 순수한 물(reverse osmosis)을 사용한다.

[c] 혼합비타민용액은 사용할 양만큼 작은 용기에 나누어 냉동상태로 보관하며, 사용하기 직전에 첨가하여 배지를 조제한다.

주의) 배지를 조제할 때 염(salt)의 침전을 막기 위해 약 500 ~ 800 mL 탈이온수(deionized water)에 각각의 배지원액을 첨가하고 1 L를 맞춘다.

자료 : 'OECD TG 211 (OECD, 2012)'을 참고하여 저자 재작성

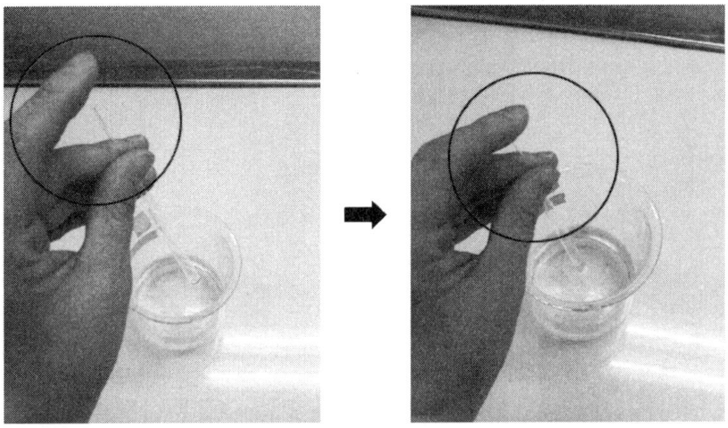

그림 4-5 파스퇴르 피펫(Pasteur pipette)으로 물벼룩을 잡는 방법

설명 파스퇴르 피펫을 물벼룩을 향해 물 안으로 넣고, 손가락으로 피펫 끝을 막아 잡는다.

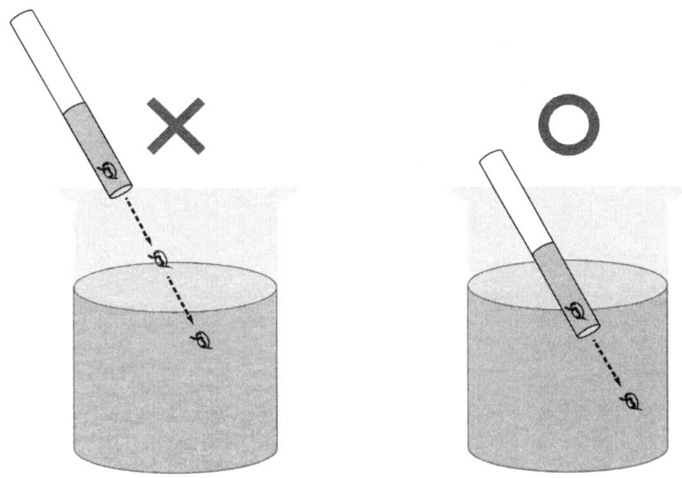

그림 4-6 배양액 교체 시 물벼룩의 이동방법

자료 : '생태독성시험방법 및 운영 지침(국립환경과학원, 2015)'을 참고하여 저자 재작성

분양받은 큰 물벼룩의 유충(neonates)은 약 50마리/L의 밀도가 유지되도록 비커에 넣고 군집 배양한다. 군집 배양 시작일로부터 약 6~7일 후에 어린 개체가 성장하여 첫 알을 가지기 시작하게 되면 8~10마리/L의 밀도가 유지되도록 계대배양을 한다. 개체의 밀도가 과하게 높아지면 성충(adult)의 생존율과

어린 개체의 생산율이 저하되고, 수컷 및 내구란이 발생한다. 계대 배양 중인 성충(adult)이 탈피하면서 어린 개체가 태어나면, 어린 개체를 매일 일정한 시간에 골라내어 다시 군집 배양을 시작한다. 어린 개체를 골라낼 때는 개체의 크기가 크고 몸체의 윤곽이 뚜렷하며 활동성이 좋은 개체를 위주로 선별한다(국립환경과학원, 2015). 큰 물벼룩은 배양 환경이 좋으면 태어난 지 7～8일에 첫 새끼를 부화하게 되나, 이 때 부화된 새끼는 시험에 사용하지 않는다. 시험을 시행할 때에는 계대 배양한 생후 2주 이상의 물벼룩에서 태어난 생후 24시간 미만의 유충(neonates)을 사용한다. 새로 분양받은 어린 개체는 최소 2세대 이상 번식과정을 거친 후, 성체에서 받은 어린 개체를 시험에 사용하는 것이 좋다(국립환경과학원, 2015).

큰 물벼룩의 먹이는 배양액에 따라 다르게 제공한다. MHW 배지를 사용할 때에는 배양액 교체일에 녹조류(algae ; Chlorella 또는 Selenastrum, 3.0～3.5 $\times 10^{6\sim8}$ cells/mL)와 Yeast/Cerophyll/Trout chow (YCT) 용액을 1 : 1 비율로 공급하며 배양액 미교체일에는 녹조류만 공급한다. YCT 용액은 yeast, cerophyll (＝alfalfa), trout chow (＝tetramin)을 1 : 1 : 1로 섞어 제조한다(그림 4-7). M4 배지를 사용할 때에는 녹조류만 준다. 먹이 공급량은 성충(adult) 8～10마리/1 L 배양을 기준으로 할 때 녹조류 1 mL, YCT 1 mL를 주며, 금요일에는 주말에 섭식하는 양을 고려하여 조류를 추가적으로 더 공급한다(국립환경과학원, 2015).

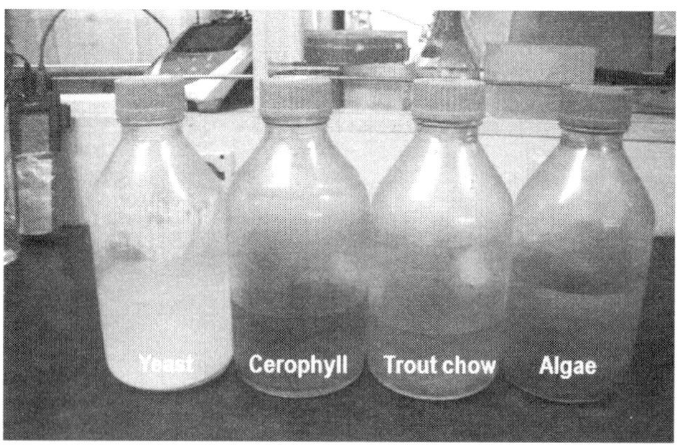

그림 4-7 *D. magna*의 먹이인 YCT 용액과 녹조류(Algae)

4-2 물벼룩의 급성 독성시험(OECD TG 202)

이 시험은 경제협력개발기구(OECD) 시험지침 202 (OECD, 2004)에 따라 수서무척추동물(예 : 물벼룩)에 대한 화학물질의 급성 독성 영향을 평가하는 것이다. 「화학물질등록평가법」 제14조 제1항 및 동법 시행규칙 제5조 제1항 제1호 별표1의 제8호에 따라 규정한 "화학물질의 시험방법(국립환경과학원고시 제2019-23호)"을 참고할 수 있으며, OECD 홈페이지에서 시험지침을 다운로드 받을 수 있다(그림 4-8).

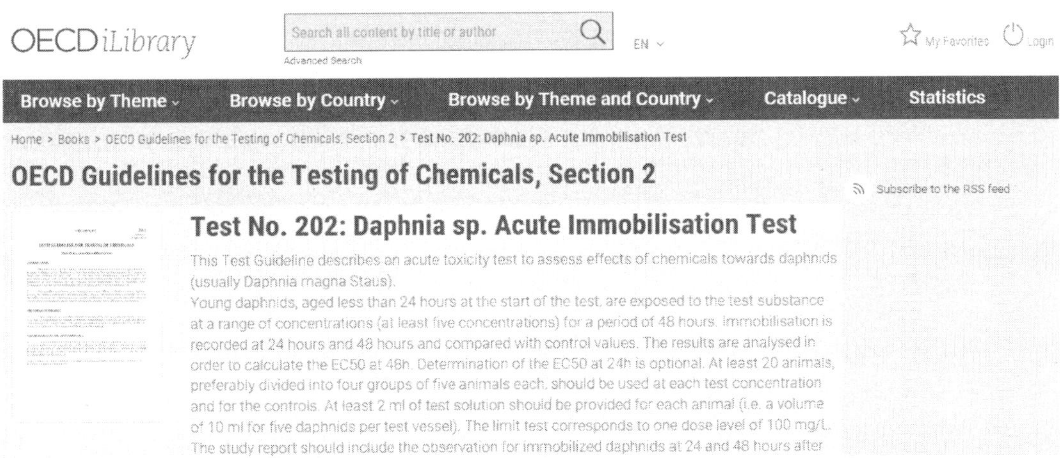

그림 4-8 경제협력개발기구(OECD) 시험지침(TG) 202

자료 : https://www.oecd-ilibrary.org/environment/test-no-202-daphnia-sp-acute-immobilisation-test_9789264069947-en

1) 시험의 원리

이 시험은 물벼룩을 일정 조건에서 시험물질에 48시간 노출한 후 물벼룩의 50%가 유영저해를 받는 농도[48시간 반수영향농도(EC_{50})]를 구하는 것이다. 유영저해(immobilization)란 시험용기를 용기 내 용액이 교반되도록 가볍게 흔든 후 15초 이내에 물벼룩 더듬이(antennae)의 움직임에 상관없이 물벼룩이 유영하지 못하는 것을 의미한다. 시험물질의 적절한 농도 범위를 알기 위하여 농도설정시험(range-finding test)을 실시하며, 본시험에서는 농도설정시험의 결과를 토대로 농도를 결정한다. 노출기간(48시간)에는 먹이를 주지 않으며, 시험물질의 농도는 중량/용량(mg/L)으로 표시한다. 시험을 시작하기 전에 시험물질의 수용해도와 적절한 정량분석 방법을 확보하는 것이 필요하다. 또한 물질의 구조식, 순도, 물과 빛에서의 안정성, 해리상수(pKa), 옥탄올/물 분배계수(Pow), 증기압, 생분해성 시험결과 등도 확보하는 것이 좋다.

2) 시험의 준비

(1) 장치 및 기구

시험용기[화학적으로 불활성인 재질(예 : 유리, 스테인리스 등)로 만들어진 용기], 온도제어 장치(20 ± 2℃로 유지), pH 측정기, 용존산소 측정기, 경도 측정장치, 온도 측정기, 자동점멸장치, 총유기탄소(TOC) 또는 화학적산소요구량(COD)을 측정할 수 있는 장치, 조도측정장치, 기타 일반적인 실험실의 장치 및 기구(예 : 삼각플라스크, 비커 등)가 필요하다.

(2) 희석수 및 배지

물벼룩 배지는 일반적으로 경제협력개발기구(OECD) 시험지침에서 사용 권장되고 있는 M4, M7 배지(표 4-3, 4-4)를 사용하거나, 국제표준화기구(ISO) 배지(표 4-5)를 사용한다. 또한 탈염소 처리된 수돗물(dechlorinated water), 양질의 천연수, 또는 조제수를 사용할 수 있으나, 반드시 검증된 것을 사용해야 한다. 시험물질이 금속을 포함하는 경우 킬레이팅 물질을 포함하는 배지(예 : M4, M7)는 사용하지 않는 것이 좋다. 희석수 또는 배지의 경도는 140 ~ 250 mg/L $CaCO_3$, pH는 6.0 ~ 9.0, 용존산소는 3.0 mg/L 이상 유지하도록 하며, 사용하기 전에 24시간 정도 공기를 공급한다.

(3) 시험종 및 먹이

큰 물벼룩(*Daphnia magna*)을 사용하며, 다른 종(예 : *Daphnia pulex*)을 사용하는 경우에는 근거를 명확히 제시해야 한다. 독성시험에는 생후 24시간 미

표 4-5. 물벼룩 ISO 배지 제조에 필요한 용질의 조성

물질명	배지원액 농도(g/L)[a]	배지조제를 위한 배지원액의 첨가량(mL/L)
1) 염화칼슘 2수화물($CaCl_2 \cdot 2H_2O$)	11.76	25
2) 황산마그네슘 7수화물($MgSO_4 \cdot 7H_2O$)	4.93	25
3) 탄산수소나트륨($NaHCO_3$)	2.59	25
4) 염화칼륨(KCl)	0.23	25

[a] 용액은 탈이온수(deionised), 증류수(distilled), 역삼투를 이용해 얻은 순수한 물(reverse osmosis)을 사용한다.

자료 : 'ISO 6341 (ISO, 2012)'을 참고하여 저자 재작성

만의 건강한 어린 개체를 사용한다. 먹이는 Chlorella, *Pseudokirkneriella* (= Selenastrum) 등과 같은 녹조류를 배양하여 공급한다. M4, M7 이외의 물벼룩 배지를 사용하는 경우(예 : MHW, ISO 등), 조류 외에 보조 먹이를 공급할 수 있다.

3) 시험방법

(1) 한계시험

한계시험(limit test)은 시험물질의 농도를 100 mg/L 또는 배지에 대한 시험물질의 최대 용해도에서 실시하여 시험물질의 EC_{50}가 한계시험 농도보다 크다는 것을 증명하기 위한 시험이다. 대조군과 처리군에 각각 20개체의 물벼룩(5마리씩 4반복군)을 사용하며, 시험기간 등 기타 조건은 농도설정시험(range-finding test) 또는 본시험(definitive test)과 동일하게 설정한다. 한계시험에서 유영저해율이 10% 이하일 경우 EC_{50}는 한계시험 농도 이상으로 하며, 10%를 초과하는 경우에는 본시험을 진행한다.

(2) 농도설정시험

농도설정시험(range-finding test)은 본시험에 들어가기 전 농도의 범위를 결

정하기 위해 실시한다. 대조군과 농도군에 각각 5개체의 물벼룩(반복군은 두지 않아도 됨)을 사용하며, 시험기간 등 기타 조건은 본시험(definitive test)과 동일하게 설정한다. 시험물질의 농도는 배지에 대한 시험물질의 최대용해도를 넘지 않도록 하며, 시험물질이 휘발성인 경우에는 밀폐된 용기에서 시험하되 용존산소가 3.0 mg/L 미만이 되지 않도록 한다. 시험용액의 pH가 6~9 범위를 벗어나는 경우, 시험물질의 농도가 변하지 않는 조건에서 염산(HCl)과 수산화나트륨(NaOH)을 이용하여 조정할 수 있다.

(3) 본시험

본시험(definitive test)은 농도설정시험 결과를 토대로 최소 5개 이상의 농도(대조군 제외)를 등간격으로 설정하며, 농도군 간 희석비율(=공비)은 2.2배를 초과하지 않도록 한다(그림 4-9). 본시험의 최고농도는 가능하면 농도결정시험에서 100% 유영저해율을 나타내는 농도, 최저농도는 유영저해가 관찰되지 않는 농도로 결정한다.

시험물질 표준원액은 희석수에 녹여 조제하고 유기용매(organic solvents), 계면활성제(emulsifiers), 분산제(dispersants) 등의 보조제(vehicles)는 원칙적으로 사용해서는 안 된다. 수용해도가 낮은 물질은 물리적인 방법[예 : 초음파 분산기(ultrasonic dispersion)]을 이용하여 시험물질 표준원액을 만들 수 있다.

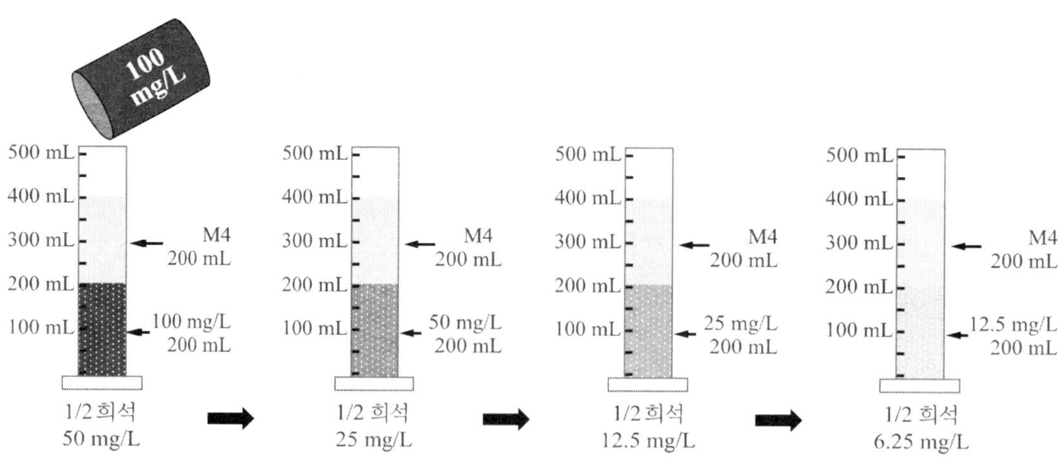

그림 4-9 물벼룩 급성 독성시험을 위한 시험수의 희석(예)

보조제 사용이 불가피하다면 가급적 독성이 낮은 것을 선택하고, 최소한의 필요량을 사용하며, 보조제 사용에 대한 타당성을 제시하여야 한다. 보조제 농도는 시험용액에서 100 mg/L를 초과하지 않도록 하며 모든 농도군에 동일한 농도의 보조제가 첨가되어야 한다. 각 농도의 시험용액(test solution)은 시험물질 표준원액(stock solution)을 희석수로 희석하여 조제한다. 보조제를 사용하는 경우는 이들 물질이 포함된 음성 대조군(negative control)을 추가로 두어야 한다.

생후 24시간 미만인 물벼룩 새끼를 대조군과 각 농도군에 20개체씩(5마리씩 4반복군) 배치하여 48시간 노출하며(그림 4-10), 시험용액의 양은 1개체 당 2 mL 이상으로 한다(예 : 한 용기에 5개체가 들어갈 때 시험용액을 10 mL 이상으로 함). 시험 시작과 종료 시점에 대조군과 처리군에서의 수온, pH, 용존산소를 측정하며, 시험기간 동안 pH 변화폭은 1.5를 넘지 않도록 한다. 시험기간 중에 먹이 공급을 하지 않으며, 수온은 18～22℃(가급적 ±1℃ 내에서 유지), 광주기는 16시간 명(light)/8시간 암(dark)으로 유지한다. 시험은 일반적으로 지수식(static) 방법을 사용하나, 시험물질의 안정도가 낮은 경우 반지수식(semi-static) 또는 유수식(flow through) 시험을 사용할 수 있다. 시험용기는 물의 증발과 시험용액에 먼지 등이 들어가는 것을 막기 위해 덮개를 덮도록 한다.

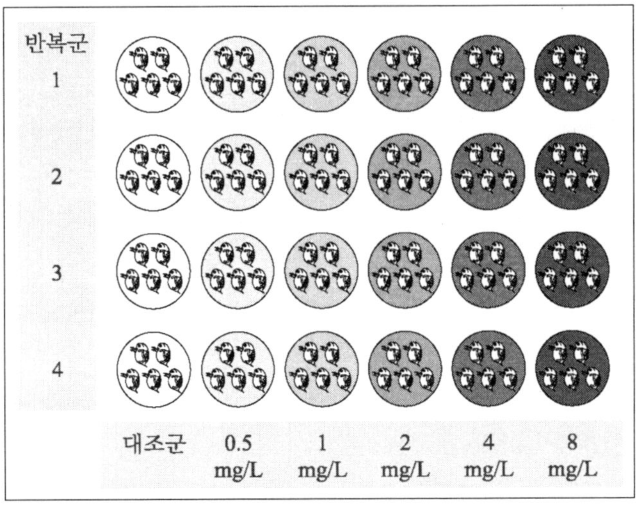

그림 4-10 OECD 시험지침 202에 따른 물벼룩 급성 독성시험의 예

Acute Toxicity Data Sheet

Test No. __________________

Toxicant : __________________

Test Species : __________________

Sample Type : __________________

EC Calculation Method : __________

Analyst : __________________

Test Start - Date/Time : __________________

Test Stop - Date/Time : __________________

Units : __________________

Client : __________________

0 hr

농도																								
반복군	A	B	C	D	A	B	C	D	A	B	C	D	A	B	C	D	A	B	C	D	A	B	C	D
생존수	5	5	5	5	5	5	5	5	5	5	5	5	5	5	5	5	5	5	5	5	5	5	5	5
수온 (℃)																								
용존산소 (mg/L)																								
pH																								
전기전도도 (uS)																								
알칼리도 (mg/L as $CaCO_3$)																								
경도 (mg/L as $CaCO_3$)																								

24 hr

농도																								
반복군	A	B	C	D	A	B	C	D	A	B	C	D	A	B	C	D	A	B	C	D	A	B	C	D
생존수																								
수온 (℃)																								
용존산소 (mg/L)																								
pH																								
전기전도도 (uS)																								

48 hr

농도																								
반복군	A	B	C	D	A	B	C	D	A	B	C	D	A	B	C	D	A	B	C	D	A	B	C	D
생존수																								
수온 (℃)																								
용존산소 (mg/L)																								
pH																								
전기전도도 (uS)																								
알칼리도 (mg/L as $CaCO_3$)																								
경도 (mg/L as $CaCO_3$)																								

그림 4-11 물벼룩 급성 독성시험 기록지의 예

노출 후 24시간, 48시간에 자극(용기 내 용액이 교반되도록 시험용기를 가볍게 흔듦)을 주었을 때 15초 동안 유영(swim)하지 않는 유영저해(immobilization)의 개체수를 확인하여 기록지(data sheet ; 그림 4-11)에 기록한다. 48시간 반수영향농도(EC_{50})와 신뢰구간(confidence intervals)은 통계 프로그램을 이용해 산출한다.

4) 시험의 타당성 기준

시험이 적합하게 수행된 것을 입증하기 위해 시험의 종료일까지 다음의 2가지 타당성 기준(validity criteria)을 만족해야 하며, 기준을 만족하지 않을 때는 재시험을 수행한다.

- 시험 종료일까지 대조군(보조제 대조군 포함) 물벼룩의 유영저해율 및 기타 이상 증상이 10%를 넘지 않아야 한다.
- 시험 종료일까지 용존산소의 농도는 ≥ 3 mg/L로 유지되어야 한다.

5) 시험물질 농도의 실측

시험기간 중 시험용액 내 시험물질 농도를 확인하기 위해 적절한 분석방법을 이용하여 다음과 같이 실측농도(measured concentration)를 측정해야 한다.

시험기간에 시험물질 노출농도가 설정농도(nominal concentration)의 80～120% 이내로 유지될 것으로 예상되는 경우 최소한 최고 시험농도, 최저 시험농도, 그리고 예상되는 반수영향농도(EC_{50})에 가까운 농도에 대해서 노출 시작과 종료 시점에 시험물질의 농도를 측정한다.

노출농도가 설정농도의 80～120% 이내로 유지될 가능성이 없는 경우 노출 시작과 종료 시점에 모든 시험 농도를 측정한다.

원칙적으로 시험결과는 측정농도로 산출한다. 시험기간 동안 시험물질의 농도가 설정농도나 측정한 초기농도의 ±20% 이내일 경우 시험물질의 설정농도나 초기 측정농도를 토대로 산출할 수 있다.

6) 표준독성시험

표준독성시험(reference test)은 표준독성물질을 이용해 시험 생물종의 상대적인 민감도가 일정하게 유지되는지 확인하는 시험이다(그림 4-12). 즉, 시험 조건 및 반수영향농도(EC_{50}) 결과에 대한 신뢰성을 확인하기 위해 가능한 한 매월 실행하고, 최소한 1년에 2회 이상 수행해야 한다. 표준독성물질로는 중크롬산칼륨($K_2Cr_2O_7$)을 사용하며, 24시간 반수영향농도(EC_{50})가 0.6～2.1 mg/L 범위를 유지하도록 권장한다.

Daphnia magna **Reference Toxicity Test Result**
Toxicant : 중크롬산칼륨 ($K_2Cr_2O_7$) / Media : Elendt M4

Test No.	Ending Date	48h-EC_{50}	cum mean	cum sd	cum low CI	cum high CI
DREF0729	2015.07.31	1.544	1.5440			
DREF0909	2015.09.11	0.955	1.2495	0.4165	0.4165	2.0825
DREF1013	2015.10.15	1.341	1.2800	0.2992	0.6816	1.8784
DREF1110	2015.11.12	1.067	1.2268	0.2665	0.6937	1.7598
DREF1229	2015.12.31	0.863	1.1540	0.2824	0.5893	1.7187
DREF0119	2016.01.21	1.178	1.1580	0.2527	0.6525	1.6635
DREF0304	2016.03.06	0.889	1.1196	0.2521	0.6153	1.6238
DREF0410	2016.04.12	1.187	1.1280	0.2346	0.6587	1.5973
DREF0501	2016.05.03	1.035	1.1177	0.2217	0.6743	1.5610
DREF0619	2016.06.21	1.250	1.1309	0.2131	0.7046	1.5572
DREF0729	2016.07.31	1.114	1.1294	0.2023	0.7248	1.5339
DREF0802	2016.08.04	1.330	1.1461	0.2014	0.7434	1.5488

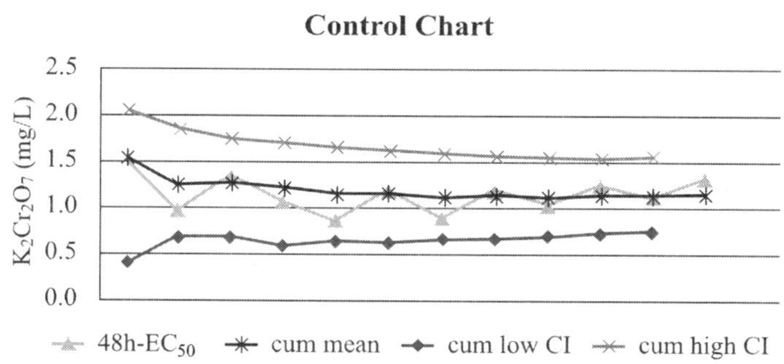

그림 4-12 물벼룩 표준독성시험의 예

7) 시험결과 및 보고

(1) 결과의 처리

본시험이 종료되면 적당한 통계적 방법(예 : 프로빗 분석)을 사용하여 반수영향농도(EC_{50})와 95%에서의 신뢰구간을 구하며, 보고서에는 통계적 방법을 명시하여야 한다. 얻어진 시험결과가 표준방법을 이용하여 반수영향농도(EC_{50})를 구하기에 적절하지 않은 경우, 유영저해를 나타내지 않은 최고농도와 100% 유영저해를 나타낸 농도의 기하평균을 구하여 반수영향농도(EC_{50})를 기록한다.

(2) 시험결과의 보고

시험결과를 보고할 때에는 표 4-6의 내용이 포함되어야 한다.

표 4-6. 물벼룩 급성 독성시험의 보고 내용

분류	보고 내용
시험기관의 명칭 및 소재지	-
시험책임자 및 담당자 성명, 소속	-
시험물질	• 화학물질의 명칭(CAS 번호, 일반명, 상품명 명기) • 입수처, 입수일 • 순도(%), 불순물 • 물리화학적 특성(안정성, 용해도 정보 등)
시험종	• 학명 및 계통 • 입수처 • 배양조건(먹이 종류, 먹이량, 먹이공급 빈도 등)
시험조건	• 시험 시작일, 종료일, 시험기간 • 시험절차 및 관련 세부사항(노출방법, 사용 개체수, 반복수, 시험용액량, 시험용기의 형태와 용량 등) • 배지 및 희석수의 수질특성(pH, 수온, 경도, 알칼리도 등) • 시험기간의 수질특성값(pH, 수온, 용존산소농도 측정값) • 시험물질 노출농도(설정농도, 측정농도)와 반복군, 시험물질 농도 분석에 대한 사항 • 시험용액 조제방법 • 시험용액에서 시험물질의 상태
시험결과	• 대조군 및 각 시험물질 처리군에서 유영저해 또는 이상증상을 나타낸 개체수 및 그 비율 • 24시간, 48시간의 반수영향농도(EC_{50})와 신뢰구간(예 : 95%), 통계적 과정과 통계처리 방법 • 시험농도(설정농도 및 측정농도)와 시험물질 농도 분석에 대한 세부내용 • 표준독성시험의 결과 • 시험기간의 수질특성값(pH, 수온, 용존산소농도 측정값) • 보조제 사용의 타당성(해당 보조제의 사용, 선정 및 농도 설정의 이유 등)
시험결과에 대한 고찰	-

4–3 물벼룩의 만성 독성시험(OECD TG 211)

이 시험은 경제협력개발기구(OECD) 시험지침 211 (OECD, 2012)에 따라 수서무척추동물(예 : 물벼룩)에 대한 화학물질의 만성 독성 영향을 평가하는 것이다. 「화학물질등록평가법」 제14조 제1항 및 동법 시행규칙 제5조 제1항 제1호 별표 1의 제8호에 따라 규정한 “화학물질의 시험방법(국립환경과학원고시 제2019-23호)”을 참고할 수 있으며, OECD 홈페이지에서 시험지침을 다운로드 받을 수 있다(그림 4-13).

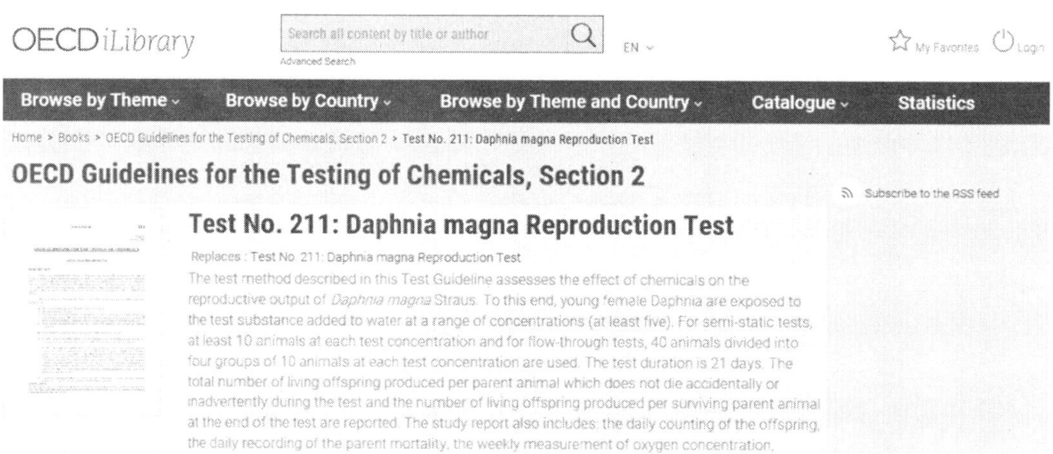

그림 4–13 경제협력개발기구(OECD) 시험지침(TG) 211

자료 : https://www.oecd-ilibrary.org/environment/test-no-211-daphnia-magna-reproduction-test_9789264185203-en

1) 시험의 원리

이 시험은 물벼룩을 일정 조건에서 시험물질에 21일간 노출한 후 모체(parent)의 치사율, 모체에서 태어난 자손의 개체수, 최초 부화시기 등을 관찰하고, 물벼룩의 생식능력에 영향을 나타내는 농도(예 : EC_{10}, EC_{50}), 무영향관찰농도(NOEC), 최소영향관찰농도(LOEC)를 구하는 것이다. 시험물질의 적절한 농도 범위를 알기 위하여 농도설정시험(range-finding test)을 실시하며, 본시험에서는 농도설정시험의 결과를 토대로 농도를 결정한다. 노출하는 기간(48시간)에는 먹이를 주지 않으며, 시험물질의 농도는 중량/용량(mg/L)으로 표시한다. 시험을 시작하기 전에 시험물질의 수용해도와 적절한 정량분석 방법을 확보하는 것이 필요하다. 또한 물질의 구조식, 순도, 물과 빛에서의 안정성, 해리상수(pKa), 옥탄올/물 분배계수(Pow), 증기압, 생분해성 시험결과 등도 확보하는 것이 좋다.

2) 시험의 준비

(1) 장치 및 기구

시험용기(예 : 유리), 온도제어 장치(20 ± 2℃로 유지), pH 측정기, 용존산소 측정기, 경도 측정장치, 온도 측정기, 자동점멸장치, 총유기탄소(TOC) 또는 화학적산소요구량(COD)을 측정할 수 있는 장치, 조도측정장치, 기타 일반적인 실험실의 장치 및 기구(예 : 삼각플라스크, 비커 등)가 필요하다.

(2) 희석수 및 배지

물벼룩 배지는 일반적으로 경제협력개발기구(OECD) 시험지침에서 사용 권장되고 있는 M4, M7 배지(표 4-3, 4-4)를 사용하며, 생식능 시험에 사용하는 희석수는 배지와 동일한 것을 사용한다. 배지의 총유기탄소(TOC) 값은 2 mg/L를 넘지 않게(먹이인 조류를 첨가하진 전 상태)하는 것을 권장한다. 희석수 또는 배지의 pH는 6.0~9.0, 경도는 140 mg/L $CaCO_3$ 이상, 용존산소는 3.0 mg/L 이상을 유지하도록 하며, 사용하기 전에 24시간 정도 공기를 공급한다.

(3) 시험종 및 먹이

큰 물벼룩(*Daphnia magna*)을 사용하며, 생후 24시간 미만의 건강한 어린 개체를 노출한다. 먹이는 Chlorella, *Pseudokirkneriella* (= Selenastrum) 등과 같은 녹조류를 배양하여 공급한다. M4, M7 이외의 물벼룩 배지를 사용하는 경우(예 : MHW, ISO 등), 조류 외에 보조 먹이를 공급할 수 있다.

(4) 시험용액의 조제

시험물질은 배지에 용해 또는 분산시켜 사용하며(그림 4-14), 시험물질이 비수용성이거나 수용해도가 낮은 경우에는 농축액(stock solution) 제조 시 유기용매 또는 분산제를 사용할 수 있다. 유기용매로는 아세톤, 에탄올, 메탄올, 다이메틸폼아마이드(DMSO), 트라이에틸렌 글리콜 등을 사용하며, 분산제로는 cremophor RH40, 메틸셀룰로오스 0.01%, HCO-40 등을 사용한다. 용매나 분산제는 가능한 한 시험용액의 0.01% (v/v)를 넘지 않도록 하며, 보조제를 사용하는 경우에는 이들 물질이 포함된 음성 대조군(negative control)을 추가로 두어야 한다.

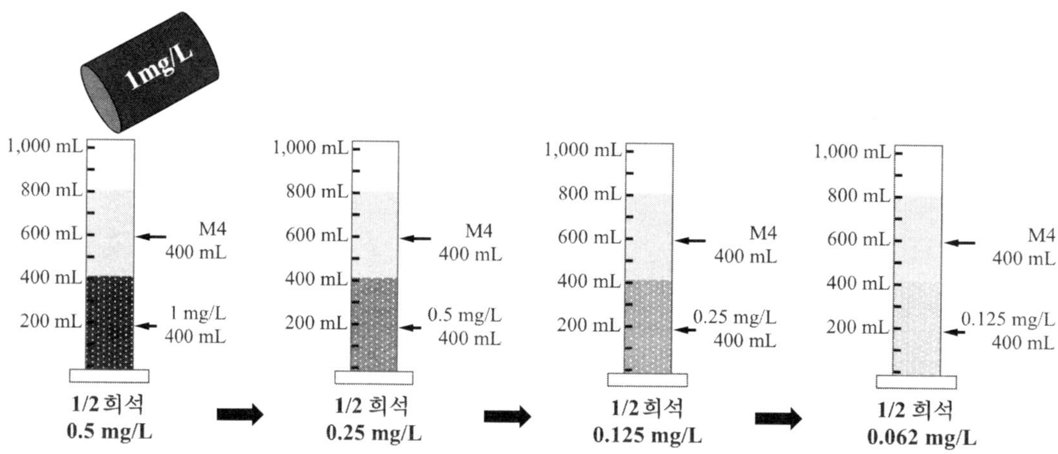

최고 농도군을 1 mg/L, 시험수의 희석비율은 2배로 하였을 때를 가정하였다.

그림 4-14 물벼룩 만성 독성시험을 위한 시험수의 희석(예)

3) 시험방법

물벼룩 만성 독성시험은 반지수식(semi-static) 또는 유수식(flow-through)으로 총 21일간 진행한다. 반지수식 시험은 대조군 및 처리군 당 10마리의 물벼룩을 사용하며, 시험용액이 담긴 각 수조 당 1개체씩 투여한다(10개의 반복군 ; 그림 4-15). 유수식 시험의 경우 대조군 및 처리군 당 20~40마리를 사용하며, 4개의 반복군을 둔다(예 : 5마리씩 4개의 반복군 = 20마리 또는 10마리씩

4개의 반복군 = 40마리).

수조 내 시험용액의 양은 일반적으로 30～100 mL를 사용하며, 화학분석 등을 고려하여 용액의 양을 증가시킬 수 있다. 시험농도의 범위는 물벼룩 급성 독성시험 결과 등 사전 독성정보를 참고하여 최소 5개 이상의 농도(대조군 제외)를 등간격으로 설정하며, 농도군 간 희석비율(＝공비)은 2.2배를 초과하지 않도록 한다(그림 4-15). 생식능력에 대한 영향농도(ECx), 무영향관찰농도(NOEC), 최소영향관찰농도(LOEC)를 도출할 수 있도록 최저농도에서의 산란능이 대조군보다 유의하게 낮지 않도록 설정하며, 최고농도는 산란능이 대조군보다 유의하게 낮은 수준으로 관찰될 수 있는 농도로 설정한다.

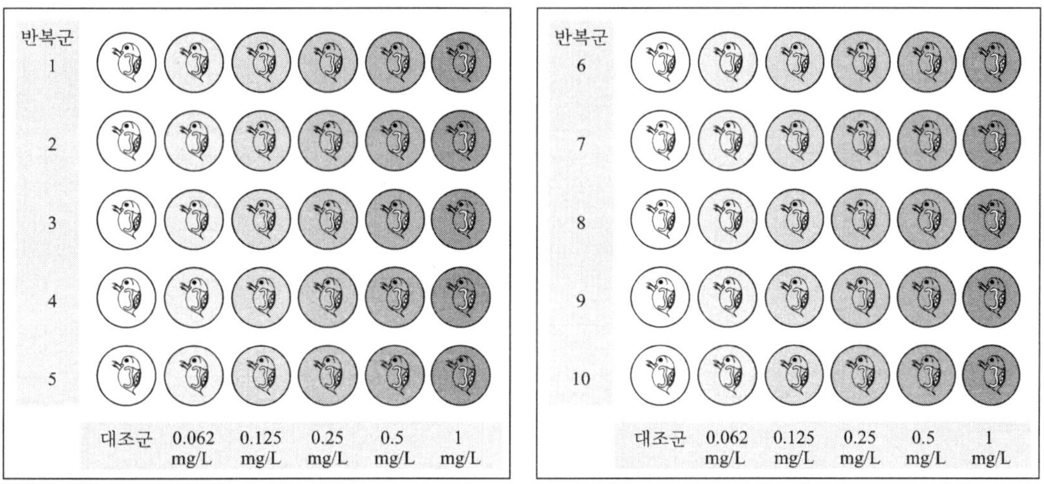

그림 4-15 OECD 시험지침 211에 따른 물벼룩 만성 독성시험(예)

반지수식 시험의 경우 시험물질의 안정도(stability)에 따라 시험용액의 교환주기를 다르게 할 수 있으나, 일주일에 최소한 3회 이상 교환하도록 한다. 시험물질의 안정도가 낮은 경우에는 시험용액을 매일 갈아주도록 하며, 가능한 반지수식보다는 유수식 시험을 실시하는 것이 바람직하다. 시험용액을 교환할 때에는 교환할 용액을 미리 준비한 후, 유리 피펫을 사용하여 갈아주려는 새로운 시험용액이 담긴 수조로 물벼룩을 조심스럽게 옮겨준다. 이 때 피펫을 통해 물벼룩과 함께 옮겨지는 시험용액의 양은 최소화한다.

Daphnia magna 21 d Reproduction Test

Test No. :
Date Started :
Date Finished :
Medium :
Type of Food :
Test Substance :
Test Guideline :
Endpoint :

Nominal Conc. :

Day		0	1	2	3	4	5	6	7	8	9	10	11	12	13	14	15	16	17	18	19	20	21	Remarks
Date																								
Medium Renewal																								
DO (mg/L)	New																							
	Old																							
Temperature (°C)	New																							
	Old																							
pH	New																							
	Old																							
Conductivity (uS)	New																							
	Old																							
Food Provide																								
No. of Living Offspring																								
Vessel 1																								
2																								
3																								
4																								
5																								
6																								
7																								
8																								
9																								
10																								
Cumulative Adult Mortality[a]																								
Daily total offspring																								

[a] 죽은 알(aborted broods) 또는 죽은 어미 물벼룩(mortality of parental animals)이 발견되었을 때는 해당 물벼룩 란에 "AB", "M"으로 기록한다.

그림 4-16 물벼룩 만성 독성시험 기록지의 예

시험 종료일까지 매일 물벼룩의 치사 여부(mortality)와 모체로부터 태어난 자손 개체수(number of offspring)를 관찰하여 기록지(data sheet ; 그림 4-16)에 기록한다. 어미 물벼룩에게서 태어난 살아있는 어린 물벼룩은 비커에서 제거하면서 마릿수를 세며, 죽은 알(aborted egg) 또는 죽은 어린 물벼룩(dead offspring)이 있으면 기록한다. 가능하다면 시험 종료일에 어미 물벼룩의 체장(anal spine을 제외한 몸의 길이)을 측정하며 성장 지표를 관찰하기도 한다. 경우에 따라서는 종말점으로 첫 번째 새끼를 낳는 시기(time to production of first brood), 어미 물벼룩 한 마리당 산란횟수 및 한 번에 낳는 새끼의 수(number and size of broods per animal), 죽은 알을 산란한 횟수(number of aborted broods), 수컷 물벼룩 새끼의 존재 여부(presence of male neonates), 종증감율(intrinsic rate of population increase), 내구란(ephippia), 수컷의 존재 여부와 같은 기타 항목들을 측정 · 기록할 수 있다.

시험용액의 수온, pH, 용존산소, 경도 등을 주기적으로 측정하며, 최소 1주일에 1회 정도 실시한다. 시험기간에 수온은 18～22℃(가급적 ±1℃ 내에서 유지), 광주기는 16시간 명(light)/8시간 암(dark), 광도는 15～20 $uE/m^2 \cdot s$로 유지한다. 시험 도중에는 폭기하지 않으며, 먹이는 녹조류를 매일 충분히 공급하는 것을 원칙으로 하되 일주일에 최소한 3회 이상 공급한다. 시험물질을 흡착할 가능성이 있으므로 물벼룩의 먹이를 지나치게 과량으로 공급하지 않아야 한다.

물벼룩 만성 독성시험은 먹이 공급, 노출시간, 종말점, 대조군 생존율의 측면에서 급성 독성시험과 차이가 있다(표 4-7).

표 4-7. 물벼룩의 급 · 만성 독성시험의 차이점 비교

분류	급성 독성시험	만성 독성시험
먹이 공급	• 먹이를 공급하지 않음	• 매일 먹이를 공급함
노출시간	• 48시간	• 21일(3번 brood 이상)
종말점	• 유영저해(immobilisation)의 EC_{50} • 생존(survival)의 LC_{50}	• 생존의 EC_{10}, EC_{50}, NOEC, LOEC • 번식의 EC_{10}, EC_{50}, NOEC, LOEC • 성장의 EC_{10}, EC_{50}, NOEC, LOEC
대조군 생존율	• 90% 이상	• 80% 이상

4) 시험의 타당성 기준

시험이 적합하게 수행된 것을 입증하기 위해 시험의 종료일까지 다음의 2가지 타당성 기준(validity criteria)을 만족해야 하며, 기준을 만족하지 않을 때에는 재시험을 수행한다.

- 시험 종료일까지 대조군의 모체 물벼룩(parent) 치사율이 20%를 넘지 않아야 한다.
- 시험 종료일까지 대조군의 각 모체 물벼룩(parent)에서 생산되는 자손의 평균 개체수가 60마리 이상이어야 한다.

5) 시험물질 농도의 실측

시험용액을 일정 간격을 두고 수집하고, 적절한 분석방법을 이용하여 시험기간 중 시험용액 내 시험물질의 실측농도(measured concentration)를 측정해야 한다. 시험기간에 시험물질의 농도는 초기농도의 80% 이상을 유지하도록 하며, 시험기간에 시험물질의 농도가 설정농도(nominal concentration)나 측정한 초기농도의 ±20% 이내일 경우 시험물질의 설정농도나 초기 측정농도를 결과 해석에 사용할 수 있다.

6) 시험결과 및 보고

(1) 결과의 처리

만성 독성시험이 종료되면 적당한 통계적 방법[예 : 일원분산분석(ANOVA)]을 사용하여 10% 영향농도(EC_{10}), 반수영향농도(EC_{50}), 무영향관찰농도(NOEC), 최소영향관찰농도(LOEC) 및 95%에서의 신뢰구간(confidence intervals)을 산출하며, 보고서에는 통계적 방법을 명시하여야 한다.

(2) 시험결과의 보고

시험결과를 보고할 때에는 표 4-8의 내용이 포함되어야 한다.

표 4-8. 물벼룩 만성 독성시험의 보고 내용

분류	보고 내용
시험기관의 명칭 및 소재지	-
시험책임자 및 담당자 성명, 소속	-
시험물질	• 화학물질의 명칭(CAS 번호, 일반명, 상품명 명기) • 입수처, 입수일 • 순도(%), 불순물 • 물리화학적 특성(안정성, 용해도 정보 등)
시험종	• 학명 및 계통 • 입수처 • 배양조건(먹이 종류, 먹이량, 먹이공급 빈도 등)
시험조건	• 시험 시작일, 종료일, 시험기간 • 시험절차 및 관련 세부사항(노출방법, 사용 개체수, 반복수, 시험용액량, 시험용기의 형태와 용량, 첨가물의 사용여부와 농도 등) • 배지 및 희석수의 수질특성(pH, 수온, 경도, 알칼리도 등) • 시험기간의 수질특성값(pH, 수온, 용존산소농도 측정값) • 시험물질 노출농도(설정농도, 측정농도)와 반복군, 시험물질 농도 분석에 대한 사항 • 시험용액 조제방법 • 먹이의 종류, 공급량, 공급 빈도
시험결과	• 대조군 및 각 시험물질 처리군에서 시험물질의 영향을 받은 개체수 및 그 비율 • 매 24시간마다 관찰한 모체의 치사 여부, 모체로부터 태어난 자손 개체수, 죽은 알을 산란한 횟수, 첫 번째 새끼를 낳는 시기 • 유영저해와 생식능 감소에 대한 각각의 ECx와 신뢰구간(예 : 95%), 통계적 과정과 통계 방법 • 생식능에 대한 무영향관찰농도(NOEC)와 최소영향관찰농도(LOEC) • 시험농도(설정농도 및 측정농도)와 시험물질 농도 분석에 대한 세부 내용 • 시험기간의 수질특성값(pH, 수온, 용존산소농도 측정값) • 보조제 사용의 타당성(해당 보조제의 사용, 선정 및 농도 설정의 이유 등)
시험결과에 대한 고찰	-

4-4 생태독성 관리제도

1) 생태독성 관리제도의 도입배경

생태독성 관리제도[Whole Effluent Toxicity (WET) test]는 수계로 배출되는 미지의 유해화학물질의 독성을 통합적으로 관리하기 위해 도입된 제도이다(환경부, 2016). 최근 산업의 발달로 인해 사용되는 화학물질의 수가 급속히 증가하고 있으나 산업폐수에 함유된 모든 유해화학물질에 대해 배출허용기준을 설정하는 것은 현실적으로 불가능하다. 따라서 수계로 배출되는 유해화학물질이 생물체에 미치는 독성을 통합적으로 관리하는 제도가 마련되었으며, 북미주와 유럽의 여러 국가들은 1970년부터 방류수의 생태독성 관리제도(WET test)를 운영하고 있다. 미국 환경보호청(US EPA)에서는 제도의 효율적인 운영을 위

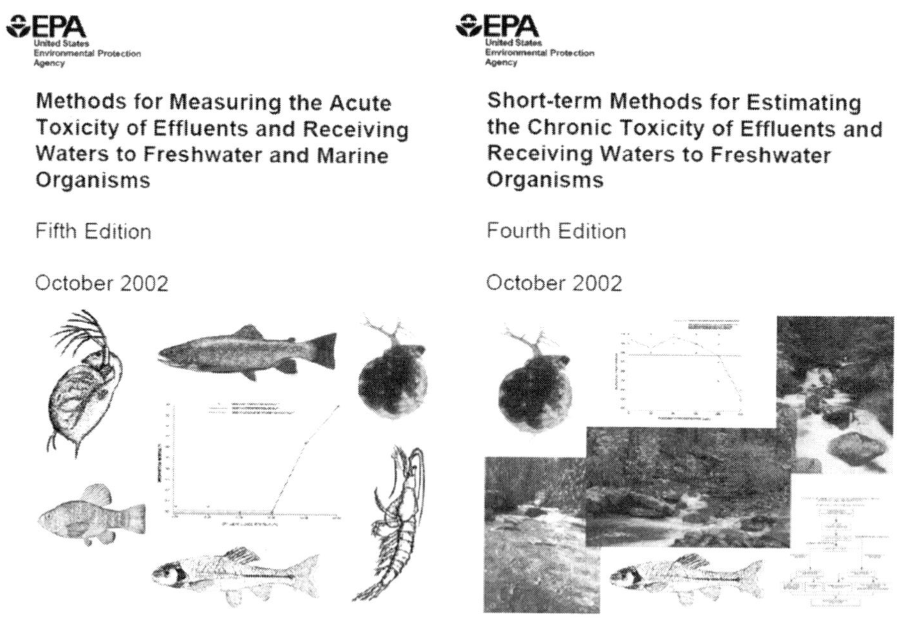

그림 4-17 미국 환경보호청(US EPA)의 생태독성시험 관련 지침서

자료 : 'Methods for measuring the acute toxicity of effluents and receiving waters to freshwater and marine organisms (US EPA, 2002a)', 'Short-term methods for estimating the chronic toxicity of effluents and receiving waters to freshwater organisms (US EPA, 2002b)'를 참고하여 저자 재작성

해 방류수의 급·만성 생태독성시험을 위한 지침서를 마련하였다(그림 4-17).

우리나라도 기존의 개별 화학물질에 대한 수질평가의 한계를 극복하기 위해 2011년부터 생태독성 관리제도를 도입하였다. 생태독성 관리제도의 적용대상은 개별폐수배출시설과 공공처리시설(폐수종말처리시설+공공하수처리시설)이다(그림 4-18). 개별폐수배출시설이란 「수질 및 수생태계 보전에 관한 법률」 시행규칙 제6조 별표 4에 의해 분류된 35개 폐수배출시설을 의미하며, 배출규모에 따라 1~5종으로 구분한다. 폐수종말처리시설은 「수질 및 수생태계 보전에 관한 법률」 제48조에 의한 폐수종말처리시설을 의미한다. 공공하수처리시설은 「하수도법」 제11조에 의한 공공하수처리시설로서 시행규칙 제3조 별표 1에 해당하는 공공처리시설만 적용한다.

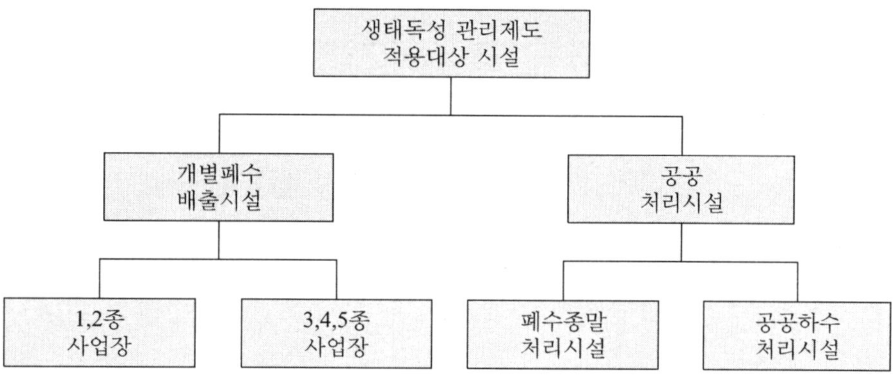

그림 4-18 생태독성 관리제도의 적용대상

자료 : '생태독성관리 가이드북(환경부, 2016)'을 참고하여 저자 재작성

우리나라는 큰 물벼룩(*Daphnia magna*)의 24시간 급성 독성시험을 이용해 산업폐수 방류수의 유해물질이 수생태계에 미치는 영향을 검사하고 있다. 현재 총 82개 업종 중 35개 업종(표 4-9) 사업장을 대상으로 하고 있으며, 향후 기준 강화 및 업종 확대가 예상된다. 2011년에는 공공 하·폐수처리시설과 1~2종 사업장에 적용되기 시작했으며, 3~5종 사업장은 2012년부터 생태독성 관리제도가 도입되었다. 2016년에는 청정지역의 3~5종 사업장에 대한 생태독성 관리기준이 강화되었다(표 4-10).

표 4-9. 생태독성 적용대상 사업장 분류표(35개 업종)

폐수배출시설	포함 또는 제외시설
3) 비금속 광물 광업시설	• 달리 분류되지 않은 광업 및 채석업 시설과 기타 광업지원 서비스 시설 중 비금속 광업지원서비스시설을 포함한다. • 토탄채굴시설은 1) 석탄광업시설에 포함한다.
12) 조미료 및 식품첨가물 제조시설	
14) 알코올음료 제조시설	
17) 방적 및 가공사 제조시설	• 편조의복 액세서리 제조시설을 포함한다.
18) 섬유염색 및 가공시설	
19) 기타 섬유제품 제조시설	
20) 가죽·모피가공 및 제품 제조시설	
23) 펄프·종이 및 종이제품 제조시설	
26) 석유정제품 제조시설	• 석유저장, 석유증류(상압·감압), 석유전화(분해·개질), 석유 정제, 윤활유 및 그리스 제조, 달리 분류되지 않은 석유 정제 및 석유정제 부산물 재처리시설을 포함한다.
27) 석유화학계 기초화합물 제조시설	• 에틸렌 및 프로필렌계, 부틸렌계, 부타디엔계, 사이크로펜타디엔계, 이소프렌계, 방향족탄화수소계, 사이크로헥산계, 아세틸렌계, 달리 분류되지 않은 석유화학계, 기초화학물질 제조시설에 포함한다.
30) 기타 기초유기화합물 제조시설	• 기타 기초유기화합물 제조시설 중 석탄화합물 제조시설은 28) 석탄화합물 제조시설에 포함한다.
31) 기초무기 화합물질 제조시설	• 황산, 질산, 염산, 소다회, 가성소다 및 알칼리, 암모니아합성 및 유도제품, 무기안료, 금속의 산화물 수산화물 및 염, 화학원소 단체물질, 인산, 비금속의 산화물, 황화물, 할로겐화합물, 달리 분류되지 않은 기초무기화학물질 제조시설을 포함한다. • 우라늄, 토륨 등의 방사성 물질을 혼합·배합·농축하는 시설은 제외한다.
33) 합성연료, 유연제 및 기타 착색제 제조시설	• 식물성 염료엑기스 제조시설을 포함한다.
34) 비료 및 질소화합물 제조시설	
35) 합성고무 제조시설	• 재생섬유소 및 그 유도체 제조시설을 포함한다.
36) 합성수지 및 기타 플라스틱 물질 제조시설	• 재생섬유소 및 그 유도체 제조시설을 포함한다.
37) 의료용 물질 및 의약품 제조시설	• 의료용 화합물 및 생약제제 제조시설을 포함한다.

폐수배출시설	포함 또는 제외시설
38) 살충제 및 기타 농약 제조시설	
39) 잉크, 페인트, 코팅제 및 유사제품 제조시설	
40) 계면활성제, 치약, 비누 및 기타 세제 제조시설	
46) 접착제 및 젤라틴 제조시설	
48) 기타 분류되지 않은 화학제품 제조시설	• 기타 분류되지 않은 화학제품 제조시설 중 방향유 및 관련제품 제조시설은 45) 방향유 및 관련제품 제조시설에 포함한다.
49) 화학섬유 제조시설	
50) 고무제품 및 플라스틱제품 제조시설	
54) 기타 비금속광물 제품 제조시설	• 석제품, 달리 분류되지 않은 비금속 광물 제조시설을 포함한다.
55) 1차 철강 제조시설	• 제철, 제강, 열간압연, 냉간압연, 압출 및 인발제품, 철강선, 강관, 철강압연, 주철강관, 연신 및 제관시설을 포함한다.
57) 비철금속 제련, 정련 및 합금 제조시설	• 구리·알루미늄·납·아연과 달리 분류되지 않은 비철금속 제련 및 정련시설을 포함한다.
58) 동 압연·압출 및 연신제품 제조시설	
59) 알루미늄 압연·압출 및 연신제품 제조시설	
60) 기타 비철금속 압연·압출 및 연신제품 제조시설	
63) 금속가공제품 제조시설	• 주된 공정의 일부로서 공통시설의 도금시설에 포함되지 않은 경우를 포함한다.
67) 반도체 및 기타 전자부품 제조시설	• 전자카드 제조시설은 제외한다.
74) 병원시설(종합병원 규모 이상)	• 수술실·처치실 및 병리실이 없는 병원과 한약을 끓이는 시설이 없는 한방병원은 제외한다.
75) 폐수처리업의 폐수저장시설 및 폐기물처리업의 폐수발생시설	• 폐기물처리업의 폐수발생시설에서 해당 폐기물처리 시설로 유입처리하는 경우는 제외한다. • 음식물폐기물 재활용 과정에서 발생하는 수질오염물질을 에너지 생산에 이용하기 위해 폐기물처리시설 중 매립시설에 유입하는 시설과 폐기물처리시설 중 혐기성분해시설에 유입하는 시설은 제외한다.
80) 도금시설	• 주공정이 도금공정인 시설을 말한다.

자료 : '생태독성관리 가이드북(환경부, 2016)'을 참고하여 저자 재작성

표 4-10. **규모별 · 지역별 생태독성 관리기준 및 시기**

구분	지역	기준	적용 시기
공공 하・폐수처리시설	-	TU 1	2011.1.1부터
1, 2종 사업장	청정	TU 1	
	가, 나, 특례	TU 2	
3, 4, 5종 사업장	청정	TU 2	2012.1.1부터
		TU 1	2016.1.1부터
	가, 나, 특례	TU 2	2012.1.1부터

자료 : '생태독성관리 가이드북(환경부, 2016)'을 참고하여 저자 재작성

표 4-11. **국가별 생태독성 관리제도에서 요구하는 실험동물종 현황**

국가명		박테리아	조류	물벼룩류	어류
유럽	독일	○	○	○	○
	영국	-	○	○	-
	프랑스	○	○	○	○
	네덜란드	○	○	○	○
	스웨덴	-	○	○	○
	이탈리아	○	-	○	-
	벨기에	○	○	○	-
	아일랜드	○	○	○	○
	포르투칼	○	○	○	-
	덴마크	○	○	○	○
	북아일랜드	○	○	○	○
	노르웨이	-	○	○	○
	스페인	○	-	○	-
북미주	미국	-	○	○	○
	캐나다	-	-	○	○
대양주	뉴질랜드	○	○	○	-
아시아	대한민국	-	-	○	-
계		11	13	17	10

자료 : '생태독성관리 가이드북(환경부, 2016)'을 참고하여 저자 재작성

생태독성 관리제도를 수행하고 있는 대부분의 국가들은 박테리아, 조류, 물벼룩, 어류를 이용하고 있으며, 국가별로 단일 또는 2개 이상의 시험 생물종을 병행하는 battery 개념을 적용하고 있다(표 4-11). 독일, 프랑스, 네덜란드 등의 국가에서는 4가지 생물종을 이용하고 있으며, 우리나라는 현재 물벼룩(*Daphnia magna*) 단일종을 사용하고 있다.

2) 생태독성 관리제도에 따른 시험방법

생태독성 관리제도에 따른 시험방법은 다음과 같다.

(1) 시료의 채수

생태독성 확인평가(toxicity identification evaluation ; TIE)를 위한 시료는 갈색 유리병에 2,000 mL를 채수하며, 채수병은 10% 질산 세척 → 메탄올 또는 아세톤 세척 → 증류수 세척을 거쳐 사용하도록 한다. 시료를 채수하는 현장에서는 즉시 pH, 온도, 용존산소(DO), 잔류염소, 전기전도도, 염분을 측정하며, 결합잔류염소의 현장 분석이 어려운 경우에는 실험실로 이송하는 즉시 분석을 수행한다. 일반항목(BOD, COD, SS, T-N, T-P), 중금속, 경도 분석을 위한 시료는 폴리에틸렌(polyethylene) 멸균 채수병을 사용하여 2,000 mL를 수집한다.

(2) 시료의 보존

수질오염공정시험기준에 따라 4℃로 유지되는 빛이 들지 않는 냉장고에 시료를 보관함을 원칙으로 하며, 생태독성 확인평가를 위한 시료는 4℃ 냉장고에 보관하여 36시간 이내에 독성평가를 수행한다.

(3) 물벼룩 급성 독성시험

수질오염공정시험기준에 따라 큰 물벼룩(*Daphnia magna*)을 희석한 시험수에 투입하고 24시간 후 유영상태를 관찰하고(표 4-12), 반수영향농도(EC_{50})를 이용하여 생태독성값[toxic unit (TU ; 100/EC_{50})]을 산출한다(그림 4-19).

표 4-12. 생태독성 확인평가를 위한 물벼룩 독성시험 조건

구 분	내 용
실험동물	*Daphnia magna*
시료 희석비율	원수 100%를 기준으로 50%, 25%, 12.5%, 6.25%
노출기간	24시간
조명시간	16시간 명: 8시간 암
시험온도	20 ± 2℃
시료농도 당 실험동물 개체수	최소 20개체
시료농도 당 반복수	4개 이상(20개체의 경우 5마리씩 4개 반복군)
시험방법	지수식(시험기간 중 시험용액을 교환하지 않음)
시험용액의 부피	50 mL
최종측정치	유영저해 및 치사 여부
독성값	물벼룩 50%가 유영저해를 받는 시료농도(EC_{50})를 구한 다음 최종적으로 생태독성값($TU = 100/EC_{50}$)을 산출
표준독성시험	다이크롬산칼륨 용액을 이용하여 월 1회 이상 수행

자료 : '생태독성관리 가이드북(환경부, 2016)'을 참고하여 저자 재작성

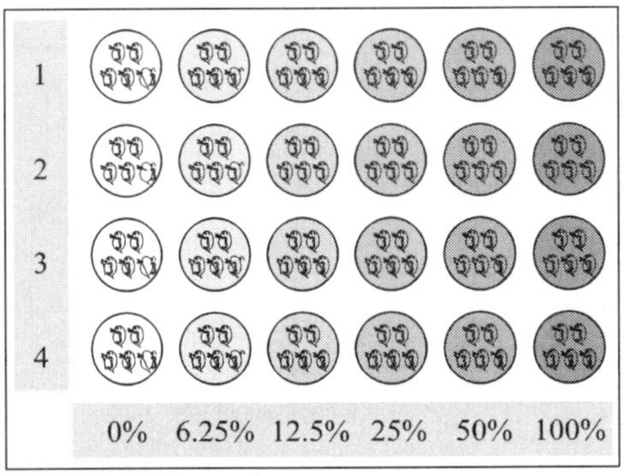

원시료의 함유율에 따라
비커 당 5마리 × 4개 반복군 노출

24시간 후 영향(유영저해, 치사)받은
물벼룩의 마릿수를 셈

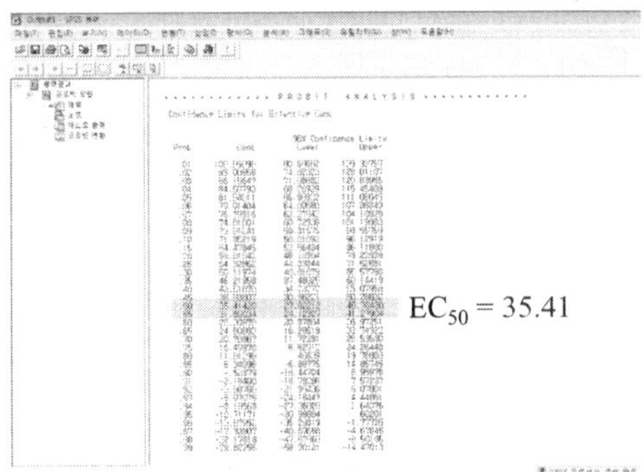

반수영향농도(EC_{50}) 산출

TU = 100 / EC_{50} 산출
= 100 / 35.41 = 2.8

그림 4-19 물벼룩을 이용한 생태독성시험과 생태독성값(TU) 산출과정

예상문제

1. 큰 물벼룩(*Daphnia magna*)의 암컷에 대한 설명으로 옳지 않은 것은?

① 첫 번째 더듬이(first antennae)가 짧다.
② 가슴 부근이 매끈하고 강모(setae)가 없다.
③ 수컷보다 크기가 작다.
④ 알을 받칠 수 있는 긴 돌기(abdominal process)가 있다.

해설 암컷(3 ~ 4 mm)은 수컷(2 ~ 3 mm)보다 크기가 크다.

2. 물벼룩에게 수컷 및 내구란을 형성하는 환경으로 옳지 않은 것은?

① 저온(15℃ 이하)
② 저밀도
③ 광량 부족
④ 먹이 부족

해설 고밀도 환경에서 수컷 및 내구란(black egg, ephippia)이 형성된다.

3. 시험물질의 농도를 100 mg/L 또는 배지에 대한 시험물질의 최대 용해도에 물벼룩을 노출시켜 반수영향농도(EC_{50})를 산출하는 시험으로 옳은 것은?

① 농도설정시험(range-finding test)
② 본시험(definitive test)
③ 예비시험(preliminary test)
④ 한계시험(limit test)

해설 한계시험은 시험물질의 농도를 100 mg/L 또는 배지에 대한 시험물질의 최대 용해도에서 실시하여 시험물질의 EC_{50}가 한계시험 농도보다 크다는 것을 증명하기 위한 시험이다.

4. 큰 물벼룩(*Daphnia magna*)을 이용한 급성 독성시험과 만성 독성시험의 차이점에 대한 설명 중 옳지 않은 것은?

① 급성 독성시험에서는 EC_{10}, 만성 독성시험에서는 EC_{50}을 산출한다.
② 급성 독성시험의 노출시간은 48시간이며, 만성 독성시험의 노출시간은 21일이다.
③ 급성 독성시험에서는 먹이를 주지 않으나, 만성 독성시험에서는 매일 먹이를 공급한다.
④ 급성 독성시험에서는 고농도에서의 유영저해를 관찰하나, 만성 독성시험에서는 저농도에서의 생존, 번식, 성장 영향을 관찰한다.

해설 급성 독성시험에서는 EC_{50}, 만성 독성시험에서는 EC_{10}, NOEC, LOEC 등을 산출한다.

5. 물벼룩 만성 독성시험이 적합하게 수행된 것을 입증하기 위한 타당성(validity) 기준으로 옳은 것은?

① 시험 종료일까지 대조군의 각 모체 물벼룩(parent)에서 생산되는 자손의 평균 개체수가 60마리 이상이어야 한다.
② 시험 종료일까지 대조군의 모체 물벼룩 치사율이 10%를 넘지 않아야 한다.
③ 시험 종료일까지 용존산소의 농도는 ≥ 2 mg/L로 유지되어야 한다.
④ 시험 종료일에 대조군의 모체 물벼룩 체장이 2~3 mm이어야 한다.

해설 ② 시험 종료일까지 대조군의 모체 물벼룩(parent) 치사율이 20%를 넘지 않아야 한다.
③ 급성 독성시험의 타당성 기준으로 시험 종료일까지 용존산소의 농도는 ≥ 3 mg/L로 유지되어야 한다.

6. 물벼룩(*Daphnia magna*) 만성 독성시험의 각 종말점에 관한 무영향관찰농도(NOEC)로 옳지 않은 것은? 단, 다음 그림에서 *는 대조군과 유의한 차이가 발생함을 나타낸다.

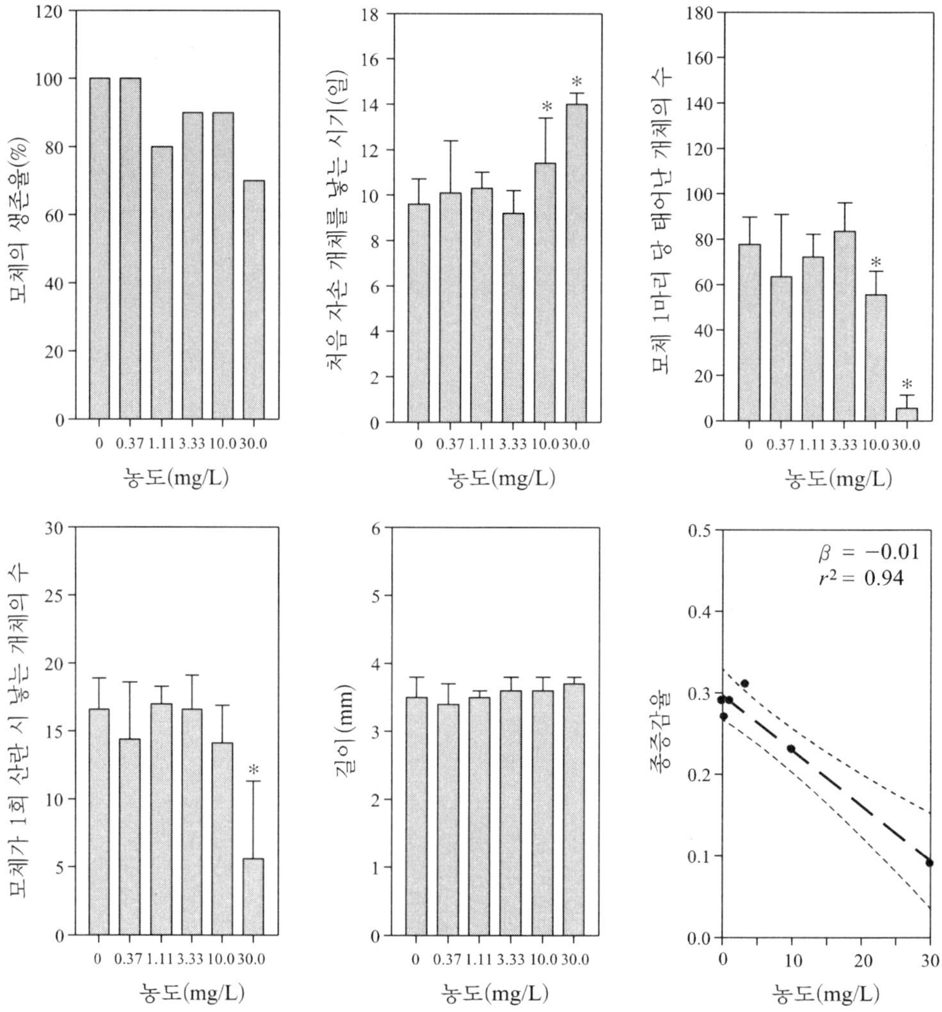

① 모체의 생존율 : NOEC ≥ 30 mg/L
② 처음 자손 개체를 낳는 시기 : NOEC 3.33 mg/L
③ 모체 1마리 당 태어난 개체의 수 : NOEC 3.33 mg/L
④ 모체가 1회 산란 시 낳는 개체의 수 : NOEC 30 mg/L

해설 모체가 1회 산란 시 낳는 개체의 수 : NOEC 10 mg/L, LOEC 30 mg/L

7. 생태독성 관리제도에 대한 설명으로 옳지 않은 것은?

① 수계로 배출되는 유해화학물질이 생물체에 미치는 독성을 통합적으로 관리하는 제도이다.
② 우리나라 개별폐수배출시설과 공공처리시설에 적용된다.
③ 우리나라는 현재 박테리아(*Vibrio fischeri*) 단일종을 사용하여 평가한다.
④ 1, 2종 사업장 청정지역은 생태독성값(TU) 1 기준을 준수해야 한다.

해설 우리나라는 현재 물벼룩(*Daphnia magna*) 단일종을 사용하여 24시간 노출 후 평가한다.

8. 청정지역에 위치한 3종 사업장(도금공장)의 방류수에 대한 큰 물벼룩(*Daphnia magna*)의 24시간 반수영향농도(EC_{50})가 40.5%일 때 생태독성값(TU)과 관리기준 초과여부로 옳은 것은?

① 2.46, 관리기준 초과
② 0.405, 관리기준 초과
③ 2.46, 관리기준 미만
④ 0.405, 관리기준 미만

해설 생태독성값(Toxic Unit)은 100 ÷ EC_{50}이므로 100 ÷ 40.5 = 2.46로 산출되며, 청정지역 3종 사업장의 생태독성관리기준(표 7-9 참고, TU 1)을 초과하였다.

정답 1. ③ 2. ② 3. ④ 4. ① 5. ① 6. ④ 7. ③ 8. ①

CHAPTER 5

어류 급·만성 독성시험

5-1 어류의 특징과 배양방법

1) 제브라피쉬

제브라피시(zebrafish, *Danio rerio*)는 잉어과에 속하는 인도산 소형 어류로 얼룩말 줄무늬를 띄고 있다. 따뜻한 곳에 서식하는 담수어로서 성체의 크기는 약 2~4 cm 정도 된다. 제브라피쉬는 OECD가 권장하는 환경독성시험 공식어종으로서 다음과 같은 장점이 있다.

- 번식력이 뛰어나 다량의 개체를 확보하기가 쉬움(1회 200~300개의 알을 확보)
- 유전자 구성이 인간과 매우 유사하여 발생 유전학적 연구에 많이 이용됨
- 실험실 배양이 쉬우며, 광주기 조절로 산란을 유도하여 수정란을 쉽게 얻을 수 있음
- 부화하는 데 걸리는 시간이 짧아(약 3~5일) 수정란 및 치어실험이 쉬움
- 독성물질에 대한 민감성이 높으므로 물질 투여 후 광학 현미경을 이용하여 발생 기간 동안의 변화를 연속적으로 관찰할 수 있음

제브라피쉬의 알은 지름이 약 1~1.5 mm이며, 수정 후 36시간 정도부터는 심장박동을 관찰할 수 있고, 3~5일 정도가 지나면 부화를 한다(그림 5-1). 살아있는 알은 투명한 미색을 띠나, 미수정란 또는 죽은 알은 혼탁한 색깔을 띤다.

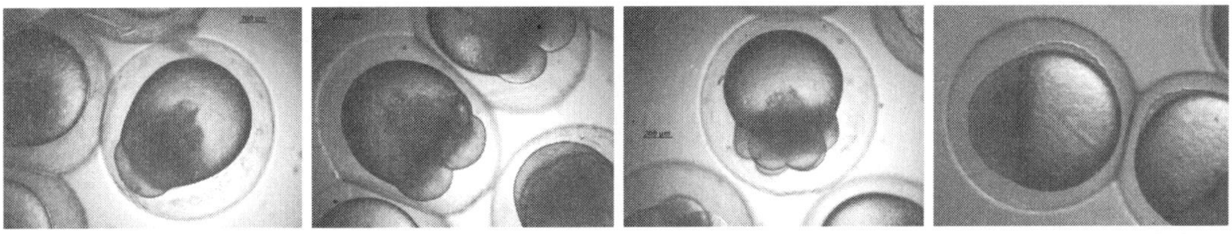

Stage 3 (0.5시간) 1-cell blastodisc	Stage 4 (1시간) 2-cell blastodisc	Stage 6 (1.5시간) 8-cell blastodisc	Stage 11 (5.25시간) Flat bastula

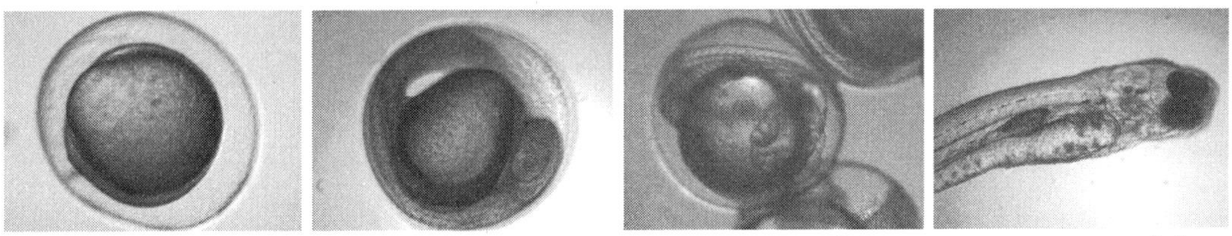

Stage 16 (13.5시간) Germ ring tend to close	Stage 22 (26시간) First movement & lens formation	Stage 24 (36시간) Strong heartbeat & circulation	Stage 32 (120시간) Hatching

그림 5-1 제브라피쉬의 배 발생 과정

제브라피쉬는 지느러미의 줄무늬, 색깔, 활동성 등을 통해 암컷과 수컷을 구분할 수 있다(그림 5-2). 암컷은 산란 시기에 복부가 팽만 되어 있으며, 대체로 은색을 띠고 있다. 반면에 수컷은 배지느러미와 꼬리지느러미에 줄무늬가 많으며(화려함), 몸통이 담황색(pinkish-yellow)을 띠고 있고, 활동적이다. 제브라피쉬의 생육에 적절한 온도는 21～25℃이며, 번식 시에는 26～28℃를 유지하는 것이 필요하다.

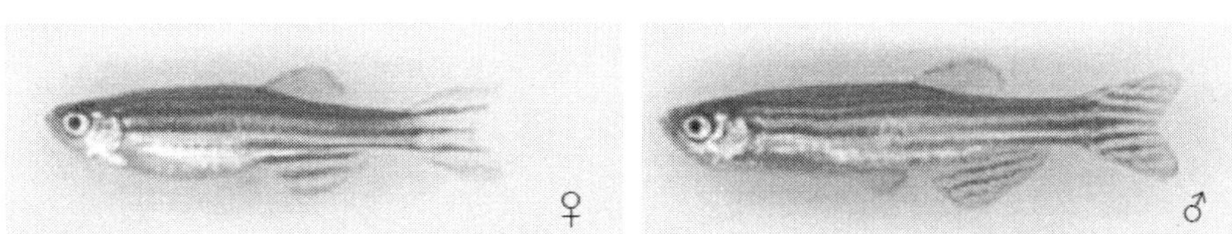

그림 5-2 제브라피쉬의 암・수컷의 차이

자료 : https://www.aquariumfishparadise.com.au/zebra-danio/을 참고하여 저자 재작성

2) 일본산 송사리

일본산 송사리(Japanese medaka, *Oryzias latipes*)는 한국, 일본, 중국 등 동북아시아에 분포하는 어종으로, 조직병리학, 발생학, 생리학, 환경 독성학 분야의 연구에 널리 사용되고 있다(박경수 외, 2005). 송사리는 따뜻한 곳에 서식하는 담수어로서 성체의 크기는 제브라피쉬와 비슷하게 약 2～4 cm 정도 된다. 입이 눈보다 위에 있기 때문에 물에 떠 있는 먹이를 쉽게 잡을 수 있으며, 형태적인 특성으로 medaka (目高 ; めだか)라는 이름이 붙었다. 일본산 송사리는 OECD가 권장하는 환경독성시험 공식어종으로서 아래와 같은 장점이 있다.

- 번식력이 뛰어나 다량의 개체를 확보하기가 쉬움(1회 20～30개의 알을 확보)
- 실험실 배양이 쉬우며, 광주기 조절로 산란을 유도하여 수정란을 쉽게 얻을 수 있음
- 성어의 입이 비교적 작아서 산란 후 알을 거의 먹지 않음
- 독성물질에 대한 민감성이 높음

일본산 송사리의 알은 지름이 약 1～1.5 mm이며, 투명한 융모막(chorion)을 가지고 있고 수많은 세사(filament)가 돌출되어 있다. 일본산 송사리의 수정란은 수정 후 3일 정도에 눈이 형성되고 6일 정도부터는 심장박동을 관찰할 수 있으며, 10일 정도가 지나면 부화를 한다(그림 5-3). 살아있는 알은 투명한 미

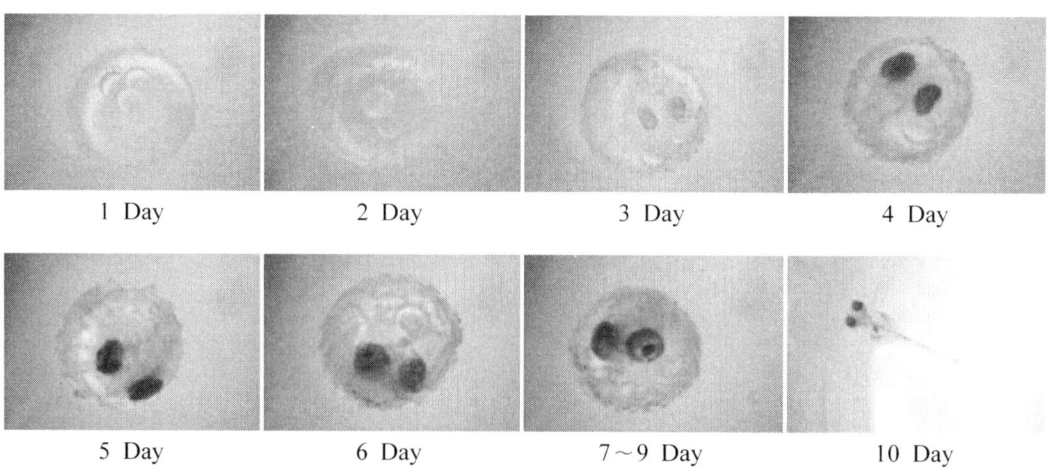

그림 5-3 일본산 송사리의 배 발생 과정

색을 띠나, 미수정란 또는 죽은 알은 혼탁한 색깔을 띤다.

일본산 송사리는 지느러미 및 복부의 모양과 수정란의 부착여부 등을 통해 암컷과 수컷을 구분할 수 있다(그림 5-4). 수컷 성어는 뒷지느러미가 평행사변형 모양이며, 등지느러미의 꼬리 쪽에서 1~2번째 사이의 줄판에 골이 있다. 산란시기의 암컷은 복부가 팽만되어 있으며, 투명한 알끈으로 연결된 약 10~30개의 알을 배 부분에 매달고 다닌다. 자연적인 일광 하에서 산란은 새벽에 일어나며, 번식기는 4~9월(6~8월 절정)이다. 일본산 송사리의 생육에 적절한 온도는 23~27℃이다.

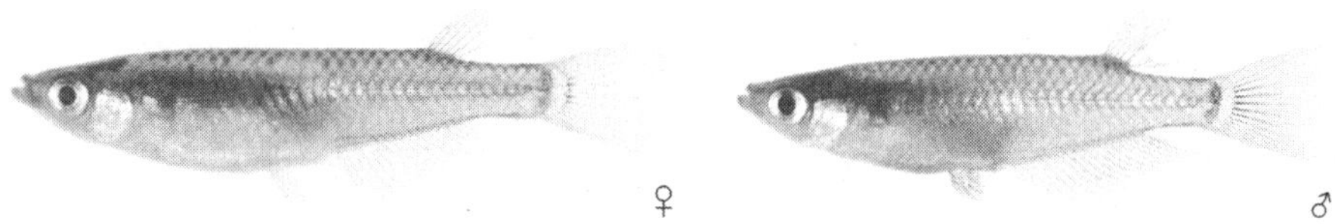

그림 5-4 일본산 송사리의 암·수컷

자료 : Asai et al., 2011을 참고하여 저자 재작성

3) 어류의 배양방법

어류는 신뢰할 수 있는 기관에서 분양받아 계대배양 후 실험에 사용하는 것이 좋다. 어류를 배양하기 위해서는 수조, 배양수 폭기조, 온도 제어장치, 광주기 제어장치, 용존산소 측정기, pH 측정기 등이 필요하다(그림 5-5). 일반적으로 20 L의 수조에 25마리 정도 사육하며(배양수 1 L 당 개체 최대투입량이 1.0 g을 넘지 않도록 해야 하며, 제브라피쉬와 일본산 송사리의 성어는 1마리 당 0.2~0.3 g 정도임), 수조 내에 어류의 밀도나 수온이 높아질 경우 질병 감염률이 높아질 수 있다.

그림 5-5 어류 배양에 사용하는 수조, 온도 제어장치, 광주기 제어장치

어류의 배지로는 양질의 천연수나 조제수(표 4-5 참고)를 사용하는 것이 좋으며, 탈염소 처리한 수돗물(dechlorinated water)도 사용할 수 있다. 배지는 사용하기 24시간 전부터 폭기(aeration)시켜 용존산소량이 부족하지 않도록 하며, 생육 온도를 미리 맞추어 준다.

제브라피쉬와 일본산 송사리의 먹이로는 부화된 지 24시간이 지나지 않은 알테미아(brine shrimp, *Artemia*)를 준다. 냉동건조된 알테미아의 알(물 1 L 당 2~2.5 g)을 소금물(물 1 L 소금 30 g 가량)에 넣어 폭기시키면 24시간 이내에 부화하며, 실험실 열대어의 먹이로 주로 사용한다(그림 5-6). 부화한 후 공기공급을 멈추면 주황색의 유생은 밑으로 가라앉고 껍질은 수면에 뜨게 되며, 가라앉은 유생을 껍질과 섞이지 않게 빼내어 소금물을 제거한 후 먹이로 준다.

그림 5-6 알테미아(Brine shrimp)의 배양

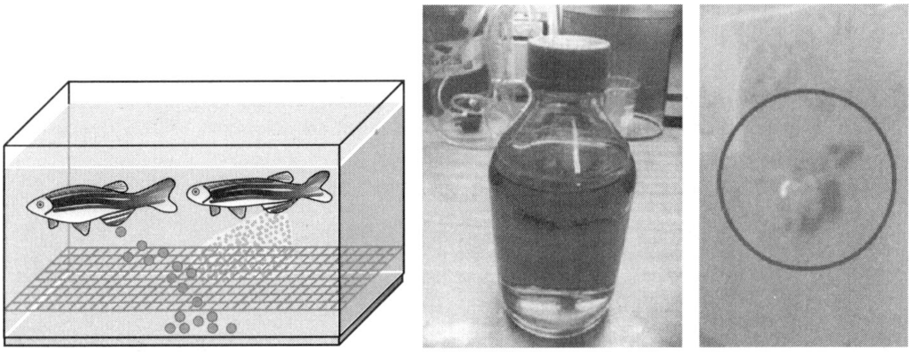

그림 5-7 제브라피쉬의 산란 장치와 배양용액(Rearing solution)에 염색된 죽은 알

설명 배양용액에 담긴 알은 죽은 개체가 불투명한 푸른색, 살아있는 개체가 투명함을 유지한다.

제브라피쉬와 일본산 송사리는 밤에 소등을 해 주고(예 : 밤 10~12시 소등) 아침에 갑자기 밝은 빛을 공급해주면(예 : 오전 8시 점등) 1시간 내외로 산란을 하며, 체외수정이 되면 수정란을 얻을 수 있다. 제브라피쉬는 1회 산란 시 많은(200~300개) 알을 낳으며, 수정란 섭식을 막기 위해 망을 쳐 주어 알이 그 밑으로 떨어지게 한다(그림 5-7). 일본산 송사리는 수정란이 투명한 알끈으로 연결되어 약 10~30개의 알을 배 부분에 매달고 다니기 때문에 망을 쳐주지 않아도 된다. 수정란은 배양장치로 옮긴 후 배양용액(rearing solution)을 넣어 주며(그림 5-7), 죽은 개체가 발견되면 즉시 제거한다.

5-2 어류의 급성 독성시험(OECD TG 203)

이 시험은 수서생물 중 어류에 대한 화학물질의 급성 영향을 평가하는 것이다. 「화학물질등록평가법」 제14조 제1항 및 동법 시행규칙 제5조 제1항 제1호 별표1의 제8호에 따라 규정한 “화학물질의 시험방법(국립환경과학원고시 제2019-23호)”을 참고할 수 있으며, OECD 홈페이지에서 시험지침을 다운로드 받을 수 있다(그림 5-8).

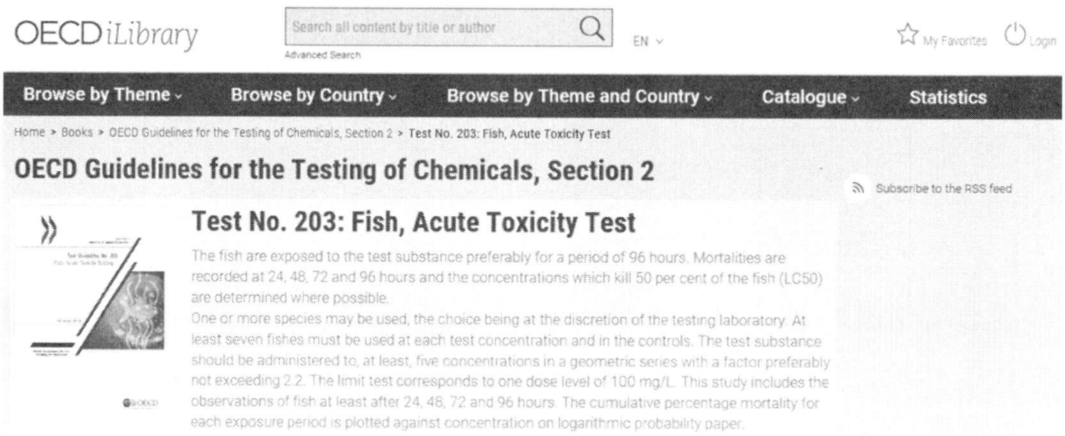

그림 5-8 경제협력개발기구(OECD) 시험지침(TG) 203

자료 : https://www.oecd-ilibrary.org/environment/test-no-203-fish-acute-toxicity-test_9789264069961-en

1) 시험의 원리

어류를 일정 조건에서 시험물질에 노출한 후 24, 48, 72, 96시간에 치사율을 기록하여 어류의 50%를 치사시키는 농도(LC_{50})를 구하는 것이다. 노출기간(96시간)에는 먹이를 주지 않으며, 시험을 시작하기 전에 시험물질의 수용해도와 적절한 정량분석 방법을 확보하는 것이 필요하다. 또한 물질의 구조식, 순도, 물과 빛에서의 안정성, 해리상수(pKa), 옥탄올/물 분배계수(Pow), 증기압, 생분해성 시험결과 등도 확보하는 것이 좋다.

2) 시험의 준비

(1) 장치 및 기구

시험용 수조(화학적으로 불활성인 재질(예 : 유리, 스테인리스 등)로 만들어진 용기), 온도제어 장치(온도 편차 ±1℃로 유지), pH 측정기, 용존산소 측정기, 경도 측정장치, 알칼리도 측정기, 기타 일반적인 실험실의 장치 및 기구(예 : 삼각플라스크, 비커 등)가 필요하다.

(2) 희석수 및 배지

담수어류를 시험할 때에는 양질의 지표수, 지하수, 조제수(표 4-5 참고)를 사용하는 것이 좋으나, 탈염소 처리한 수돗물(dechlorinated water)도 사용할 수 있다. 하구역(estuarine) 또는 해수어류를 시험할 때에는 조제수를 사용하는 것이 좋다. 희석수 및 배지는 시험어종에 따라 필요한 온도, 염도, pH, 경도를 유지하도록 하며(표 5-1), 희석수를 사용하기 전에 용존산소가 포화농도에 다다를 수 있도록 폭기(aeration)를 한다.

표 5-1. 어류 급성 독성시험에 사용하는 추천어종[a] 과 시험조건

추천어종	온도 (℃)	염도 (‰)	pH	경도 (mg/L $CaCO_3$)	광주기 (시간)	시험어 전장(cm)
제브라피시 (*Danio rerio*, zebrafish)	21～25	< 0.2	6.0～8.5	40～250, preferably < 180	12～16	1～2
북미산 잉어(*Pimephales promelas*, fathead minnow)	21～25	< 0.2	6.0～8.5	40～250, preferably < 180	12～16	1～3
잉어 (*Cyprinus carpio*, common carp)	20～24	< 0.2	6.0～8.5	40～250, preferably < 180	12～16	2～4
일본산 송사리(*Oryzias latipes*, Japanese medaka)	23～27	< 0.2	6.0～8.5	40～250, preferably < 180	12～16	1～2
구피 (*Poecilia reticulata*, guppy)	21～25	< 0.2	6.0～8.5	40～250, preferably < 180	12～16	1～2
블루길(*Lepomis macrochirus*, bluegill)	21～25	< 0.2	6.0～8.5	40～250, preferably < 180	12～16	1～3
무지개송어(*Oncorhynchus mykiss*, rainbow trout)	10～14	< 0.2	6.0～8.5	40～250, preferably < 180	12～16	3～6
큰가시고기(*Gasterosteus aculeatus*, three-spined stickleback)	13～19	0～35	6.0～8.5	40～7500	12～16	1～2
양두모치(*Cyprinodon variegatus*, sheepshead minnow)	23～27	15～35	6.0～8.5	3000～7500	12～16	1～2
유럽바다농어(*Dicentrarchus labrax*, European sea bass)	18～22	15～35	6.0～8.5	3000～7500	12～16	4～8
홍도미 (*Pagrus major*, Red sea bream)	18～22	30～35	6.0～8.5	3000～7500	12～16	2～4

[a] 시험종은 2차 성징(sexual maturity)에 도달하기 전인 치어(juvenile fish)를 사용한다.

자료 : ‘OECD TG 203 (OECD, 2019)’ Annex 2를 참고하여 저자 재작성

표 5-2. 담수, 하구역(estuarine), 해수 어류에 대한 희석수 및 배지의 수질 기준

시험물질	기준치
입자상 물질	5 mg/L
총 유기탄소(TOC)	2 mg/L
비이온화된 암모니아(NH_3)	1 μg/L
질산염(NO_3)	9 mg/L
잔류염소	10 μg/L
총 유기인계 농약	50 ng/L
총 유기염소계 농약+폴리염화바이페닐	50 ng/L
총 유기염소	25 ng/L
알루미늄(Al), 비소(As), 크롬(Cr), 코발트(Co), 구리(Cu), 철(Fe), 납(Pb), 니켈(Ni), 아연(Zn)	1 μg/L
카드뮴, 수은, 은	100 ng/L
화학적 산소 요구량(COD)	5 mg/L

자료 : 'OECD TG 203 (OECD, 2019)' Annex 3을 참고하여 저자 재작성

희석수가 시험 결과에 과도하게 영향을 미치지 않도록 일정한 간격(최소 2년에 1번)을 두고 희석수를 채취하여 화학분석을 하며, 표 5-2에 제시된 물질별 최대농도를 넘지 않도록 관리해야 한다. 시험용기 내 물을 재순환하는 경우에는 적절한 수질을 확보하기 위해 암모니아(NH_3)를 정기적으로 모니터링해야 하며, 자연수(natural water)를 사용하는 경우에는 시험 전에 유기탄소(DOC 또는 TOC), 질산염(NO_3)을 측정해야 한다. 탈염수를 사용하는 경우에는 시험종에게 스트레스 징후를 유발하거나 생존, 성장, 번식에 영향을 미치지 않음을 입증해야 한다.

(3) 시험종

시험종은 규제요건(산업화학물질, 의약물질, 살생물제, 식물보호제품 등)과 환경노출 시나리오(냉대/온대/열대종, 담수/해수)에 따라 다르게 선택할 수 있다. 찬물에 서식하는 어류는 20℃ 이하의 온도를 유지해야 하는 반면, 따뜻한

물에 서식하는 어류는 20℃ 이상의 온도를 유지해야 한다. 일반적으로 18~22℃에 서식하는 온수 어종을 사용하며, 표 5-1에 권장 시험종을 제시하였다. 이 시험종은 쉽게 구할 수 있고, 배양이 용이하며, 화학물질 실험에 오랜 기간 사용되어 왔다. 표 5-1에 제시되지 않은 생물종을 사용할 때에는 합리적인 근거와 시험지침에서의 변경사항을 함께 제시해야 한다.

시험에는 2차 성징(sexual maturity)에 도달하기 전인 치어(juvenile fish)를 사용하며(표 5-1에 시험종 크기에 대한 지침이 제시됨), 동일한 배에서 태어난 동일한 연령대의 개체(연령대를 알 수 없다면 크기를 통해 대략 추정할 수 있음)를 사용하도록 한다. 시험에 사용하는 개체는 건강상태가 양호하며 외견상 기형이 없는 것을 사용한다.

시험에 사용하는 개체는 적어도 시험 전 9일 이상 실험실 환경에서 순화(acclimation)시켜야 한다(표 5-3). 처음 48시간은 정착기(settling-in period)이며, 시험 시작 7일 전에는 시험수와 유사한 물에서 어류를 적응(48시간+7일=9일)시켜야 한다. 시험 생물종은 눈에 보이는 질병, 스트레스의 징후, 명백한 기형이 없어야 하며, 시험 14일 전에 질병치료 목적으로 약욕을 하지 않은 개체이어야 한다. 야생에서 시험개체를 얻은 경우 처음 실험실로 가져갈 때 질

표 5-3. 어류의 실험실 환경 순화(acclimation) 조건

분류	상세 조건
조명	시험종의 적정 광주기
온도	시험종의 적정 생육온도
용존산소	포화산소농도의 80% 이상
먹이	시험 시작 24~48시간 전까지 주 3회 또는 1일 1회
시험 개체	시험 개체는 48시간의 안정화 기간 이후 치사어를 관찰하여 기록하고 다음의 기준에 따라 처리한다. ① 7일 안에 치사율이 10%를 초과하면 사용군 전부를 폐기한다. ② 치사율이 5~10%이면 다시 7일간 더 사육한 후 판정한다. 만약 연장한 7일 동안 치사율이 5%를 초과하면 사용군 전부를 폐기한다. ③ 치사율이 5% 미만이면 시험에 사용한다.

자료 : 'OECD TG 203 (OECD, 2019)'을 참고하여 저자 재작성

병이나 기생충 치료를 해야 할 수 있어 추가로 14일의 순화기간이 필요하며, 가급적 야생에서 실험동물종을 얻는 것은 피하는 것이 좋다.

(4) 시험용액의 조제

시험물질 표준원액은 희석수에 녹여 조제하고 유기용매(organic solvents), 계면활성제(emulsifiers), 분산제(dispersants) 등의 보조제(vehicles)는 원칙적으로 사용해서는 안 된다. 수용해도가 낮은 물질은 물리적인 방법[예 : 초음파 분산기(ultrasonic dispersion)]을 이용하여 시험물질 표준원액을 만들 수 있다. 보조제 사용이 불가피하다면 가급적 독성이 낮은 것을 선택하고, 최소한의 필요량을 사용하며, 보조제 사용에 대한 타당성을 제시하여야 한다. 보조제 농도는 시험용액에서 100 mg/L 또는 100 μL/L를 초과하지 않도록 하며 모든 농도군에 동일한 농도의 보조제가 첨가되어야 한다. 각 농도의 시험용액(test solution)은 시험물질 표준원액(stock solution)을 희석수로 희석하여 조제한다. 보조제를 사용하는 경우는 이들 물질이 포함된 음성 대조군(negative control)을 추가로 두어야 한다.

pH를 조절하지 않고 시험을 수행하되, 시험물질 표준원액을 가한 후 희석수의 pH가 현저히 변화하는 경우 시험물질 표준원액의 pH를 시험물질을 가하기 전의 희석수 pH와 같도록 조절하여 다시 시험한다. 이때 시험물질 표준원액 농도의 변화는 최소화해야 하며 화학반응이나 시험물질의 침전 등이 일어나지 않도록 한다. pH의 조절은 염산(HCl)과 수산화나트륨(NaOH)을 사용하는 것이 바람직하다.

3) 시험방법

(1) 한계시험

한계시험(limit test)은 시험물질 유효성분으로 100 mg/L의 농도 또는 희석수에 대한 시험물질의 최대용해도에서 실시하여 시험물질의 반수치사농도(LC_{50})가 한계시험 농도보다 크다는 것을 증명하기 위한 시험이다. 96시간 동안 관찰하며, 대조군과 처리군을 각각 10마리씩 사용하되 최소 7마리 이상을 사용한다. 한계시험 농도에서 96시간 동안 치사어가 한 마리도 관찰되지 않으면 시험물질의 반수치사농도(LC_{50})는 한계시험 농도 이상으로 한다. 단, 한 마리라도 치사어가 관찰될 경우 본시험을 진행하며, 다른 독성증상이 나타나면 이를 기록한다.

(2) 본시험

본시험(definitive test)에서는 최소 5개 이상의 농도(대조군 제외)를 등간격으로 설정하며, 농도군 간 희석비율(＝공비)은 2.2배를 초과하지 않도록 한다(그림 5-9). 시험농도는 QSAR 모델을 통한 예측독성값, 유효한 read-across 자료, 다른 시험어류나 세포주실험자료를 활용하여 결정할 수 있다. 만약 이러한 자료가 없다면, 시험어류와 같은 종으로 농도결정시험(range-finding test)을 하여 농도범위를 결정할 수 있다. 농도 범위가 결정되면 대조군과 각 농도군에 7마리 이상씩 시험 개체를 96시간 노출하며, 상세한 노출 조건은 표 5-4와 같다.

가급적 노출을 시작한 지 24시간 이내에 최소 2번 관찰해야 하며, 관찰시간의 간격은 3시간 이상이 바람직하다. 예를 들어, 노출 0～1일 째에는 어류를 노출한 지 2 ± 0.5시간, 5 ± 1시간, 24 ± 2시간에 검사할 수 있다. 노출 2～4일

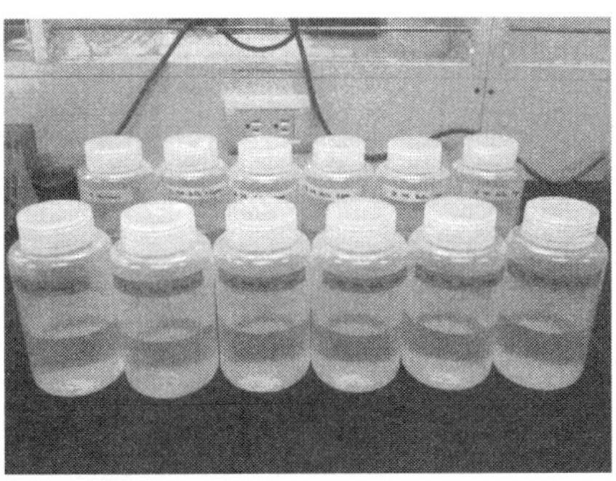

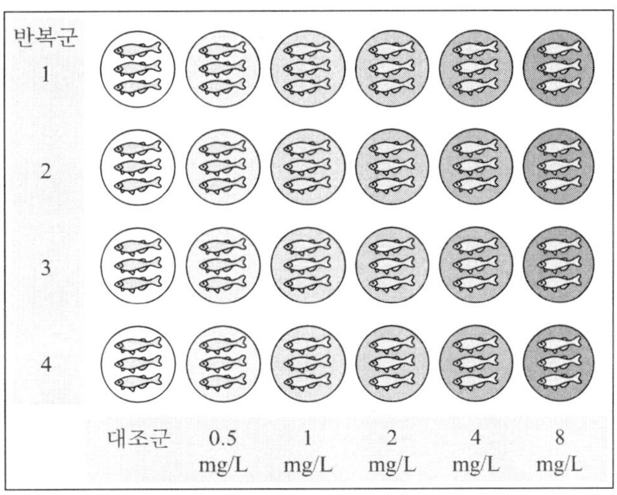

그림 5-9 어류 급성 독성시험을 위한 시험수의 희석(좌)과 개체 노출(우)

설명 : 최고 농도군을 8 mg/L, 시험수의 희석비율은 2배로 하였을 때를 가정하였으며, loading 조건(시험수 1 L 비커 당 시험 개체 투입량이 0.8 g을 넘지 않도록 3마리 넣음)과 통계 처리를 고려하여 반복군을 4개 두었다.

표 5-4. 어류 급성 독성시험의 본시험 노출 조건

분류	상세 조건
시험기간	• 96시간
시험개체와 시험수의 비율(loading)	• 담수어류는 지수식과 반지수식의 경우 시험수 1 L 당 시험 개체 최대투입량이 0.8 g을 넘지 않도록 해야 함 • 유수식의 경우 시험수 1 L 당 시험 개체 최대투입량이 0.5 g을 넘지 않도록 해야 함 • 시험개체와 시험수의 비율은 5 g/L를 초과하지 않아야 함
광주기 및 광도	• 시험종의 적정 광주기를 따름 • 광도 : 10 ~ 20 $\mu E/m^2 \cdot s$, 540 ~ 1000 lux, 50 ~ 100 ft-c
온도	• 시험종의 적정 생육온도를 따름 • 노출기간 중 시험용기 간 수온 차이가 ±1℃를 벗어나지 않아야 함
용존산소 농도	• 필요한 경우 용존산소 농도(포화농도의 60% 이상)를 유지하기 위해 시험물질의 손실과 실험동물에 대한 영향을 최소화하는 조건으로 공기를 공급(aeration)할 수 있음
먹이 공급	• 없음
노출 개체 수	• 대조군과 각 농도군에 7마리 이상

자료 : 'OECD TG 203 (OECD, 2019)'을 참고하여 저자 재작성

째에는 생존해 있는 시험 개체가 담긴 용기를 매일 두 차례 검사해야 하며, 이른 아침과 늦은 오후에 관찰하는 것이 좋다. 치사율, 눈에 띄는 비정상적인 행동(예 : 균형 상실, 머리를 위 또는 아래로 향함, 표면에 떠다니거나 가라앉음), 외형의 변화(예 : 색소가 약해지거나 짙어짐, 눈이 튀어나옴), 이상한 호흡 증상(예 : 과도하거나 불규칙하게 호흡), 이상한 유영 행동(예 : 유영 행동이 증가/감소함, 움직이지 않음, 표면 또는 바닥근처에서 유영함) 등을 관찰하고 기록해야 한다.

눈에 띄는 움직임이 없거나(예 : 아가미의 움직임) 만져도 반응이 없으면 시험 개체는 죽은 것으로 간주한다. 매 관찰 시점에 치사한 개체를 기록하고, 죽은 시험 개체는 발견한 즉시 용기에서 제거해야 한다. 노출이 끝나면 농도군의 시험 개체는 안락사 시키며, 대조군에서 생존한 개체는 안락사 시키지 않아도 되지만 다른 시험에 재사용해서는 안 된다. 안락사는 EU 지침(예 : Directive 2010/63/EU ; European Commission, 2010)을 참고하여 진행할 수 있다.

노출을 시작하기 전에 10마리 이상의 개체에서 크기(습중량 및 총 길이)를 측정해야 하며, 크기를 측정하는 데 사용한 개체는 시험에 사용해서는 안 된다. 만약 시험을 시작하기 1주일 전보다 더 일찍 크기를 측정한 경우에는 노출이 끝날 때 대조군에서 총 길이를 재도록 한다. 습중량은 미리 무게를 잰 용기 안에 개체를 넣고 총 무게를 잰 후, 총 무게에서 용기의 무게를 빼 계산할 수 있다.

4) 시험의 타당성 기준

시험이 적합하게 수행된 것을 입증하기 위해 시험의 종료일까지 다음의 타당성 기준(validity criteria)을 만족해야 하며, 기준을 만족하지 않을 때는 재시험을 수행한다.

- 시험 종료일까지 대조군의 치사율이 10%를 넘지 않아야 한다. 만약 대조군의 시험 개체가 10마리 미만이라면 1마리까지 치사하는 것은 괜찮으나 그 이상 치사할 때에는 재시험을 진행해야 한다.
- 시험 종료일까지 용존산소의 농도는 포화농도의 60% 이상으로 유지되어야 한다.
- 시험이 진행되는 동안 시험농도가 일정하게 유지되어야 하며, 실측농도(measured concentration)는 설정농도(nominal concentration)의 80～120% 이내로 유지되는 것이 좋다. 만약 실측농도가 설정농도의 $<80\%$, $>120\%$일 경우 실측농도를 토대로 결과를 나타낸다.

5) 시험결과 및 보고

(1) 결과의 처리

본시험이 종료되면 적당한 통계적 방법을 사용하여 반수치사농도(LC_{50})와 95%에서의 신뢰구간을 구하며, 보고서에는 통계적 방법을 명시하여야 한다. 얻어진 시험결과가 표준방법을 이용하여 반수치사농도(LC_{50})를 구하기에 적절하지 않은 경우, 치사를 나타내지 않은 최고농도와 100% 치사를 나타낸 농도의 기하평균을 구하여 반수치사농도(LC_{50})를 기록한다.

(2) 시험결과의 보고

시험결과를 보고할 때에는 표 5-5의 내용이 포함되어야 한다.

표 5-5. 어류 급성 독성시험의 보고 내용

분류	보고 내용
시험기관의 명칭 및 소재지	-
시험책임자 및 담당자 성명, 소속	-
시험물질	• 화학물질의 명칭(CAS 번호, 일반명, 상품명 명기) • 입수처, 입수일 • 순도(%), 불순물 • 물리화학적 특성(안정성, 용해도 정보 등)
시험종	• 학명 및 계통 • 입수처 • 총 길이, 습중량 • 순화방법, 순화기간의 관찰결과, 사육방법(먹이 종류, 먹이량, 먹이공급 빈도 등)
시험조건	• 시험 시작일, 종료일, 시험기간 • 시험절차 및 관련 세부사항(노출방법, 사용 개체수, 반복수, 시험용액량 등) • 희석수의 수질특성(pH, 경도, 수온 등) • 시험종료일까지 24시간 마다 시험용액의 용존산소농도, pH, 수온측정값(반지수식의 경우 시험용액 교환 전후 모든 항목을 측정) • 시험물질 노출농도(설정농도, 측정농도)와 반복군, 시험물질 농도 분석에 대한 사항 • 시험용액 조제방법 • 시험용액에서 시험물질의 상태
시험결과	• 시험기간에 0% 치사율이 나타난 최고농도와 100% 치사율이 나타난 최저 농도 • 각 노출농도별 누적치사 개체수 및 누적치사율 • 24, 48, 72, 96시간 반수치사농도(LC_{50})와 95% 신뢰구간 • 반수치사농도(LC_{50}) 값을 구하는 통계적 과정 • 농도－반응 그래프 • 대조군에서의 치사율 • 시험과정에서 나타난 이상 증상 • 시험과정에서 시험 결과에 영향을 줄 수 있는 요인 • 기타 예비시험 결과 • 보조제 사용의 타당성(해당 보조제의 사용, 선정 및 농도 설정의 이유 등)
시험결과에 대한 고찰	-

5-3 어류의 초기생장단계 독성시험(OECD TG 210)

이 시험은 수서생물 중 초기생장단계의 어류에 대한 화학물질 만성 영향을 평가하는 것이다. 「화학물질등록평가법」 제14조 제1항 및 동법 시행규칙 제5조 제1항 제1호 별표1의 제8호에 따라 규정한 "화학물질의 시험방법(국립환경과학원고시 제2019-23호)"을 참고할 수 있으며, OECD 홈페이지에서 시험지침을 다운로드 받을 수 있다(그림 5-10).

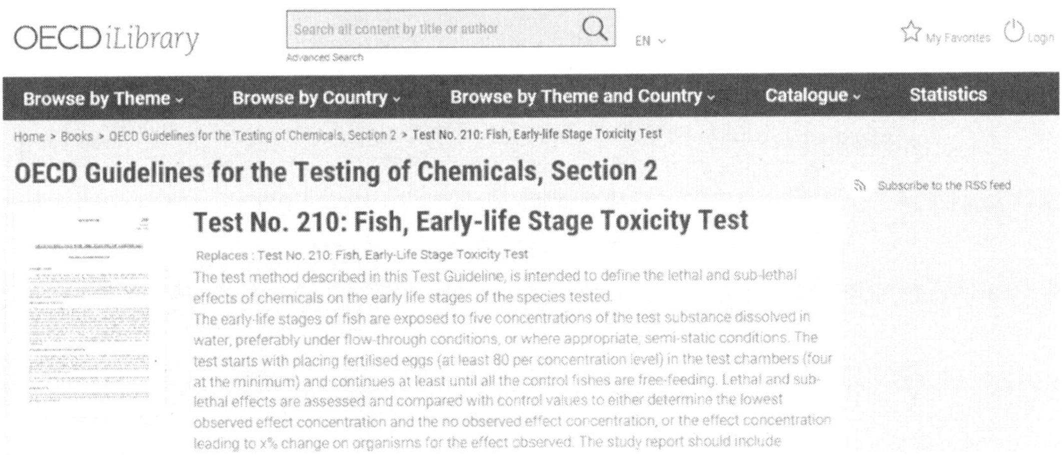

그림 5-10 경제협력개발기구(OECD) 시험지침(TG) 210

자료 : https://www.oecd-ilibrary.org/environment/test-no-210-fish-early-life-stage-toxicity-test_9789264203785-en

1) 시험의 원리

어류의 수정란(fertilized eggs)부터 치어(juvenile fish)가 될 때까지(시험종에 따라 다르며 부화 후 28～60일까지) 시험물질에 노출한 후 부화율, 치어의 치사율, 체장, 습중량, 기형 등을 기록하고, 생존과 성장에 대한 최대무영향농도(NOEC), 최소영향관찰농도(LOEC), 영향농도(ECx)를 구하는 것이다. 동일 어종으로 해당 시험물질을 시험한 급성 독성시험 결과가 있다면 초기생장단계 독성시험의 농도 설정에 유용하다. 그 외에 물질의 구조식, 순도, 수용해도, 증기압, 물과 빛에서의 안정성, 해리상수(pKa), 옥탄올/물 분배계수(Pow), 생분해성 시험결과 등도 확보하는 것이 좋다.

2) 시험의 준비

(1) 장치 및 기구

화학적으로 불활성인 재질(예 : 유리, 스테인리스 등)로 만들어진 시험용 수조가 필요하다. 실리콘은 지질성 물질을 잘 흡수하기 때문에, 유수식 장치로 지질성이 높은 물질을 시험할 경우에는 실리콘 튜빙이 물과 접촉하는 것을 최소화해야 한다. 시험용 수조는 적절한 용존산소를 유지할 수 있도록 충분히 큰 것이 좋다(작은 어종은 7 L 용기로 충분함). 시험용 수조는 무작위 블록 디자인(그림 5-11)으로 시험군에 배치하는 것이 바람직하다.

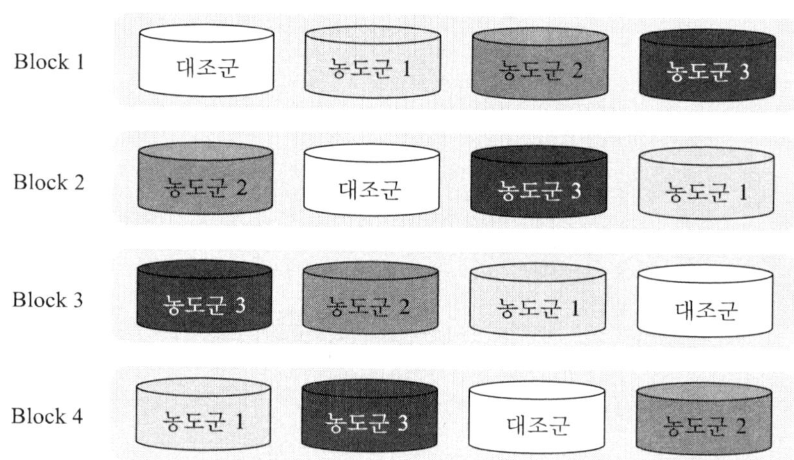

그림 5-11 무작위 블록 디자인(Randomized block design)의 예

그 외에도 온도제어 장치(온도 편차 ±1℃로 유지), pH 측정기, 용존산소 측정기, 경도 측정장치, 알칼리도 측정기, 기타 일반적인 실험실의 장치 및 기구(예 : 삼각플라스크, 비커 등)가 필요하다.

(2) 희석수 및 배지

배지 및 시험용액 조제에 사용하는 희석수는 시험종이 장기간 생존 및 성장할 수 있는 것을 사용해야 하며, 시험기간 동안 균일한 수질을 유지해야 한다. 희석수 및 배지는 시험어종에 따라 필요한 온도, 염도, pH, 경도를 유지하도록 하며(표 5-6), 희석수를 사용하기 전에 용존산소가 포화농도에 다다를 수 있도록 폭기(aeration)를 한다. 희석수가 시험 결과에 과도하게 영향을 미치지 않도록 일정한 간격(최소 2년에 1번)을 두고 희석수를 채취하여 화학분석을 하며, 표 5-7에 제시된 물질별 최대농도를 넘지 않도록 관리해야 한다.

표 5-6. 어류 초기생장단계 독성시험에 사용하는 추천어종과 시험조건

추천어종	시험조건			추천 시험 기간	시험종료 시 최소 체장(mm)	대조군 생존(최소)	
	온도 (℃)	염도 (‰)	광주기 (시간)			부화율	부화 후 생존율
무지개송어 (*Oncorhynchus mykiss*, rainbow trout)	10 ± 1.5	-	12 ~ 16	부화 후 60일	40	75%	75%
북미산 잉어 (*Pimephales promelas*, fathead minnow)	25 ± 1.5	-	16	부화 후 28일	18	70%	75%
제브라피시 (*Danio rerio*, zebrafish)	26 ± 1.5	-	12 ~ 16	부화 후 30일	11	70%	75%
일본산 송사리 (*Oryzias latipes*, Japanese medaka)	25 ± 2.0	-	12 ~ 16	부화 후 30일	17	80%	80%
양두모치 (*Cyprinodon variegatus*, sheepshead minnow)	25 ± 1.5	15 ~ 35	12 ~ 16	부화 후 28일	17	75%	80%
은줄멸 (*Menidia sp. silverside*)	22 ~ 25	15 ~ 35	13	28일	20	80%	60%

자료 : 'OECD TG 210 (OECD, 2013)' Annex 2를 참고하여 저자 재작성

표 5-7. 담수, 하구역(estuarine), 해수 어류에 대한 희석수 및 배지의 수질 기준

시험물질	기준치
입자상 물질	5 mg/L
총 유기탄소	2 mg/L
비이온화된 암모니아	1 μg/L
잔류염소	10 μg/L
총 유기인계 농약	50 ng/L
총 유기염소계 농약 + 폴리염화바이페닐	50 ng/L
총 유기염소	25 ng/L
알루미늄, 비소, 크롬, 코발트, 구리, 철, 납, 니켈, 아연	1 μg/L
카드뮴, 수은, 은	100 ng/L

자료 : 'OECD TG 210 (OECD, 2013)' Annex 4를 참고하여 저자 재작성

(3) 시험종

시험종은 표 5-8에 제시한 추천어종을 사용하는 것이 좋으며, 제시되지 않은 생물종을 사용할 때에는 합리적인 근거와 시험지침에서의 변경사항을 함께 제시해야 한다. 유수식 장치를 사용할 때 시험 초반에는 시험 개체가 빠져나가지 않도록 용기 끝쪽에 망(mesh)이 설치된 유리 또는 스테인리스 시험용기 내에서 수정란(fertilized egg)을 노출하고, 치어로 부화한 후에는 망을 제거한다. 부화 후 일정 기간이 지나거나 일정 부화율 기준(90%)을 초과하면 적절한 시험용기로 이동시킨다(표 5-8). 이 경우 시험 개체가 공기에 노출되지 않도록 조심히 옮기되 그물(nets)은 사용하지 않는 것이 바람직하다. 시험종 별 치어의 먹이를 공급하는 시기, 먹이의 종류, 먹이 공급 빈도는 표 5-8을 참고한다.

(4) 시험용액의 조제

시험물질 표준원액은 희석수에 녹여 조제하고 유기용매(organic solvents), 계면활성제(emulsifiers), 분산제(dispersants) 등의 보조제(vehicles)는 원칙적으로 사용해서는 안 된다. 수용해도가 낮은 물질은 물리적인 방법[예 : 초음파 분산기(ultrasonic dispersion)]을 이용하여 시험물질 표준원액을 만들 수 있다.

표 5-8. 어류 초기생장단계 독성시험에 사용하는 추천어종의 먹이[a]와 시험용기 이동

추천어종	먹이				부화 후 시험용기 이동	첫 번째 먹이 주는 시기
	성체	갓 부화된 치어	성장한 치어			
			종류	빈도		
무지개송어 (*Oncorhynchus mykiss,* rainbow trout)	송어용 먹이	없음[b]	송어용 starter BSN	하루 2~4회	부화 후 14~16일	부화 후 19일
북미산 잉어 (*Pimephales promelas,* fathead minnow)	BSN, FF, FBS	BSN	BSN48, FF	하루 2~3회	부화가 90% 되었을 때	부화 후 2일
제브라피시 (*Danio rerio,* zebrafish)	BSN, FF	시중에 판매되는 치어 사료, 짚신벌레	BSN48, FF	BSN 하루 1회 ; FF 하루 2회	부화가 90% 되었을 때	부화 후 2일
일본산 송사리 (*Oryzias latipes,* Japanese medaka)	FF	BSN, FF	BSN48, FF	BSN 하루 1회 ; FF 하루 2회	적용되지 않음	산란 후 6~7일
양두모치 (*Cyprinodon variegatus,* sheepshead minnow)	BSN, FF, FBS	BSN	BSN48	하루 2~3회	적용되지 않음	부화 후 1일
은줄멸 (*Menidia sp. silverside*)	BSN48, FF	BSN	BSN48	하루 2~3회	적용되지 않음	부화 후 1일

[a] 먹이는 충분히 제공하되, 남은 먹이와 배설물은 쌓이지 않도록 제거해 주어야 한다.
[b] 난황이 있는 치어는 먹이가 필요하지 않다.

BSN : brine shrimp nauplii, newly hatched ; BSN48: brine shrimp nauplii, 48 hours old ; FBS: frozen brine shrimps, adults *Artemia* sp. ; FF: flake food

자료 : 'OECD TG 210 (OECD, 2013)' Annex 2를 참고하여 저자 재작성

보조제 사용이 불가피하다면 가급적 독성이 낮은 것을 선택하고, 최소한의 필요량을 사용하며, 보조제 사용에 대한 타당성을 제시하여야 한다. 보조제 농도는 시험용액에서 100 μL/L를 초과하지 않도록 하며 모든 농도군에 동일한 농도의 보조제가 첨가되어야 한다. 각 농도의 시험용액(test solution)은 시험물질 표준원액(stock solution)을 희석수로 희석하여 조제한다. 보조제를 사용하는

경우는 이들 물질이 포함된 음성 대조군(negative control)을 추가로 두어야 한다.

반지수식(semi-static)으로 시험할 경우 두 가지 방법으로 시험수를 교체할 수 있다. 즉, 깨끗한 시험용기에 새로운 시험용액을 준비하고 살아남은 배아 또는 치어를 부드럽게 옮겨주거나, 시험 개체는 사용하던 용기에 그대로 둔 채 시험용액만 2/3 정도 교체해 준다.

3) 시험방법

어류의 초기생장단계 독성시험에서는 최소 4개 이상(일반적으로 5개)의 농도(대조군 제외)를 등간격으로 설정하며, 농도군 간 희석비율(=공비)은 3.2배를 초과하지 않도록 한다. 시험농도는 시험 어류와 같은 종에 대한 급성 독성시험 또는 농도결정시험(range-finding test), 유효한 read-across 자료를 토대로 범위를 결정할 수 있다. 농도 범위가 결정되면 대조군과 각 농도군에 수정란 80마리씩(20마리씩 4개 반복군) 치어가 될 때까지(시험종에 따라 다르며 부화 후 28~60일까지) 시험물질에 노출하며, 상세한 노출 조건은 표 5-9와 같다.

표 5-9. 어류 초기생장단계 독성시험의 노출 조건

분류	상세 조건
시험기간	• 수정란(fertilized eggs)부터 치어(juvenile fish)가 될 때까지(시험종에 따라 다르며 부화 후 28~60일까지)
시험개체와 시험수의 비율(loading)	• 통계 분석이 가능하도록 충분한 수정란을 노출시키며, 각 농도군 당 최소 80마리(20마리씩 4개 반복군) 노출해야 함 • 배아기(egg stage), 치어기(larval stage)에 용존산소 농도(포화농도의 60% 이상)가 폭기(aeration) 없이 충분히 유지할 수 있어야 함 • 유수식의 경우 시험수 1 L 당 시험 개체 최대투입량이 0.5 g을 넘지 않도록 해야 함 • 시험개체와 시험수의 비율은 5 g/L를 초과하지 않아야 함
광주기, 온도, 먹이 공급	• 시험종의 적정 광주기, 생육온도, 먹이 공급에 따름

자료 : ‘OECD TG 210 (OECD, 2013)’을 참고하여 저자 재작성

부화 및 치어의 생존 여부는 하루에 한 번 이상 관찰하도록 하며, 죽은 배아나 치어는 빠르게 분해되어 다른 실험동물에 영향을 줄 수 있으므로 발견되는 즉시 제거해야 한다. 배아 발달 시기(예 : 시험을 시작한 지 1~2일째)에 곰팡이가 관찰되면 그 알을 즉시 제거하며, 죽은 배아를 제거할 때 인접한 배아를 물리적으로 손상하지 않도록 특별히 주의해야 한다. 치사 징후는 시험종과 시험개체의 발달 단계에 따라 다르다. 예를 들어, 수정란은 단백질 침전과 응집(coagulation)이 발생하여 백색으로 불투명해진 것을 치사 징후로 간주하며, 배아나 치어는 움직임, 호흡, 심장박동이 없거나 기계적인 자극에 반응하지 않는 것을 죽은 것으로 간주한다.

외형이 비정상적으로 변화한 치어(larvae and juvenile fish)는 관찰 후 그 수를 기록한다. 대조군에서도 일부 발생할 수 있으나, 그 수는 많지 않다. 기형이나 비정상적인 행동이 심각하여 시험 개체에 상당한 고통이 있고 회복할 수 없을 것으로 판단되면 시험에서 제거될 수 있으며, 이 개체는 안락사한 후 치사율로 간주해야 한다. 눈에 띄는 비정상적인 행동(예 : 과호흡, 불균형한 유영, 비정형 정지 행동, 비정형 섭식 행동)도 관찰 후 그 수를 기록한다. 이러한 독성영향은 정량화하기 어렵지만, 치사율을 해석하는 데 도움이 될 수 있다.

시험이 종료되면 모든 생존 개체는 표면의 물기를 제거하고 무게(=습중량)와 개별 체장을 측정한다. 시험 개체의 습중량이 현저히 작아 전자저울로 개별 중량을 재기 어려울 때에는 몇 마리씩 합쳐 평균 습중량으로 나타낼 수 있지만,

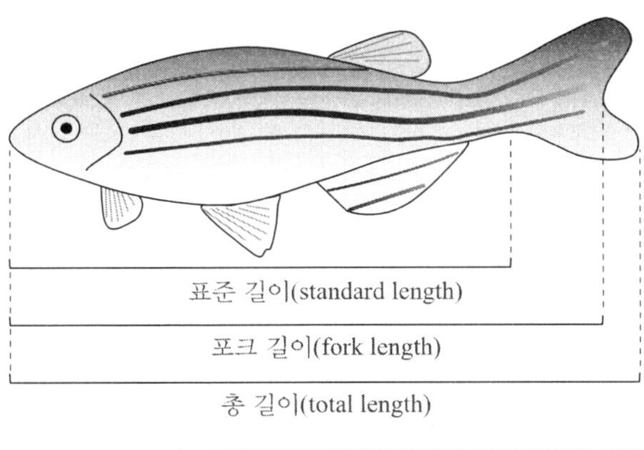

그림 5-12 어류의 총 길이(Total length)와 표준 길이(Standard length)

자료 : 'OECD TG 210 (OECD, 2013)'을 참고하여 저자 재작성

통계 처리를 위한 적절한 반복군을 확보하는 것이 필요하다. 각 개체의 특정 성장률을 확인하기 위해 개별적으로 무게를 측정하는 경우, 시험 개체의 스트레스를 최소화할 수 있는 방법을 사용한다. 또한 체장은 총 길이(total length)를 측정하는 것을 권장하나, 꼬리지느러미가 부패하면 표준 길이(standard length)를 사용할 수 있다(그림 5-12).

4) 시험의 타당성 기준

시험이 적합하게 수행된 것을 입증하기 위해 시험의 종료일까지 다음의 타당성 기준(validity criteria)을 만족해야 하며, 기준을 만족하지 않을 때는 재시험을 수행한다.

- 시험 종료일까지 용존산소의 농도는 포화농도의 60% 이상으로 유지되어야 한다.
- 시험종의 적정 생육온도를 따르며, 시험용기 간 또는 시험일 간에 수온이 ±1.5℃ 이상 차이나지 않아야 한다.
- 시험이 진행되는 동안 시험농도가 일정하게 유지되어야 하며, 실측농도(measured concentration)는 설정농도(nominal concentration)의 80～120% 이내로 유지되는 것이 좋다. 만약 실측농도가 설정농도의 < 80%, > 120%일 경우 실측농도를 토대로 결과를 나타낸다.
- 대조군 및 음성대조군(＝용매대조군)의 부화율과 부화 후 치어의 생존율이 시험종의 적정 생존율 미만으로 떨어지지 않아야 한다(표 5-6 참고).

5) 시험결과 및 보고

(1) 결과의 처리

시험이 종료되면 80% 이상의 검정력(power)을 갖는 적당한 통계적 방법을 사용하여 영향농도(ECx)와 95%에서의 신뢰구간, 무영향관찰농도(NOEC)를 구하며, 보고서에는 통계적 방법을 명시하여야 한다.

(2) 시험결과의 보고

시험결과를 보고할 때에는 표 5-10의 내용이 포함되어야 한다.

표 5-10. 어류 급성 독성시험의 보고 내용

분류	보고 내용
시험기관의 명칭 및 소재지	-
시험책임자 및 담당자 성명, 소속	-
시험물질	• 화학물질의 명칭(CAS 번호, 일반명, 상품명 명기) • 입수처, 입수일 • 순도(%), 불순물 • 물리화학적 특성(안정성, 용해도 정보 등)
시험종	• 학명 및 계통 • 입수처 • 수정란을 수집한 방법 • 사육방법(먹이 종류, 먹이량, 먹이공급 빈도 등)
시험조건	• 시험 시작일, 종료일, 시험기간 • 시험절차 및 관련 세부사항(노출방법, 사용 개체수, 반복수, 시험용액량, 시험용기의 크기 등) • 희석수의 수질특성(pH, 경도, 수온, 용존산소량, 잔류염소 등) • 시험물질 노출농도(설정농도, 측정농도)와 반복군, 시험물질 농도 분석에 대한 사항 • 시험용액 조제방법 및 시험수 교체방법 • 시험용기 간 수질 차이 • 먹이 공급 방법(먹이 종류, 먹이량, 먹이 공급 빈도 등)
시험결과	• 대조군에서의 치사율 • 발달 단계별(embryo, larvae, juvenile fish) 치사율 및 누적치사율 • 부화 시작일 및 종료일, 관찰일마다 부화된 개체 수 • 시험 종료일에 건강히 살아있는 개체수 • 시험 종료일에 살아있는 개체의 체장 및 중량 • 형태학적 이상, 비정상적 행동을 보이는 개체 수 및 증상 • 통계 처리방법 • 무영향관찰농도(NOEC) 및 최소영향관찰농도(LOEC) • 영향농도(ECx)와 95% 신뢰구간
시험결과에 대한 고찰	-

예상문제

1. 제브라피쉬(*Danio rerio*) 대한 설명 중 옳지 않은 것은?

① OECD가 권장하는 환경독성시험 공식어종으로, 발생 유전학적 연구에 많이 이용된다.
② 암컷은 산란 시기에 복부가 팽만 되어 있으며, 대체로 은색을 띠고 있다.
③ 수컷은 배지느러미와 꼬리지느러미에 줄무늬가 많으며 활동적이다.
④ 심장박동은 수정 3일 후, 부화는 수정 10일 후에 관찰이 가능하다.

해설 제브라피쉬는 심장박동은 수정 36시간 후, 부화는 수정 72～120시간 후에 관찰이 가능하다.

2. 일본산 송사리(*Oryzias latipes*) 대한 설명 중 옳지 않은 것은?

① 광주기 조절에 의해 산란을 유도할 수 있다.
② 한랭 해수어로서 성체의 크기는 약 2～4 cm이다.
③ OECD가 권장하는 환경독성시험 공식어종으로 독성물질에 민감하다.
④ 생육에 적정한 온도는 20～25℃이며, 번식 시에는 21～26℃가 적당하다.

해설 일본산 송사리를 난생 담수어이다.

3. 일본산 송사리(*Oryzias latipes*)의 암컷에 대한 설명 중 옳지 않은 것은?

① 암컷의 뒷지느러미는 평행사변형 모양이다.
② 암컷은 등지느러미가 부드러운 곡선형이다.
③ 암컷은 점등 1～2시간 후 수컷의 구애 작용으로 알을 체외로 밀어낸다.
④ 암컷은 새벽녘에 수정란을 매달고 다니며, 산란 시기의 암컷은 복부가 팽만되어 있다.

해설 수컷의 뒷지느러미가 평행사변형 모양이다.

4. 어류 급성 독성시험(OECD TG 203)에 대한 설명 중 옳지 않은 것은?

① 대조군과 각 농도군에 7마리 이상씩 시험 개체를 노출한 후, 96시간 반수치사농도(LC_{50})를 산출한다.
② 시험을 시작하기 전에 시험물질의 수용해도와 적절한 정량분석 방법을 확보한다.
③ 노출 기간에 매일 먹이를 공급하며, 시험물질의 농도는 중량/용량(mg/L)으로 표시한다.
④ 보조제 사용이 불가피하다면 가급적 독성이 낮은 것을 선택하고, 최소한의 필요량을 사용한다.

해설 노출 기간(96시간)에는 먹이를 주지 않는다.

5. 어류의 실험실 환경 순화(acclimation) 조건으로 옳지 않은 것은?

① 시험에 사용하는 개체는 적어도 시험 전 9일 이상 실험실 환경에서 순화시켜야 한다.
② 시험수와 유사한 물에서 어류를 적응시킬 때 7일 안에 치사율이 20%를 초과하면 사용군 전부를 폐기한다.
③ 어류 순화 기간에 시험종의 치사율이 5% 미만이면 시험에 사용한다.
④ 야생에서 시험개체를 얻은 경우 질병이나 기생충 치료를 해야 할 수 있어 추가로 14일의 순화기간이 필요하다.

해설 시험수와 유사한 물에서 어류를 적응시킬 때 7일 안에 치사율이 10%를 초과하면 사용군 전부를 폐기한다.

6. 어류 초기생장단계 독성시험(OECD TG 210)에 대한 설명 중 옳지 않은 것은?

① 제브라피쉬는 수정란부터 수정(fertilization) 후 30일까지 시험물질에 노출한다.
② 대조군 및 농도군 당 최소 80마리(20마리씩 4개 반복군) 노출해야 한다.
③ 시험 종료일까지 용존산소량은 60% 이상, 시험용기 간 수온 차이는 ±1.5℃ 이내여야 한다.
④ 시험 개체와 시험수의 비율은 5 g/L를 초과하지 않아야 한다.

해설 제브라피쉬는 부화(hatch) 후 30일까지 시험물질에 노출한다.

7. 어류 초기생장단계 독성시험(OECD TG 210)에서 관찰하는 항목으로 옳지 않은 것은?

① 부화율(hatchability)
② 번식능력(egg production)
③ 치어(juvenile fish)의 체장 및 중량
④ 발달 단계별(embryo, larvae, juvenile fish) 치사율

해설 어류의 수정란(fertilized eggs)부터 치어(juvenile fish)가 될 때까지(시험종에 따라 다르며 부화 후 28~60일까지) 시험하므로 번식능력을 관찰하기 어렵다.

8. 어류 시험용액 조제 시 유기용매와 같은 보조제의 농도 기준으로 옳은 것은?

① 100 mL/L
② 10 mL/L
③ 1 mL/L
④ 0.1 mL/L

해설 보조제 농도는 시험용액에서 100 μL/L (=0.1 mL/L)를 초과하지 않도록 한다.

정답 1. ④ 2. ② 3. ① 4. ③ 5. ② 6. ① 7. ② 8. ④

CHAPTER 6

환경오염물질의 생태 위해성 평가

6-1 위해성 평가의 개념과 역사

1) 유해성 vs. 위해성

유해성(hazard)은 어떤 물체나 상황이 그 자체로 가지고 있는 해로운 특성(=독성)을 의미한다. 위해성(risk)은 유해성이 있는 요인에 노출된 개인 혹은 집단에게 피해가 발생할 확률(probability) 또는 가능성(likelihood)을 의미하며, 유해성(hazard) × 노출(exposure)로 나타낸다. 예를 들어, 수은은 신경독성, 발생독성 등 유해성이 강하나 수은온도계, 형광등 내에 안전하게 보전되어 있으면 위해성은 없다. 담배 연기는 중독을 일으키는 니코틴을 비롯하여 타르, 일산화탄소 등 유해물질이 포함되어 있으나, 직접 피우지 않거나 간접흡연을 하지 않으면 위해성은 없다.

2) 위해성 평가의 의미

위해성 평가(risk assessment)란 환경오염물질이나 위험 상황에 노출되었을 때 사람 또는 생태계의 건강 피해 확률(probability)을 추정하는 과학적인 과정을 의미한다. 예를 들어, 폐광산 근처에 거주하는 사람들이 특정 중금속에 오염된 토양에서 재배된 농산물을 섭취하여 암에 걸릴 수 있는 확률을 추정하는 위해성 평가를 진행할 때, 특정 중금속이 가지고 있는 독성과 거주민의 노출 정도에 따라 위해성은 달라질 수 있다. 위해성 평가 결과 지역 주민들의 영향이 크다면 정책의 기초자료로 사용될 수 있다. 위해성 평가는 유해성 확인 → 노출 및 독성 평가 → 위해성 평가의 단계로 수행된다(그림 6-1).

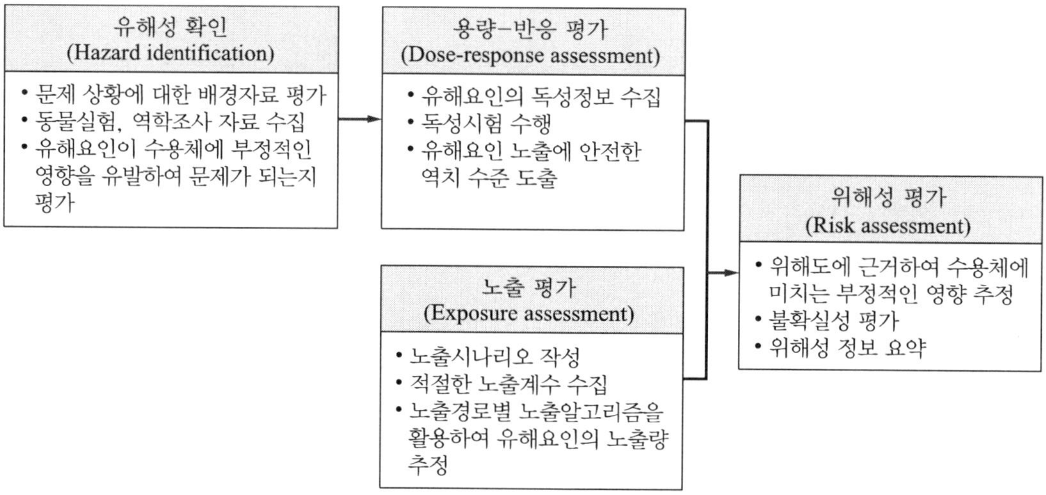

그림 6–1 위해성 평가의 진행 단계

3) 위해성 평가의 활용

위해성 평가는 여러 화학물질 규제 기관의 정책결정 근간으로 활용되고 있다. 예를 들어, 미국 환경보호청(US Environmental Protection Agency ; US EPA), 산업안전보건청(Occupational Safety and Health Administration ; OSHA), 환경보건과학 국립연구소(National Institute of Environmental Health Sciences ; NIEHS), 국립산업안전 및 보건연구소(National Institute for Occupational Safety and Health ; NIOSH), 미국 식품의약청(US Food and Drug Administration ; US FDA), 독성물질 및 질병등록청(Agency for Toxic Substances and Disease Registry ; ATSDR), 세계보건기구(World Health Organization ; WHO), 경제협력개발기구(OECD)에서도 위해성 평가의 결과를 화학물질 규제를 위한 정책 마련에 적극적으로 활용하고 있다. 우리나라에서도 1980년대 후반부터 위해성 평가 개념이 소개되었으며, 환경오염물질의 잠재적인 위해성을 평가하여 환경관리정책에 유용한 기초자료로 사용하고 있다.

4) 위해성 평가의 역사

위해성 평가는 1900년대 작업장에서 고농도, 다빈도로 화학물질에 노출되는 근로자들의 질병 발생에 관심이 높아지면서 시작되었으며(그림 6-2), 사건 발생의 가능성을 더욱 정확하게 예측할 수 있도록 확률 모델과 같은 수학적인 기술이 접목되어 발전하고 있다.

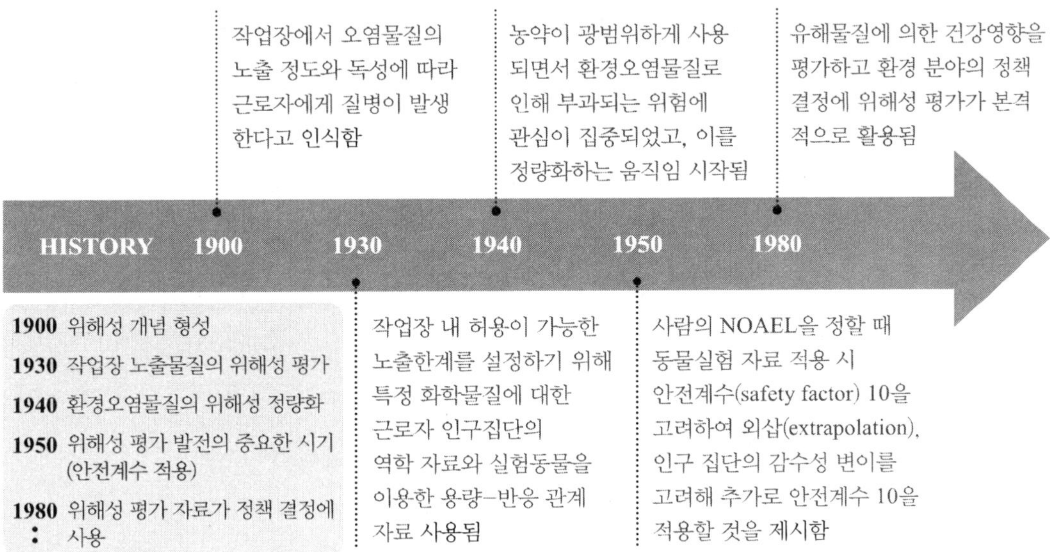

그림 6–2 위해성 평가의 역사

(1) 1900~1930년 : 위해성 개념 형성

산업혁명으로 다수의 근로자가 공장에 일하게 되면서 작업장의 열악한 작업 조건에 건강 영향이 나타나는 근로자가 늘어나기 시작하였다. 연구자들이 다수의 작업장에서 발견되는 질병을 조사하였고, 비교적 많은 수의 질병이 작업장 내 독성물질의 노출과 관련이 있다는 것을 인식하기 시작하였다.

(2) 1930~1940년 : 작업장 노출물질의 위해성 평가

현재 우리가 '위해성 평가'라 일컫는 평가가 작업장에서 평가되기 시작하였다. 특정 화학물질에 대한 근로자 인구집단의 역학 자료와 실험동물을 이용한 용량-반응 관계를 수집·분석하였고, 작업장 내 허용이 가능한 노출한계를 설정하는 데 활용되었다.

(3) 1940~1950년 : 환경오염물질의 위해성 정량화

위해성 평가의 개념이 작업장의 유해화학물질(한정된 공간에서의 고농도 노출)에서 환경오염물질(저농도 노출)로 확대 적용되기 시작하였다. 예를 들어, DDT와 같은 유기염소계 농약이 광범위하게 사용되면서 농약의 노출로 인해 부과되는 위험에 관심이 집중되었고, 이를 정량화하려는 움직임이 시작되었다.

(4) 1950~1980년 : 위해성 평가 발전의 중요한 시기

현대 시대에 위해성 평가가 급격하게 발전한 시기로 '안전계수(safety factor)'에 대한 개념을 적용하기 시작하였다. 사람에 대한 NOAEL을 정할 때 동물실험 자료를 사용하게 되면 종간 외삽(species extrapolation)을 고려하여 안전계수 10, 인구 집단의 감수성 변이를 고려하여 추가로 안전계수 10을 적용(총 안전계수 100)할 것을 제시하였다.

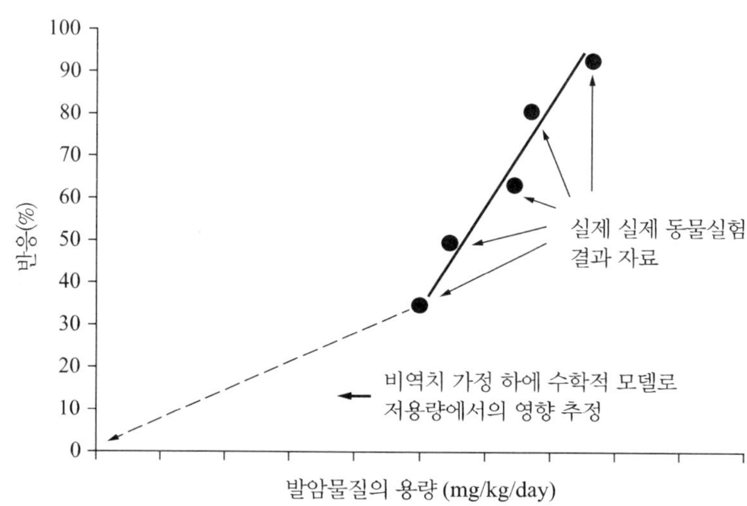

그림 6-3 발암위해도 추정 시 수학적 모델의 사용

또한 발암물질은 역치가 존재하지 않을 수 있음을 인식하여 새로운 접근법으로 노출 허용수준을 설정하기 시작하였다. 동물의 용량－반응 곡선을 토대로 사람의 초과발암위해도를 추정할 때 수학적 모델을 사용하였으며(그림 6-3), 이는 발암 위해성 평가 역사에 있어 가장 중요한 전환점이 되었다.

(5) 1980년대 이후 : 위해성 평가 자료가 정책 결정에 사용

유해물질에 의한 건강영향을 평가하고 환경 분야의 정책 결정에 위해성 평가가 본격적으로 활용되기 시작하였다. 미국 환경보호청(US EPA)에서는 1986년 '발암 위해성 평가 지침서(US EPA, 1986a)', '혼합화학물질의 인체 위해성 평가 지침서(US EPA, 1986b)'라는 저서가 발간되어 인체 위해성 평가를 본격적으로 시작하였다.

6-2 인체 위해성 평가 vs. 생태 위해성 평가

인체 위해성 평가(human health risk assessment ; HRA)와 생태 위해성 평가(ecological risk assessment ; ERA)는 유해성 확인 → 노출 및 독성 평가 → 위해성 평가의 동일한 절차에 의해 수행되지만(그림 6-4), 평가대상의 차이로 몇 가지 상세 내용에 차이점이 있다(표 6-1). 인체 위해성 평가는 사람을 대상으로 하기 때문에 섭취(ingestion), 흡입(inhalation), 피부 접촉(dermal)의 3가지 노출 경로를 고려하며, 노출량 산정 시 섭취한 식품, 흡입한 공기, 피부로 접촉한 제품 등의 오염농도를 활용하여 사람에게 노출되는 오염물질의 용량을 추정한다. 반면 생태 위해성 평가는 특정 생물종에서 생태계 전체에 이르기까지 광범위한 수용체를 대상으로 하며, 생물종에 따라 노출 경로가 다양하기 때문에 사람에서 고려하지 않는 변수들이 추가될 수 있다. 예를 들어, 물고기는 아가미를 통해 흡수와 배설이 일어나며, 물벼룩은 탈피(molting) 과정이 있다.

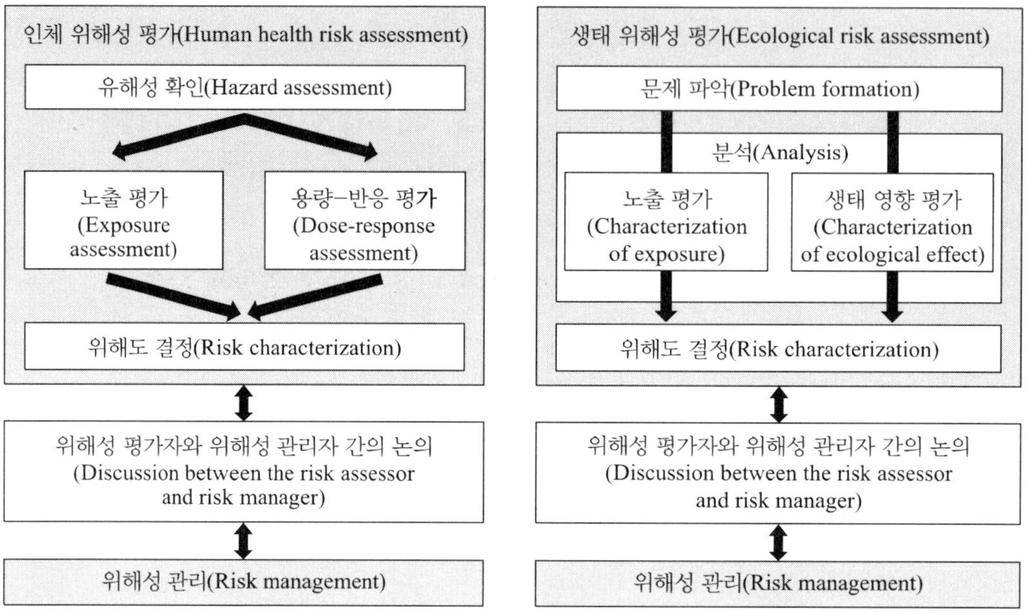

그림 6-4 인체 위해성 평가와 생태 위해성 평가의 절차 비교

표 6-1. 인체 위해성 평가와 생태 위해성 평가의 내용 비교

분류	인체 위해성 평가(HRA)	생태 위해성 평가(ERA)
수용체	사람	특정 생물종~생태계 전체
노출경로	섭취, 흡입, 피부 접촉	생물종에 따라 다양 (예 : 물고기의 아가미를 통한 섭취)
해부학적 특징	예 : 탯줄 통한 태아 전달	예 : 물벼룩의 탈피(molting)
노출량 산정	사람이 섭취한 식품, 흡입한 공기, 피부 접촉한 제품 등의 오염농도를 이용하여 노출되는 오염물질의 용량	서식환경 중 오염물질의 노출농도
기타	-	생태계에서만 찾아볼 수 있는 요인 (예 : 산성화, 부영향화된 호수)
		먹이사슬의 한 수준이 영향을 받으면 다른 수준도 영향을 받을 수 있음
		섭취양상이 다른 생물 (예 : 한 종류의 물고기만 먹는 왜가리)

6-3 환경 위해도 결정 방법

위해성 평가 대상 유해인자가 환경에 미치는 위해도를 산출하기 위해서는 예측무영향농도(PNEC)와 환경 중 유해인자의 예측환경농도(PEC)를 비교하여야 한다. 이때 예측무영향농도는 독성 자료의 양에 따라 결정론적 방법 또는 확률론적 방법으로 산출할 수 있다.

1) 예측무영향농도(PNEC) 산출

(1) 생태독성자료의 정리 및 요약

우선 기존의 생태독성 문헌 정보를 수집하여 평가할 대상물질에 대한 독성 정보를 확인하는 것이 필요하다. 이 단계는 인체 위해성 평가 단계 중 유해성 확인 및 독성평가 단계와 동일하다. 생태독성자료를 요약할 때에는 공신력 있는 독성 데이터베이스를 이용하여 검색하는 것이 좋다. 예를 들어, 국가 정부기관[예 : 미국 환경보호청(US EPA), 유럽화학물질청(ECHA), 일본 환경청(NITE) 등]에서 발간한 보고서 및 데이터베이스를 검색하거나(그림 6-5), 국내 화학물질 유관 정부부처 및 산하기관들의 보고서, 국내 GLP 기관의 관련 자료, 최근의 학술지에 게재된 자료 등을 검토할 수 있다. 경제협력개발기구(OECD)에서는 생태독성시험의 설계와 수행에 필요한 최소기준에 관한 표준지침(OECD Guidelines for the Testing of Chemicals)을 제공하고 있으므로 이를 참고해도 좋다(표 6-2).

미국 환경보호청(US EPA)의
Chemistry dashboard

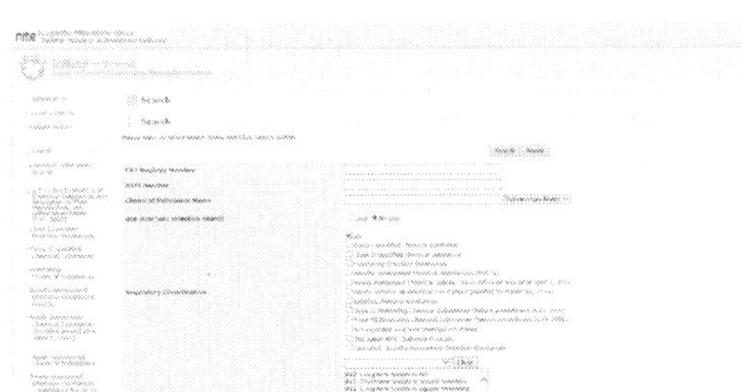

일본 환경청(NITE)의 Japan CHEmicals
Collaborative Knowledge database (J-CHECK)

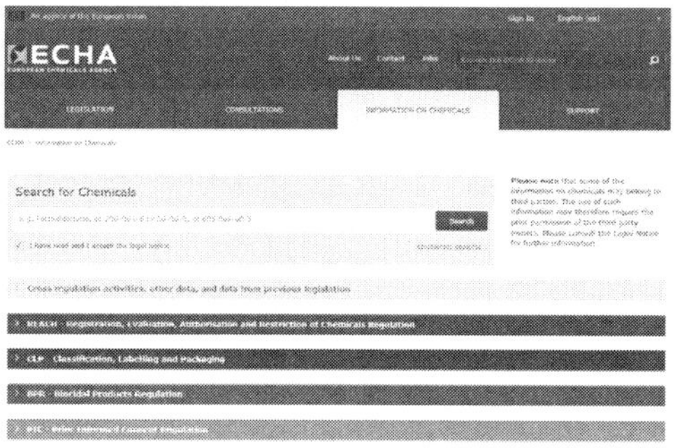

유럽화학물질청(ECHA)의
Information on Chemicals

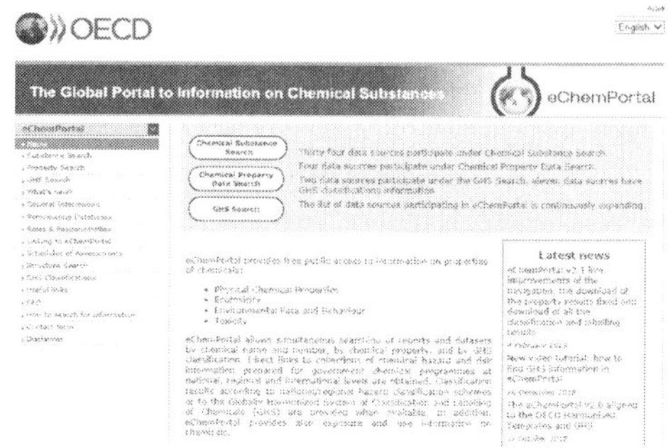

경제협력개발기구(OECD)의
eChemPortal

그림 6-5 국외 정부기관의 유해성 확인 데이터베이스(2019년 12월 접속)

자료 : US EPA의 Chemistry dashboard (https://comptox.epa.gov/dashboard), NITE의 J-CHECK (https://www.nite.go.jp/chem/jcheck/search.action?request_locale=en), ECHA의 Information on Chemicals (https://echa.europa.eu/information-on-chemicals), OECD의 eChemPortal (https://www.echemportal.org/echemportal/index.action)를 참고하여 저자 재작성

표 6-2. 생태독성평가에 활용할 수 있는 경제협력개발기구(OECD)의 시험지침(TG) 목록

시험지침(연도)	설 명
TG 201(2011)	담수조류 생장저해시험(Freshwater alga and cyanobacteria, growth inhibition test)
TG 202(2004)	물벼룩류 급성 독성시험(*Daphnia* sp. acute immobilization test)
TG 203(2019)	어류 급성 독성시험(Fish, acute toxicity test)
TG 207(1984)	지렁이 급성 독성시험(Earthwarm, acute toxicity test)
TG 208(2006)	육생식물 생장시험(Terrestrial plant test: seedling emergence and seedling growth test)
TG 209(2010)	활성슬러지 호흡저해시험[Activated sludge, respiration inhibition test (carbon and ammonium oxidation)]
TG 210(2013)	어류 초기생장단계 독성시험(Fish, early-life stage toxicity test)
TG 211(2012)	물벼룩 생식능시험(*Daphnia magna* reproduction test)
TG 212(1998)	어류배아 및 난황단계 치어 독성시험(Fish, short-term toxicity test on embryo and sac-fry stages)
TG 215(2000)	어류 유생성장시험(Fish, juvenile growth test)

TG 218(2004)	깔따구 독성시험(퇴적물에 시험물질을 첨가하는 시험)(Sediment-water chironomid toxicity using spiked sediment)
TG 219(2004)	깔따구 독성시험(물에 시험물질을 첨가하는 시험)(Sediment-water chironomid toxicity using spiked water)
TG 221(2006)	개구리밥류 생장저해시험(*Lemna* sp. growth inhibition test)
TG 222(2016)	지렁이 번식 독성시험[Earthworm reproduction test (*Eisenia fedita*/*Eisenia andrei*)]
TG 229(2012)	어류 단기 번식 독성시험(Fish short term reproduction assay)
TG 230(2009)	어류 21일 시험(21-day fish assay)
TG 236(2013)	어류배아 급성 독성시험[Fish embryo acute toxicity (FET) test]

자료 : https://www.oecd-ilibrary.org/environment/oecd-guidelines-for-the-testing-of-chemicals-section-2-effects-on-biotic-systems_20745761를 참고하여 저자 재작성

가급적 공인된 독성정보 중 Klimisch가 제시한 신뢰도 기준(표 6-3) 1, 2등급에 해당되는 자료를 선별하고, OECD 시험지침에 명시된 생물종이나 국내 서식 생물종의 독성값을 사용한다. 이차독성이 예상되는 물질인 경우 퇴적물이나 먹이를 통해 이차독성이 발생할 수 있으므로 섭취를 통한 독성영향에 대한 정보도 확인한다. 이 단계에서 독성 자료가 부족하다고 판단되면 독성실험을 통해 독성 자료를 생산할 수도 있다.

표 6-3. 독성실험 자료의 신뢰성에 따른 구분

구분(등급)	내 용
Reliable without restriction(1)	국제적으로 공인된 시험법에 따라 (가급적) GLP 인증 기관에서 생산된 독성 자료
Reliable with restrictions(2)	국제적으로 공인된 시험법을 완전하게 따르지 않았으나, 과학적으로 인정될만한 수준의 독성 자료
Not reliable(3)	시험물질이 측정 시스템을 간섭하거나, 노출 가능성이 희박한 실험동물을 사용한 독성 자료
Not assignable(4)	상세한 실험내용에 대한 설명이 없고, 짧은 초록으로 제시되거나 책 또는 review 논문에 이중 참고문헌으로 언급된 독성 자료

자료 : 'Klimisch et al., 1997'을 참고하여 저자 재작성

그림 6-6에는 미국 환경보호청(US EPA)의 ECOTOX knowledgebase에 화학물질명(또는 CAS 번호)을 입력하여 대상물질의 물환경 생태독성시험 결과를 수집한 예시를 나타내었다. 가급적 OECD 시험지침에 명시된 생물종이나 국내 서식 생물종을 이용하여 얻은 값을 사용하며, 독성 자료가 부족할 경우 독성실험을 통해 독성 자료를 생산할 수도 있다. 문헌에서 확보한 독성 자료를 정리한 표의 예시를 표 6-4에 제시하였다.

그림 6-6 ECOTOX knowledgebase를 활용한 생태독성자료 수집(예)

자료 : 'ECOTOX knowledgebase (https://cfpub.epa.gov/ecotox/search.cfm)'를 참고하여 저자 재작성

표 6-4. 비스페놀 A에 대한 문헌 독성 자료 정리의 예

분류	시험종	시험기간/종말점	시험 종류	농도 (mg/L)	참고문헌
Algae	*Desmodesmus subspicatus*	72 h/growth inhibition EC_{50}	급성	19.6	Tišler et al., 2016
Algae	*Selenastrum capricornutum*	96 h/growth inhibition EC_{50}	급성	2.5	Staples et al., 1998
Algae	*Selenastrum capricornutum*	96 h/growth inhibition NOEC	만성	1.2	Alexander and Dill, 1988
Invertebrate	*Daphnia magna*	48 h/immobilization EC_{50}	급성	7.75	Brennan et al., 2006
Invertebrate	*Daphnia magna*	21 d/reproduction NOEC	만성	1	Brennan et al., 2006
Fish	*Danio rerio*	96 h/LC_{50}	급성	8.04	Chan and Chan, 2012
Fish	*Danio rerio*	180 d/growth NOEC	만성	0.4	Keiter et al., 2012

Fish	*Oncorhynchus mykiss*	96 h/LC_{50}	급성	3.0	Staples et al., 1998
Fish	*Oryzias latipes*	60 d/growth NOEC	만성	0.355	Yokota et al., 2000
Fish	*Pimephales promelas*	96 h/LC_{50}	급성	4.6	Alexander and Dill, 1988
Fish	*Pimephales promelas*	444 d/F2 generation survival NOEC	만성	0.016	Sohoni et al., 2001

자료 : 'Park et al., 2019'를 참고하여 저자 재작성

(2) 결정론적 예측무영향농도(PNEC) 산출

최종 독성종말점(endpoint)이 확인된 독성시험 연구가 어느 정도 정리가 되면 두 가지 방법으로 예측무영향농도(PNEC)를 결정할 수 있다. 결정론적(deterministic) 방법은 가용한 독성정보가 부족하거나 민감군을 보호하기 위한 보수적인 값을 산출할 때 가장 민감한 독성값에 평가계수(assessment factor ; AF)를 적용하여 예측무영향농도(PNEC)를 산출한다(표 6-5). 확률론적(proba-

표 6-5. 결정론적 방법과 확률론적 방법의 비교

결정론적 방법	확률론적 방법
평가계수(AF) 이용	종민감도분포(SSD) 이용
가장 민감한 종의 독성 자료 사용	전체 독성 자료 이용(모든 분류군을 이용하므로 분류군의 상대적인 민감도를 조사할 수 있음)
불확실성이 높음	더 많은 정보가 제공되어 불확실성이 적음
적어도 하나의 종에 대한 독성 자료가 있으면 구동 가능	자료 요구 사항이 까다로움(유럽 : 8개 분류군에서 10～15개 만성자료 요구)
가용한 독성 자료에 따라 평가계수 10～1,000 적용	가용한 독성 자료에 따라 평가계수 1～5 적용
보수적인 접근법(more robust approach)	개방적인 접근법(more variable method)
하나의 보호 수준만 도출할 수 있음	다양한 보호 수준을 도출할 수 있음
환경 노출 농도를 사용할 수 있는 경우 정성적으로 위해도를 평가할 수 있음	환경 노출 농도를 사용할 수 있는 경우 정량적으로 위해도를 평가할 수 있음

자료 : 'Xing et al., 2014'를 참고하여 저자 재작성

bilistic) 방법은 가용한 만성 독성 자료가 충분할 때 종민감도분포(species sensitivty distribution ; SSD)를 이용하여 특정 %의 생물종을 보호하기 위한 농도(hazardous concentration x% ; HCx)를 산출하고, 요건에 따라 추가 평가계수(AF)를 적용하여 예측무영향농도(PNEC)를 산출한다(표 6-5).

국립환경과학원 고시 「화학물질 위해성 평가의 구체적 방법 등에 관한 규정」에 따르면 예측무영향농도(PNEC)는 우선적으로 종민감도분포를 이용하여 확률론적으로 산출하게 되어있다. 그러나 가용한 독성정보가 부족하거나 민감군을 보호하기 위한 보수적인 값을 산출할 때는 결정론적 방법을 사용한다.

앞서 정리된 생태독성자료 중에서 중요한 생태독성 분류군과 독성종말점[급성 독성은 반수치사농도(LC_{50}), 반수영향농도(EC_{50}), 만성 독성은 무영향관찰농도(NOEC), 10% 영향농도(EC_{10}) 등]을 고려하여 독성 자료를 재정리하고, 정리된 독성값 중 가장 낮은 농도의 독성값(가장 민감한 값)을 평가계수(AF)로 나누어 예측무영향농도($PNEC_{AF}$)를 산출하게 된다(식 6-1). 평가계수는 각 영양단계별로 존재하는 독성값의 수에 따라 10~1,000까지 차등 부여하며(표 6-6), 대표적인 영양단계는 조류(1단계), 갑각류(2단계), 어류(3단계)이다.

$$\text{예측무영향농도}(PNEC_{AF}) = \frac{\text{가장 낮은 } LC_{50} \text{ 또는 } NOEC(mg/L)}{\text{평가계수}}$$

(식 6-1)

표 6-6. 이용가능한 독성 자료 수에 따른 평가계수

평가계수	근 거
1,000	급성 독성값 1개(1개 영양단계)
100	급성 독성값 3개(3개 영양단계 각각)
100	만성 독성값 1개(1개 영양단계)
50	만성 독성값 2개(2개 영양단계 각각)
10	만성 독성값 3개(3개 영양단계 각각)

자료 : '국립환경과학원 고시 제2014-48호(화학물질 위해성 평가의 구체적 방법 등에 관한 규정 별표 3)'를 참고하여 저자 재작성

예를 들어, 표 6-4의 독성 자료에서는 어류(*Pimephales promelas*)의 2세대 만성 노출 무영향관찰농도(NOEC)인 16 μg/L(=0.016 mg/L)가 가장 민감한 독성값이고, 3개 영양단계 각각 만성 독성값이 존재하여 평가계수(AF)는 10을 적용한다. 산출된 예측무영향농도($PNEC_{AF}$)는 16 μg/L ÷ 10 = 1.6 μg/L이다.

(3) 확률론적 예측무영향농도(PNEC) 산출

생태 위해성 평가를 위한 예측무영향농도(PNEC) 산출에 있어서 확률론적 방법이 결정론적 방법보다 실제 생태계에 대해 종합적으로 접근할 수 있다(Posthuma et al., 2018). 종민감도분포(SSD)를 추정하는 데에 필요한 최소한의 생태독성자료 요구조건이 기관마다 다양하며, 생태독성자료의 양과 질이 특정 %의 생물종을 보호하기 위한 농도(HCx) 산출에 큰 영향을 미칠 수 있다.

국립환경과학원 고시「화학물질 위해성 평가의 구체적 방법 등에 관한 규정」별표 4에서 제시한 최소요구조건(적어도 4개의 분류군(taxonomic groups), 5개의 생물종(species) ; 표 6-7)을 만족한 경우 종민감도분포(SSD)를 이용하는 확률론적 방법을 적용할 수 있다. 종민감도분포에 활용할 수 있는 분류군은 표 6-8과 같다.

표 6-7. 종민감도분포 이용을 위한 최소자료 요건

매체	최소자료 요건
물	4개 분류군에서 최소 5종 이상 (조류, 무척추동물 2개 분류군[a], 어류 등)
토양	4개 분류군에서 최소 5종 이상 (미생물, 식물류, 톡토기류, 지렁이류 등)
퇴적물	4개 분류군에서 최소 5종 이상 (미생물, 빈모류, 깔따구류, 단각류 등)

[a] 갑각류, 연체류 등

자료 : '국립환경과학원 고시 제2014-48호(화학물질 위해성 평가의 구체적 방법 등에 관한 규정 별표 4)'를 참고하여 저자 재작성

표 6-8. 생태독성자료로 예측무영향농도를 도출하기 위한 분류군

영양 단계 (Trophic levels)	예측무영향농도 도출 방법에 고려하는 분류군(taxonomic)	
	종민감도분포($PNEC_{SSD}$)	평가계수($PNEC_{AF}$)
척추동물(Vertebrates)	어류(fish), 양서류(amphibians)	어류(fish)
무척추동물(Invertebrates)	갑각류(crustaceans), 곤충류(insects), 연체류(molluscs),	갑각류 (crustaceans)
식물(Plants)	녹조류(green algae), 규조류(diatoms), 갈조류(brown algae), 적조류(red algae), 대형수생식물(macrophyte)	조류(algae)
그 외(Others)	남조류(cyanobacteria), 세균(bacteria), 원생동물(protozoa), 산호류(coral), 진균류(fungi)	-

자료 : 'ANZECC, 2000'를 참고하여 저자 재작성

대상물질의 생태독성자료로 종민감도분포곡선(확률밀도함수 ; SSD curve)을 구하고, 특정 %의 생물종을 보호하기 위한 수질 기준(HCx)에 적절한 평가계수(AF)를 적용하여 예측무영향농도($PNEC_{SSD}$)를 설정한다(식 6-2). 일반적으로는 만성 노출 시 5%의 생물종이 영향을 받을 가능성이 있는 유해농도(HC_5), 즉, 해당 매체 내에서 95% 정도의 생물종을 보호하기 위한 농도를 사용한다. 만일 동일한 생물종에 대해 다양한 독성 자료가 있으면 그 독성값들의 기하평균을 대푯값으로 사용한다. HC_5 계산에 사용된 독성 자료는 Anderson-Darling 적합도 검정 또는 Kolmogorov-Smirnov 시험으로 종민감도분포곡선이 정규성을 지니는지 확인해야 한다. 미국 환경보호청(US EPA)에서는 SSD generator 프로그램을 제공하여 종민감도분포곡선 및 HC_5를 쉽게 산출할 수 있도록 도움을 준다. 예측무영향농도를 산출하기 위한 평가계수(AF)는 독성 자료의 양과 질에 따라 1～5로 적용한다. 예를 들어, 그림 6-7의 종민감도분포곡선에서는 5% 생물종이 영향을 받을 가능성이 있는 유해농도(HC_5)가 22.8 μg/L로 산출되었고, 독성 자료의 양과 질을 고려한 평가계수(AF)를 2로 적용하여 예측무영향농도($PNEC_{SSD}$) 22.8 μg/L ÷ 2 = 11.4 μg/L를 산출할 수 있다.

$$\text{예측무영향농도}(PNEC_{SSD}) = \frac{HC_5\,(mg/L)}{\text{평가계수}} \qquad \text{(식 6-2)}$$

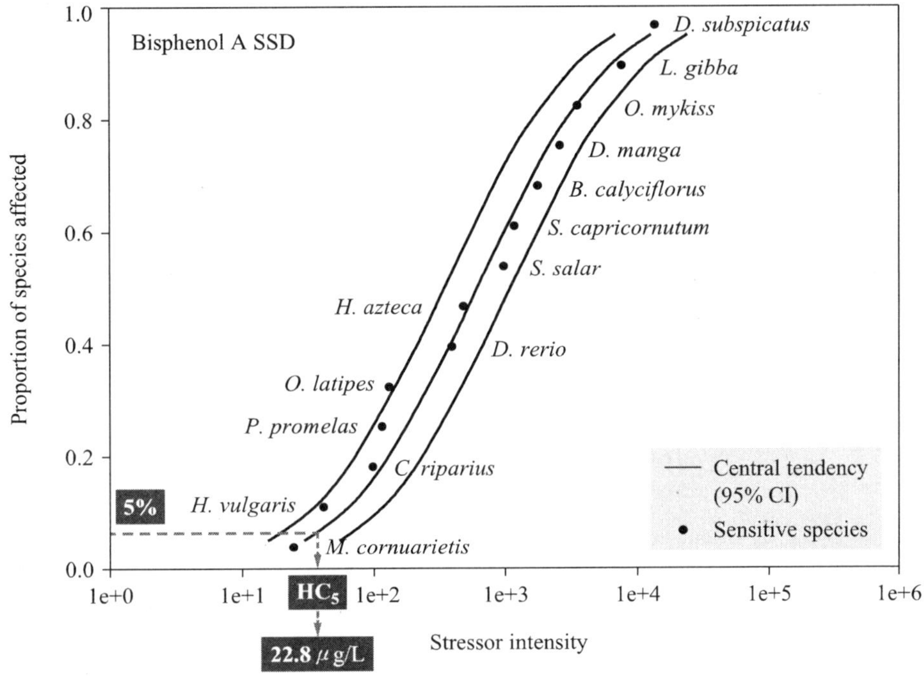

그림 6-7 비스페놀 A의 종민감도분포곡선 예

자료 : 'Park et al., 2019'을 참고하여 저자 재작성

2) 예측환경농도(PEC) 산출

위해성 평가의 대상 물질이 현재 생태계 내의 생물들에게 어느 정도 노출되고 있는지 정량적으로 파악하기 위해 예측환경농도(PEC) 또는 실측환경농도(MEC)를 구한다. 실측환경농도(MEC)는 전국의 노출 수준을 반영할 수 있는 대표성 있는 자료가 존재하거나, 좁은 범위의 지역을 대상으로 위해성 평가를 할 때 활용할 수 있다. 그러나 일반적으로 실측환경농도(MEC)는 전국의 모든 매체 내의 노출량을 대표하기 어렵고 특히 물환경 중 화학물질의 검출 수준은 계절적 변이나 주변 오염원의 변화 등 다양한 변수에 영향을 받기 때문에 보수적인 예측환경농도(PEC)를 결정하여 위해성 평가에 활용하는 것이 좋다.

보수적인 예측환경농도(PEC)는 환경 매체에서 측정된 오염물질의 농도 분포를 고려하여 결정할 수 있다. 우선 오염물질의 검출 수준을 최저부터 최고농도까지 나열하고 검출 수준별로 검출된 빈도수를 입력한 후, 농도별 누적검출 빈도율(cumulative detection frequency)을 구해야 한다(표 6-9). 농도별 누적검출 빈도율(%)은 각 검출 수준의 구간별로 검출 빈도를 누적검출 빈도로 나누어 백분율로 나타낸 값을 의미한다. 산출된 농도별 누적검출 빈도율은 그림 6-8과 같이 나타낼 수 있으며, 평균 예측환경농도(평균값 또는 중앙값을 사용), 보수적 예측환경농도(평균 PEC의 95% 신뢰구간 상한값), 고노출 예측환경농도(상위 95% 값을 사용)를 산출할 수 있다. 모델링을 통한 예측 기법이 증가하면서 다양한 추정 모델을 활용하여 예측환경농도(PEC)를 산출할 수 있으며, EUSES가 많이 활용되고 있다(그림 6-9).

표 6-9. 농도별 누적검출 빈도율 계산 예시

검출 수준(μg/L)	검출 빈도	누적검출 빈도	누적검출 빈도율(%)
1～5	3	3	3 / 82 × 100 = 3.6
6～10	8	11	11 / 82 × 100 = 13.4
11～15	29	40	40 / 82 × 100 = 48.7
16～20	31	71	71 / 82 × 100 = 86.5
20～25	9	80	80 / 82 × 100 = 97.5
26～30	2	82	82 / 82 × 100 = 100

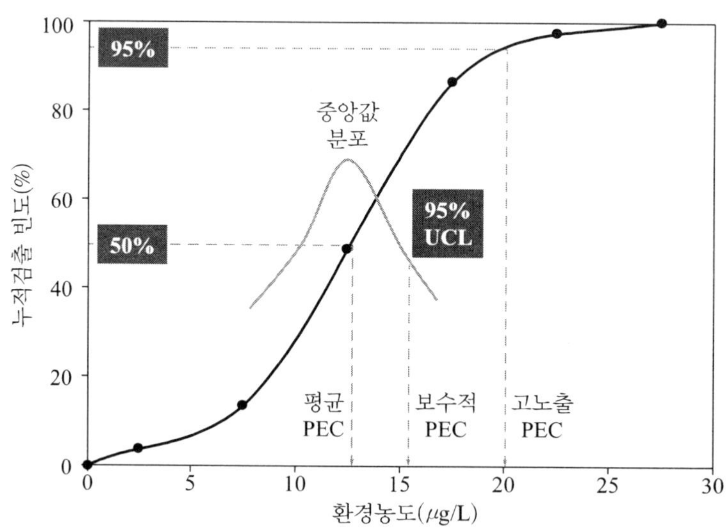

그림 6-8 평균, 보수적, 고노출(상위 95%) 예측환경농도(PEC)의 결정

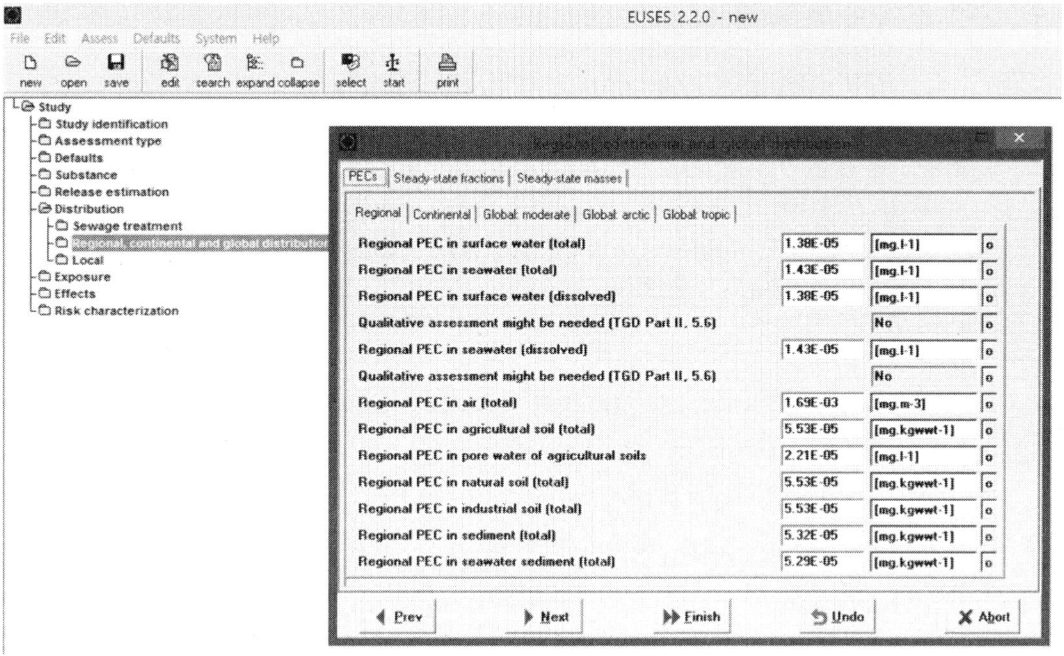

그림 6-9 EUSES 모델을 통한 예측환경농도 산출

자료 : 'EUSES version 2.2.0'을 참고하여 저자 재작성

3) 유해지수 산출

생태 위해성 평가에 구동할 수 있는 예측환경농도(PEC)와 예측무영향농도(PNEC) 값을 확보했다면, 식 6-3에 따라 유해지수(hazard quotient ; HQ)를 산출할 수 있다. 예측환경농도(PEC)를 예측무영향농도(PNEC)로 나눈 유해지수(HQ) 값이 1 이상일 경우에는 환경 중 유해물질의 오염수준이 생태계의 생물에 부정적인 영향을 미칠 가능성이 있다고 간주한다.

$$\text{환경 유해지수(HQ)} = \frac{\text{예측환경농도 또는 측정환경농도(mg/L)}}{\text{예측무영향농도(mg/L)}}$$

(식 6-3)

- 환경 유해지수(HQ) $\geq$ 1 : 위해함
- 환경 유해지수(HQ) $<$ 1 : 위해가 우려되지 않음

4) 생태 위해성 평가 예시

생태 위해성 평가에 대한 몇 가지 예시 문항과 풀이 방법을 제시하였다.

예시 문항 1) A 물질의 물환경 중 예측환경농도(PEC)가 0.1 mg/L이고, 독성시험의 결과가 다음 표와 같을 때 예측무영향농도($PNEC_{AF}$)와 환경유해지수(HQ)를 산출하시오.

Taxonomic group	생물종	시험기간/종말점	시험 종류	농도 (mg/L)	참고문헌
조류	*P. subcapitata*	72시간/생장저해 EC_{50}	급성	3	AB et al., 2019
조류	*P. subcapitata*	72시간/생장저해 NOEC	만성	0.2	AB et al., 2019
물벼룩류	*D. magna*	48시간/유영저해 EC_{50}	급성	40	DE et al., 2008
물벼룩류	*D. magna*	21일/번식 NOEC	만성	4	BC et al., 2010
물벼룩류	*M. macrocopa*	48시간/유영저해 EC_{50}	급성	30	GH et al., 2007
물벼룩류	*M. macrocopa*	7일/번식 NOEC	만성	2	HI et al., 2009
어류	*D. rerio*	96시간/치사 LC_{50}	급성	10	OP et al., 2014
어류	*D. rerio*	33일/성장 NOEC	만성	1	OP et al., 2014
어류	*O. latipes*	96시간/치사 LC_{50}	급성	15	QR et al., 2012
어류	*O. latipes*	120일/번식 NOEC	만성	0.1	RS et al., 2013

A 물질의 환경 유해지수(HQ)를 산출하기 위해서는 예측환경농도(PEC)와 예측무영향농도(PNEC)에 대한 자료가 필요하며(식 6-1 참고), 예측환경농도(PEC)는 문제에 제시되어 있으므로 예측무영향농도(PNEC)를 먼저 산출한다. 생태독성자료 중 어류(*O. latipes*)의 120일 만성 노출 무영향관찰농도(NOEC)인 0.1 mg/L가 가장 민감한 독성값이고, 3개 영양단계 각각 만성 독성값이 존재하여 평가계수(AF)는 10을 적용할 수 있다. 이를 토대로 산출한 예측무영향농도($PNEC_{AF}$)는 0.01 mg/L이다.

$$\text{예측무영향농도}(PNEC_{AF}) = \frac{\text{가장 낮은 NOEC}(mg/L)}{\text{평가계수}}$$

$$= \frac{0.1\,mg/L}{10} = 0.01\,mg/L$$

환경 유해지수(HQ)는 예측환경농도(PEC)를 예측무영향농도(PNEC)로 나누어 산출할 수 있으며, 산출된 유해지수(10)가 1보다 크므로 생태 위해성이 우려된다고 판단한다.

$$\text{환경 유해지수(HQ)} = \frac{\text{예측환경농도}\,(\mathrm{mg/L})}{\text{예측무영향농도}\,(\mathrm{mg/L})} = \frac{0.1\,\mathrm{mg/L}}{0.01\,\mathrm{mg/L}} = 10$$

예상문제

1. 인체 위해성 평가(HRA)와 비교한 생태 위해성 평가(ERA)의 특징에 관한 설명으로 옳지 않은 것은?

① 서식환경 중 오염물질의 노출농도를 위해성 평가에 활용한다.
② 섭취, 흡입, 피부 접촉의 3가지 노출 경로만 고려한다.
③ 특정 생물종에서 생태계 전체에 이르는 수용체가 연구 대상이다.
④ 먹이사슬 간 관계, 생태계에서만 찾아볼 수 있는 요인들을 함께 고려해야 한다.

해설 생태 위해성 평가에서는 생물종에 따라 다양한 노출경로를 고려한다. 예를 들어, 어류는 아가미를 통한 섭취도 오염물질이 생체 내로 들어올 수 있는 노출경로에 해당한다. 표 6-1 [인체 위해성 평가(HRA)와 생태 위해성 평가(ERA)의 내용 비교]을 참고

2. 국제적으로 공인된 시험법을 완전하게 따르지 않았으나 과학적으로 인정될만한 수준의 독성실험자료에 대한 신뢰도 기준으로 옳은 것은?

① Reliable without restriction (기준 1)
② Reliable with restriction (기준 2)
③ Not reliable (기준 3)
④ Not assignable (기준 4)

해설 표 6-3 (독성실험자료의 신뢰성에 따른 구분) 참고

3. 결정론적 예측무영향농도(PNEC) 산출 시 2개 영양단계(물벼룩, 어류)에 대한 만성 생태독성값이 존재할 때 적용하는 평가계수로 옳은 것은?

① 1,000　　② 100
③ 50　　④ 10

해설 평가계수(AF)는 만성 독성값이 1개일 때 100, 2개일 때 50, 3개일 때 10을 사용한다(표 6-6 참고).

4. 확률론적 예측무영향농도(PNEC) 산출방법에 대한 설명으로 옳지 않은 것은?

① 모든 생물 분류군의 종민감도 분포(SSD)를 이용한다.
② 가장 민감한 생물종의 독성 자료에 평가계수를 적용하여 예측무영향농도를 산출한다.
③ 불확실성이 적으며, 다양한 보호 수준을 도출할 수 있다.
④ 가용한 독성 자료에 따라 1～5 범위의 평가계수를 적용할 수 있다.

해설 결정론적 예측무영향농도는 가장 민감한 생물종의 독성값에 평가계수를 적용하여 산출한다.

5. 유해농도(HC_5) 산출 및 활용에 대한 설명으로 옳은 것은?

① 유해농도(HC_5)는 만성 노출 시 95%의 생물종이 영향을 받을 가능성이 있는 농도를 의미한다.
② 유해농도(HC_5)를 적절한 평가계수로 나누어 예측환경농도를 산출할 수 있다.
③ 유해농도(HC_5) 산출 시 종민감도분포곡선의 정규성은 확인하지 않아도 된다.
④ 유해농도(HC_5)는 해당 매체 내에서 95% 정도의 생물종을 보호하기 위한 농도를 의미한다.

해설 ① 유해농도(HC_5)는 만성 노출 시 5%의 생물종이 영향을 받을 가능성이 있는 농도를 의미한다.
② 유해농도(HC_5)를 적절한 평가계수로 나누어 예측무영향농도를 산출할 수 있다.
③ 유해농도(HC_5) 산출 시 종민감도분포곡선의 정규성은 Anderson-Darling 적합도 검정 등을 통해 확인해야 한다.

6. 국립환경과학원 고시 「화학물질 위해성 평가의 구체적 방법 등에 관한 규정」에 따른 종민감도분포(SSD) 이용을 위한 수서생물 최소자료 요건으로 옳은 것은?

① 4개 분류군에서 최소 5종 이상
② 5개 분류군에서 최소 4종 이상
③ 5개 분류군에서 최소 10종 이상
④ 8개 분류군에서 최소 15종 이상

해설 표 6-7 (종민감도분포 이용을 위한 최소자료 요건) 참고

7. A 물질의 생태독성시험 결과가 다음과 같을 때 결정론적 방법을 활용한 예측무영향농도($PNEC_{AF}$)로 옳은 것은?

분류군	생물종	시험기간/종말점	시험종류	농도 (mg/L)
조류	*P. subcapitata*	72시간/생장저해 EC_{50}	급성	7
조류	*P. subcapitata*	72시간/생장저해 NOEC	만성	0.3
물벼룩류	*D. magna*	48시간/유영저해 EC_{50}	급성	80
물벼룩류	*D. magna*	21일/번식 NOEC	만성	10
물벼룩류	*D. pulex*	48시간/유영저해 EC_{50}	급성	50
물벼룩류	*D. pulex*	7일/번식 NOEC	만성	8
어류	*D. rerio*	96시간/치사 LC_{50}	급성	7
어류	*D. rerio*	33일/성장 NOEC	만성	0.2
어류	*O. latipes*	96시간/치사 LC_{50}	급성	28
어류	*O. latipes*	120일/번식 NOEC	만성	3.7

① 0.02
② 0.2
③ 2
④ 20

해설 생태독성자료 중 어류(*D. rerio*)의 33일 만성 노출 무영향관찰농도(NOEC)인 0.2 mg/L가 가장 민감한 독성값이고, 3개 영양단계 각각 만성 독성값이 존재하여 평가계수(AF)는 10을 적용할 수 있다. 이를 토대로 산출한 예측무영향농도($PNEC_{AF}$)는 0.02 mg/L이다.

$$\text{예측무영향농도}(PNEC_{AF}) = \frac{\text{가장 낮은 NOEC (mg/L)}}{\text{평가계수}}$$

$$= \frac{0.2\,mg/L}{10}$$

$$= 0.02\,mg/L$$

8. 생태 위해성 평가를 위해 수집한 자료가 다음과 같을 때, 유해지수(HQ)와 위해도 결정 기준 초과여부로 옳은 것은?

- 가장 낮은 무영향관찰농도(NOEC) : 0.5 mg/L
- 평가계수(UF) : 10
- 예측환경농도(PEC) : 0.01 mg/L

① 0.2, 위해도 결정 기준 미만
② 0.2, 위해도 결정 기준 초과
③ 5, 위해도 결정 기준 미만
④ 5, 위해도 결정 기준 초과

해설

$$\text{환경유해지수(HQ)} = \frac{\text{예측환경농도(mg/L)}}{\text{예측무영향농도(mg/L)}}$$

$$= \frac{\text{예측환경농도(mg/L)}}{\frac{\text{가장 낮은 무영향관찰농도(NOEC)}}{\text{평가계수(AF)}}}$$

$$= \frac{0.01\,\text{mg/L}}{\frac{0.5\,\text{mg/L}}{10}} = \frac{0.01\,\text{mg/L}}{0.05\,\text{mg/L}}$$

$$= 0.2$$

환경유해지수(HQ)가 1을 넘지 않으므로 위해도 결정 기준 미만으로 판단한다.

9. 보수적 예측환경농도의 의미로 옳은 것은?

① 예측환경농도의 평균값
② 예측환경농도의 중앙값
③ 평균 예측환경농도의 95% 신뢰구간 상한값
④ 예측환경농도의 상위 95% 값

해설 ‘평균 예측환경농도’는 예측환경농도의 평균값, 중앙값을 사용하며, ‘고노출 예측환경농도’는 예측환경농도의 상위 95% 값을 의미한다.

정답 1. ② 2. ② 3. ③ 4. ② 5. ④ 6. ① 7. ① 8. ① 9. ③

a
b
c

제 3 편
내분비계 장애물질의 독성평가

CHAPTER 7

내분비계 및 내분비계 장애물질

7-1 내분비계의 이해

분비란 세포가 생성물을 세포 바깥으로 방출하는 것을 의미한다. 이 때, 생성물이 목적장소로 직접 방출되는 경우를 외분비(exocrine), 혈액 중으로 배출된 후 혈액순환에 의해 표적기관(target organ)에 작용하는 경우를 내분비(endocrine)라고 한다(그림 7-1).

내분비계(endocrine system)란 생체의 항상성(homeostasis)을 유지하는 중요한 생체조절 시스템으로서 포유류, 어류 등 모든 척추동물이 가지고 있는 시스템이다. 생체의 발생, 성장, 생식, 행동을 조절하는 호르몬(hormone)과 이를 생성하는 내분비선(endocrine gland), 호르몬이 작용하는 표적기관으로 이루어진다.

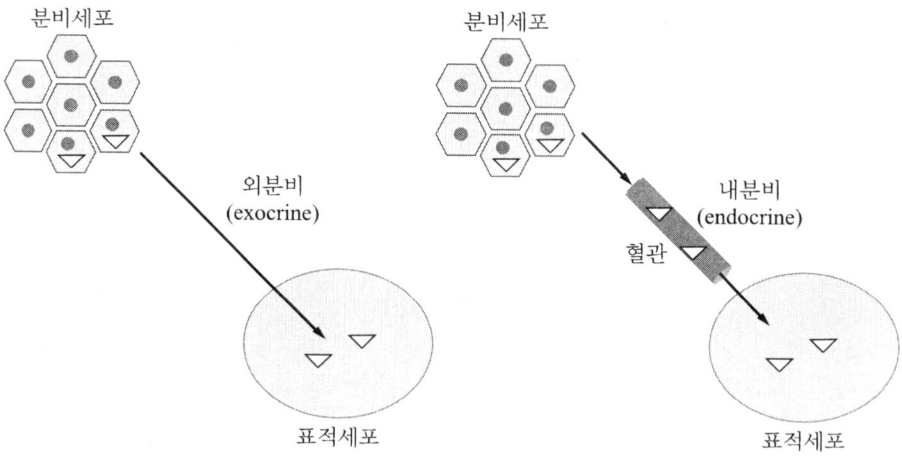

그림 7-1 외분비(Exocrine)와 내분비(Endocrine)

호르몬은 일반적으로 내분비선에서 생성되는 유기화합물을 통틀어 일컫는다. 중추신경계를 따라 이동하는 신경전달물질과 본질적으로 다르지 않지만, 호르몬은 혈액을 통해 더 넓은 범위에 비교적 오랜 시간 작용할 수 있다는 점에서 차이가 있다. 여러 내분비선에서 만들어진 호르몬은 혈관을 따라 신체의 여러 표적기관으로 운반되며(그림 7-2), 그곳에서 각각의 호르몬이 지닌 기능을 발휘하게 된다. 특히 호르몬은 생식, 성장, 물질대사에 관련되어 있으며, 성분이나 분비기관에 따라 여러 가지로 분류될 수 있다(표 7-1).

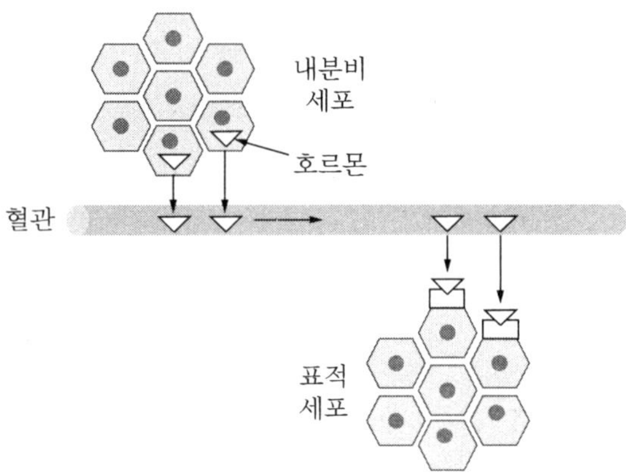

그림 7-2 표적세포에 도달한 호르몬의 작용

표 7-1. 성분과 분비기관에 따른 호르몬의 분류

성분 중심 분류	분비기관 중심 분류
• 단백질(peptide)을 주요 성분으로 하는 호르몬(예 : 갑상선자극호르몬, 생식선자극호르몬 등) • 스테로이드(steroid) 호르몬(예 : 성호르몬, 부신피질 호르몬)	• 뇌하수체 호르몬 : 내분비선자극호르몬(갑상선자극호르몬, 부신피질자극호르몬, 여포자극호르몬, 황체형성호르몬), 생장호르몬, 프로락틴, 엔돌핀, 엔케팔린 • 송과선 호르몬 : 멜라토닌 • 갑상선 호르몬 : 티록신, 트라이아이오도티로닌 • 부갑상선 호르몬 : 파라토르몬 • 흉선 호르몬 : 티모신 • 부신 호르몬 : 스테로이드 호르몬(코르티솔, 알도스테론, 안드로겐), 키테골아민(에피네프린, 노르에피네프린) • 정소 호르몬 : 안드로겐 • 난소 호르몬 : 에스트로겐

7-2 어류의 내분비계 역할

환경 독성학에서는 내분비계의 역할과 영향을 연구하기 위해 수서 척추동물인 어류를 시험종으로 사용하고 있다. 어류에서도 사람과 유사하게 다양한 호르몬이 분비되고 있으며, 이러한 내분비계를 축으로 묶어 표현한다. 즉, 성호르몬과 관련해서는 시상하부(hypothalamus)－뇌하수체(pituitary)－생식소(gonad) 축(HPG axis), 갑상선호르몬과 관련해서는 시상하부－뇌하수체－갑상선(thyroid) 축(HPT axis), 부신호르몬과 관련해서는 시상하부－뇌하수체－부신(adrenal) 축(HPA axis) 등이 대표적이다(표 7-2).

어류도 다른 육상 척추동물과 같이 내분비계 축의 중요한 호르몬 수준이 증가하면 음성 되먹임(negative feedback) 과정을 통해 시상하부와 뇌하수체에서 발현되는 자극호르몬 수준을 감소시켜 항상성(homeostasis)을 유지한다. 예를 들어, 갑상선호르몬인 티록신(T4)과 트라이요오드티로닌(T3)이 증가하면 음성

표 7-2. 어류의 내분비계 축에 따른 호르몬

내분비계 축	내분비선	대표적 호르몬
시상하부－뇌하수체－생식소 축(HPG axis)	시상하부	성선자극호르몬방출호르몬(gonadotropin-releasing hormone)
	뇌하수체	난포자극호르몬(follicle stimulating hormone), 황체형성호르몬(luteinizing hormone)
	생식소	에스트로겐(17β-estradiol), 테스토스테론(testosterone)
시상하부－뇌하수체－갑상선 축(HPT axis)	시상하부	갑상선자극호르몬방출호르몬(thyrotropin-releasing hormone)
	뇌하수체	갑상선자극호르몬(thyroid stimulating hormone)
	갑상선	트라이아이오도티로닌(T3), 티록신(T4)
시상하부－뇌하수체－부신피질 축(HPA axis)	시상하부	부신피질자극호르몬방출호르몬(corticotropin-releasing hormone)
	뇌하수체	부신피질자극호르몬(adrenocorticotropic hormone)
	부신	코티졸(cortisol)

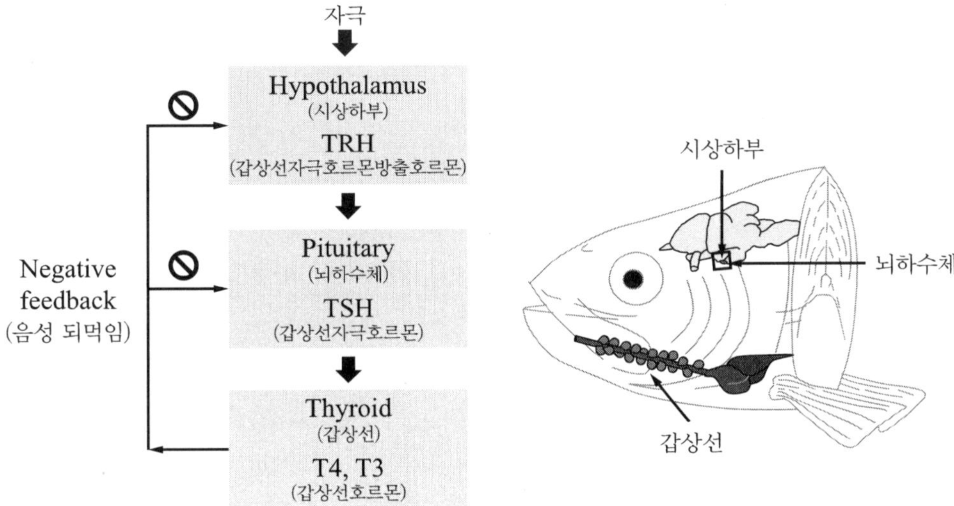

그림 7-3 어류의 갑상선 내분비계 음성 되먹임(Negative feedback)

되먹임 과정을 통해 갑상선자극호르몬방출호르몬(TRH)과 갑상선자극호르몬(TSH) 분비를 감소시킨다(그림 7-3).

1) 어류의 HPG 축의 역할

어류의 생식세포 발달과 번식은 HPG 축의 다양한 스테로이드 호르몬과 비텔로제닌 합성을 위한 간의 상호작용으로 조절된다. HPG 축의 정점에 있는 시상하부에서는 성선자극호르몬방출호르몬(gonadotropin releasing hormone ; GnRH)이 합성·분비되고 있으며, 이 신경호르몬은 10개의 아미노산이 연결된 중합체로 구성되어 있다. 성선자극호르몬방출호르몬(GnRH)은 모든 척추동물에서 발현되고 있으며, 생물군(taxa)에 따라 여러 가지 형태를 지니고 있다(Chen and Fernald, 2008). 예를 들어, 대부분의 포유류는 2가지 형태의 GnRH를 보유하고 있으나, 어류에서는 뇌의 서로 다른 부위에서 2개 또는 3개의 GnRH가 개별적인 기능을 담당하고 있다(Somoza et al., 2002). GnRH3 ({Trp 7Leu8}-GnRH)는 어류에서만 발견되며, GnRH2 ({His5Trp7Tyr8}-GnRH)는 사람을 포함한 모든 척추동물에서 발견된다(Maruska and Fernald, 2011). GnRH는 수용체(GnRH receptor ; GnRHR)에 결합하여 뇌하수체에서 성선자극호르몬(gonadotropin hormone, GH)을 분비할 수 있도록 한다.

성선자극호르몬(GH)인 난포자극호르몬(follicle stimulating hormone ; FSH)과 황체형성호르몬(luteinizing hormone ; LH)은 각각 난포자극호르몬 수용체(FSH receptor ; FSHR)와 황체형성호르몬 수용체(LH receptor ; LHR)에 결합하여 스테로이드 호르몬의 생합성(steroidogenesis)과 생식세포 형성(gametogenesis)에 영향을 준다. 수컷 어류에서 난포자극호르몬(FSH)은 주로 정자가 생성되는 초기 단계에 정원세포(spermatogonia), 정모세포(spermatocyte), 정자세포(spermatid)에 이르는 생식세포가 성숙·분화할 수 있도록 조절하며, 황체형성호르몬(LH)은 레이디히 세포(Leydig cell)에서 테스토스테론(testosterone ; T)을 생성하고 운동성이 있는 성숙된 정자(spermatozoa)를 방출하는데 중요한 역할을 한다(Schulz et al., 2010). 암컷 어류에서 난포자극호르몬(FSH)은 주로 비텔로제닌(vitellogenin ; VTG) 합성을 조절하며, 황체형성호르몬(LH)은 난자의 성숙과정을 조절한다(Clelland and Peng, 2009).

성 스테로이드 호르몬인 테스토스테론(T)과 에스트로겐(17β-estradiol ; E2)은 성선자극호르몬(GH)의 자극을 받아 생식기에서 분비되며, 스테로이드 호르몬 생합성과 연관된 여러 효소와 유전자들의 발현으로 합성이 조절된다. 스테로이드급성조절단백질(steroidogenic acute regulatory protein ; StAR)은 신장의 앞쪽과 생식기에서 검출되고 있으며(Nunez and Evans, 2007), 막 외부의 콜레스테롤을 내부로 이송하는 역할을 한다. CYP11A 효소는 스테로이드 호르몬 생합성 시 촉매 역할을 하며, 3βHSD는 성 스테로이드 호르몬인 프로게스테론(progesterone ; P) 형성에 필수적인 효소이다(Wang et al., 2011). CYP17은 안드로겐 생합성을 촉진시키며, 아로마타제(aromatase, CYP19)는 테스토스테론(T)을 에스트로겐(E2)으로 변환시키는 효소이다(Uno et al., 2012). 에스트로겐(E2)은 에스트로겐 수용체(estrogen receptor ; ER)와 결합하여 암컷 어류의 간에서 난황단백 전구체인 비텔로제닌(VTG)을 형성할 수 있도록 한다(Nelson and Habibi, 2010).

어류의 시상하부－뇌하수체－생식소 축(HPG axis)에서 중요한 호르몬과 유전자 발현 경로를 그림 7-4에 도식화하였으며, 유전자의 약어를 표 7-3에 제시하였다.

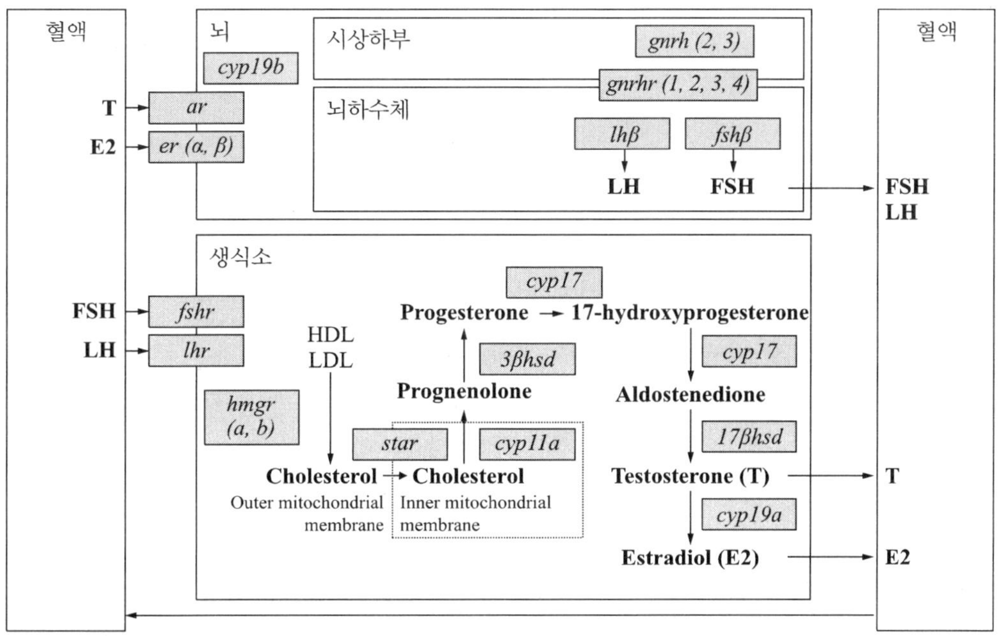

그림 7-4 시상하부 – 뇌하수체 – 생식소 축(HPG axis)에서 중요한 호르몬과 유전자 발현 경로

설명 기울임체는 유전자, 굵은 글씨는 호르몬을 나타낸다.
자료 : '장솔과 지경희(2015)'를 참고하여 저자 재작성

표 7-3. 어류의 시상하부 – 뇌하수체 – 생식소 축(HPG axis)에 언급되는 유전자명과 약어

내분비계 축	약어	유전자명
HPG 축	*gnrh*	Gonadotropin-releasing hormone
	gnrhr	Gonadotropin-releasing hormone receptor
	fshβ	Follicle stimulating hormone β
	lhβ	Luteinizing hormone β
	cyp19b	Cytochrome P450 19B
	er	Estrogen receptor
	ar	Androgen receptor
	fshr	Follicle stimulating hormone receptor
	lhr	Luteinizing hormone receptor

HPG 축	*hmgr*	Hydroxymethylglutaryl CoA reductase
	star	Steroidogenic acute regulatory protein
	cyp11a	Cytochrome P450 side-chain cleavage
	3βhsd	3β-hydroxysteroid dehydrogenase
	cyp17	Cytochrome P450 17
	17βhsd	17β-hydroxysteroid dehydrogenase
	cyp19a	Cytochrome P450 19A

2) 어류의 HPT 축의 역할

갑상선은 어류의 발달, 성장, 대사에서 중요한 역할을 담당한다. HPT 축의 시상하부에서는 갑상선자극호르몬방출호르몬(thyrotropin-releasing hormone ; TRH)을 방출하고, 이 호르몬은 수용체(TRH receptor ; TRHR)에 결합하여 갑상선자극호르몬(thyroid-stimulating hormone ; TSH)을 뇌하수체에서 분비하도록 한다. 갑상선자극호르몬(TSH)은 갑상선호르몬(thyroid hormone ; TH) 합성과 분비를 조절하는 역할을 하며, 2가지 형태(TSHα, TSHβ)가 있다. 어류에서 갑상선호르몬(TH)은 갑상선호르몬 수용체(TH receptor ; THR)에 부착되어 호르몬 활동이 조절된다(Marchand et al., 2001). 어류에서는 2가지 종류의 갑상선호르몬 수용체(THRα, THRβ)가 존재하며, 배아(embryo)-치어(larvae)-유어(juvenile fish)에 이르는 초기 성장 단계의 서로 다른 시기에 발현되어 발달과 성장을 촉진한다(Power et al., 2001). THRα는 갑상선에서 더 많이 발현되며, THRβ는 주로 시상하부와 뇌하수체에서 발현되어 HPT 축을 조절하는 역할을 한다(Harvey et al., 2007).

어류에서 탈요오드화 과정(deiodination)은 갑상선호르몬(TH)의 활성을 조절하는 데 중요한 역할을 한다. 어류에 존재하는 탈요오드화 효소(deiodinase ; DIO)는 티록신(thyroxine, T4)을 생체 내에서 활성을 가지는 트라이아이오도티로닌(triiodothyronine ; T3)으로 변환시켜 주거나, 불활성을 띠는 대사체인 역트라이아이오도티로닌(reverse T3 ; rT3) 또는 다이아이오도티로닌(3,3′-diiodothyronine ; T2)으로 바꾸어주는 역할을 한다(Orozco and Valverde, 2005). 현재까지 어류에서는 3가지 종류의 탈요오드화 효소(type I, type II, type III)가 발견되었으며, 탈요오드화 효소2 (DIO2)는 T4 호르몬을 T3 호르몬으로 변환시키는 역할을 한다.

갑상선글로불린(thyroglobulin ; TG)은 티록신(T4)과 트라이아이오도티로닌(T)을 합성하는 단백질이며(Chan and Chan, 2012), 갑상선 과산화효소(thyroid peroxidase ; TPO)는 갑상선글로불린(TG)의 타이로신 잔기(tyrosyl residues)를 요오드화하여 티록신(T4)을 형성하도록 촉매작용을 한다(Dunn and Dunn, 2001). 나트륨-요오드 공동운반체(sodium iodide symporter ; NIS)는 갑상선 소포세포(follicular cells) 안으로 요오드를 능동수송 시켜주는 혈장 막 단백질이다(Dohan et al., 2003).

어류의 시상하부-뇌하수체-갑상선 축(HPT axis)에서 중요한 호르몬과 유전자 발현 경로를 그림 7-5에 도식화하였으며, 유전자의 약어를 표 7-4에 제시하였다.

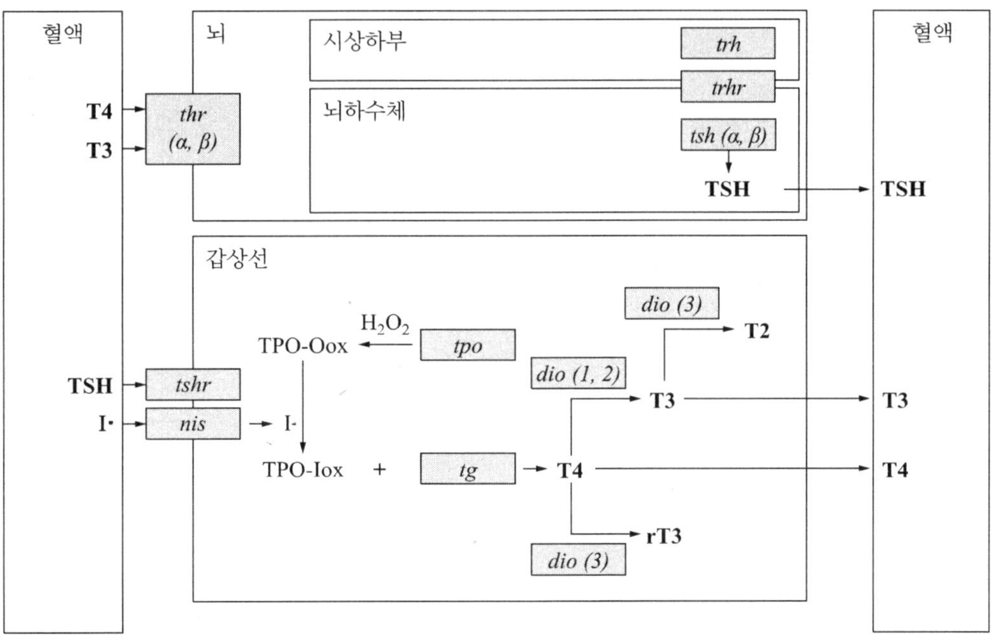

그림 7-5 시상하부-뇌하수체-갑상선 축(HPT axis)에서 중요한 호르몬과 유전자 발현 경로

설명 기울임체는 유전자, 굵은 글씨는 호르몬을 나타낸다.

자료 : '장솔과 지경희(2015)'를 참고하여 저자 재작성

표 7-4. 어류의 시상하부–뇌하수체–갑상선 축(HPT axis)에 언급되는 유전자명과 약어

내분비계 축	약어	유전자명
HPT 축	*trh*	Thyrotropin-releasing hormone
	trhr	Thyrotropin-releasing hormone receptor
	tsh	Thyroid stimulating hormone
	tshr	Thyroid stimulating hormone receptor
	thr	Thyroid hormone receptor
	nis	Sodium iodide symporter
	tpo	Thyroperoxidase
	tg	Thyroglobulin
	dio	Deiodinase

3) 어류의 HPA 축의 역할

어류의 HPA 축은 스트레스에 대한 반응과 대사, 면역, 생식 시스템 등의 많은 신체 과정을 조절하는 역할을 한다. HPA 축의 시상하부에서는 부신피질자극호르몬방출호르몬(corticotropin-releasing hormone ; CRH)이 방출되어 뇌하수체의 부신피질자극호르몬(adrenocorticotropic hormone ; ACTH)을 분비하도록 한다. 프로오피오멜라노코르틴(proopiomelanocortin ; POMC) 단백질은 부신피질자극호르몬(ACTH) 호르몬이 합성되는 데 관여하며(Alsop and Vijayan, 2009), 부신피질자극호르몬(ACTH)은 멜라노코르틴 수용체(melanocortin 2 receptor ; MC2R)와 결합하여 코티졸(cortisol ; C)을 합성하고 방출할 수 있도록 한다.

어류의 부신/신간 조직(adrenal/interrenal tissue)에서는 스테로이드 호르몬 생합성과 연관된 효소들(StAR, CYP11A, CYP17, CYP19)이 일부 발현된다. CYP11B는 11-데옥시코티졸(11-deoxycortisol)을 코티졸(C)로 변환하여 주는 효소로, 코티졸(C) 생합성 단계에서 마지막으로 작용하여 생산량을 조절하는 역할을 한다(Wilson et al., 2013). 11βHSD2는 코티졸(C)을 비활성 대사체인 코티손(cortisone)으로 산화시키는 효소로, 어류의 배아 발달 시기에는 과도한

코티졸(C)의 분비로 인한 성장 억제 및 세포 자멸사 유발(pro-apoptotic) 영향을 방지해준다(Wilson et al., 2013 ; Alsop and Vijayan, 2008).

어류의 시상하부－뇌하수체－부신 축(HPA axis)에서 중요한 호르몬과 유전자 발현 경로를 그림 7-6에 도식화하였으며, 유전자의 약어를 표 7-5에 제시하였다.

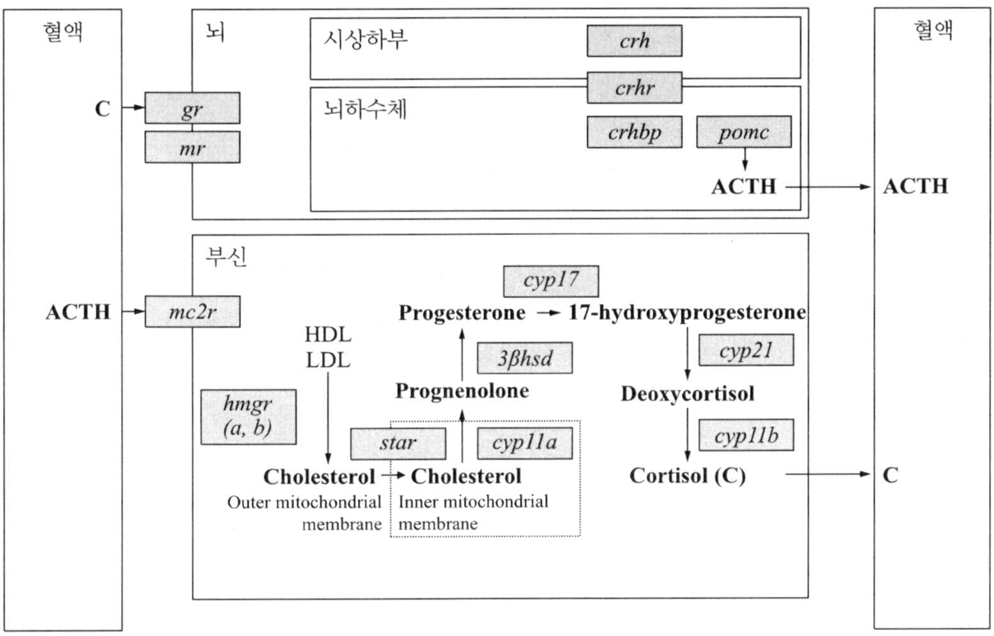

그림 7-6 시상하부－뇌하수체－부신 축(HPA axis)에서 중요한 호르몬과 유전자 발현 경로

설명 기울임체는 유전자, 굵은 글씨는 호르몬을 나타낸다.
자료 : '장솔과 지경희(2015)'를 참고하여 저자 재작성

표 7-5. 어류의 시상하부-뇌하수체-부신 축(HPA axis)에 언급되는 유전자명과 약어

내분비계 축	약어	유전자명
HPA 축	*crh*	Corticotropin-releasing hormone
	crhr	Corticotropin-releasing hormone receptor
	crhbp	Corticotropin-releasing hormone binding protein
	pomc	Proopiomelanocortin
	gr	Glucocorticoid receptor
	mr	Mineralocorticoid receptor
	mc2r	Melanocortin 2 receptor
	hmgr	Hydroxymethylglutaryl CoA reductase
	star	Steroidogenic acute regulatory protein
	cyp11a	Cytochrome P450 side-chain cleavage
	3βhsd	3β-hydroxysteroid dehydrogenase
	cyp17	Cytochrome P450 17
	cyp21	Cytochrome P450 21
	cyp11b	Cytochrome P450 11B

7-3 내분비계 장애물질

1) 내분비계 장애물질의 정의 및 특성

내분비계 장애물질은 생명체의 정상적인 내분비계 작용기전(호르몬 기능)에 비정상적인 영향을 주는 합성 또는 자연상태의 화학물질을 말한다. 우리나라에서는 1998년에 '환경호르몬'이라는 용어로 대중에게 소개되었으며, 환경호르몬, 내분비교란물질, 내분비계 장애물질, 내분비계교란 화학물질 등으로 다양하게 불렸다. 공식적인 명칭 통일에 대한 필요성이 높아지면서 1998년 5월 유관부처 및 관계 전문가로 구성된 '내분비계장애물질대책협의회'에서 '내분비

계 장애물질'을 사용하기로 결정하였다.

미국 환경보호청(US EPA)에서는 내분비계 장애물질을 '체내의 항상성 유지와 발달 과정을 조절하는 생체 호르몬의 생산, 분비, 이동, 대사, 결합작용, 배설을 간섭하는 외인성 물질(an exogenous compound that may interfere with synthesis, secretion, transport, metabolism, receptor binding or elimination of endogenous hormones, altering the endocrine and homeostatic systems)'이라고 폭넓게 정의하고 있다. 경제협력개발기구(OECD)에서는 '내분비계에 변화를 주어 정상적인 개체 또는 그 자손에게 건강상 위해한 영향을 주는 외인성 물질(an exogenous substance that causes adverse health effects in an intact organism, or its progeny, consequent to changes in endocrine function)'이라고 정의하고 있다.

다이옥신, PCBs, DDT 등 내분비계 장애물질로 추정되는 물질은 일반적으로 환경 중에서 잘 분해되지 않아 생물체 내에 잘 축적된다. 따라서 배출된 물질은 공기, 물, 토양 등 여러 환경 매체로 이동하고, 식품 등에 축적되어 사람에게까지 노출될 수 있다. 내분비계 장애물질은 장기적으로 노출되었을 때 사람 및 생태계에 위해가 될 수 있는 물질이 많아 잠재적인 내분비계 장애물질 중 상당수가 이미 금지되었거나 그 사용이 제한되고 있다.

2) 내분비계 장애물질의 종류

내분비계 장애물질이 생물체에 미치는 영향에 대해 아직 명확하게 밝혀진 바가 없고 단지 그 영향을 추정만 하는 상태라 국제적으로 합의된 내분비계 장애물질 목록은 없다. 또한 나라별로 내분비계 장애물질로 추정하고 있는 물질 수에도 차이가 있다.

1990년대 후반에 세계야생보전기금(World Wildlife Foundation ; WWF)에서 67종(표 7-6), 미국에서 73종, 일본 후생성에서 142종(표 3-7), 일본 환경성에서 65종의 화학물질을 내분비계 장애물질로 분류한 바 있다. 우리나라에서는 별도로 정한 내분비계 장애물질 목록이 없으며, 세계야생보전기금(WWF)에서 정한 화학물질을 바탕으로 관련 연구를 추진하고 있다(표 7-8).

표 7-6. 세계야생보전기금(WWF) 분류 내분비계 장애물질 67종

분류	내분비계 장애물질	
살충제 (Pesticides) 27종	• Aldicarb • Carbaryl • Chlordane • Cypermethrin • 1,2-Dibromo-3-chloropropane (DBCP) • Dichloro-diphenyl-trichloroethane (DDT) • DDT metabolites (DDE, DDD) • Dicofol (Mitigan, Kelthane) • Dieldrin • Endosulfan • Esfenvalerate • Ethyl parathion • Fenvalerate (speed kill D)	• β-Hexcachlorocyclohexanes (HCHs) • Heptachlor • Heptachlor epoxide • Kepone (chlordecone) • Lindane (g-HCH) • Mirex • Malathion • Methomyl • Methoxychlor • Oxychlordane • Synthetic pyrethroids • Toxaphene • Transnonachlor • Permethrin
살균제 (Fungicide) 9종	• Benomyl • Hexachlorobenzene (HCBs) • Mancozeb • Maneb • Metiram	• Pentachlorophenol (PCP) • Vinclozolin • Ziram • Zineb
제초제 (Herbicide) 8종	• 2,4-D • 2,4,5-T • Alachlor • Amitrole	• Atrazine • Metribuzin • Nitrofen (NIP) • Trifluralin
산업용 유기화합물 (Industrial organic chemicals) 23종	• Alkylphenols (from C5～C9) • Benzo(a)pyrene (BaP) • Benzophenone • Bisphenol-A • n-Butyl benzene • Butyl benzyl phthalate (BBP) • Dioxins • 2,4-Dichlorophenol (DCP) • Dicyclohexyl phthalate (DCHP) • Diethylhexyl adipate (DEHA) • Diethyl phthalate (DEP) • Diethylhexyl phthalate (DEHP)	• Dihexyl phthalate (DHP) • Di-n-butyl phthalate (DBP) • Di-n-pentyl phthalate (DPP) • Dipropyl phthalate (DPrP) • Furans • 4-Nitrotoluene • Octachlorostyrene • Polybrominated biphenyls (PBBs) • Polychlorinated biphenyls (PCBs) • Styrene dimers and trimers • Tributyltin oxide

자료 : 'http://webbook.me.go.kr/DLi-File/F000/083/8368_1499.pdf'를 참고하여 저자 재작성

표 7-7. 일본 후생성 분류 내분비계 장애물질 142종

분류	내분비계 장애물질	
가소제 9종	• Butylbenzyl phthalate (BBP) • Di-n-butyl phthalate (DBP) • Dicyclohexyl phthalate (DCHP) • Diethyl phthalate (DEP) • Di(2-ethylhexyl) phthalate (DEHP)	• Diethylhexyl adipate (DEHA) • Dihexyl phthalate (DHP) • Di-n-pentyl phthalate (DPP) • Dipropyl phthalate (DPrP)
플라스틱용 화학물질 17종	• Alkylphenol ethoxylates • Nonylphenol ethoxylates • Octylphenol ethoxylates • Bisphenol A • Alkylphenol • 2-Octylphenol • 4-Nonylphenol • 4-Octylphenol • p-Octylphenol, octylphenol	• 4-Propylphenol • 4-Sec-butylphenol • 4-n-Butylphenol • 2-t-Butylphenol • 3-t-Butylphenol • 4-t-Pentylphenol • 4-t-Octylphenol • Styrene dimers and trimers
산업용 화학물질 및 환경오염물질 21종	• Aklylphenol ethoxylates • PCBs/aloclor • Benzophenone • Benzo(a)pyrene • 6-Bromonaphtol-2 • Chlorobenzenes • Chlorophenate • Dibromoacetic acid • 2,4-Dichlorophenol • 4,4′-Dihydroxybiphenyl • 4-Dodecylphenol	• Hexachlorobenzene • Tributyltin compound • Para-nitrotoluene • Nonylphenol • Octachlorostyrene • PBB • Pentachlorophenol • TCDF, PCDF, furan • TCDD, PCDD, dioxin • Tributyltin oxide
농약 75종	• Alachlor • Aldicarb • Aldrin • Amitrole • Atrazine, aminotriazol • Azadirachtin • Benomyl • Carbendazim • Carbaryl • Chlordanes • Chlordecon	• Hexaconazole • Beta-hexachlorocyclohexane • Ioxynil • Iprodione • Kepone, chlorodecone • Lindane • Linuron • Malathion • Methomyl • Methoxychlor • Methyl parathion

분류	내분비계 장애물질
농약 75종	• Chlorpropham • Clofentezine • Cyanazine • Cypermethrin • Dinoseb • 2,4-D • DDE • DDD • DDT • 1,2-Dibromo-3-chloropropane • Dichlorovos) • Dicofol (kelthane) • Dieldrin • Diflubenzuron • Endosulfan • Endrin • Esfenvalerate • Ethiozin • Ethylene dibromide • Ethylenebisdithiocarbamate • Ethylene thiourea • Fenoxycarb • Fenvalerate • Fluazifop-butyl • Heptachlor • Heptachlor epoxide • Metribuzin • Mirex • Molinate • Nitrofen • Oryzalin • Oxychlordane • Oxydemeton-methyl • Parathion (ethyl parathion) • Pendimethalin • Pentachloronitrobenzene • Pentachlorophenol • Permethrin • Phenylphenol • Procymidone • Pronamide • Pyrimidine carbionol family • Simazine • Synthetic pyrethroids • 2,4,5-T • Toxaphene, camphechlor • Hexachlorobenzene • Trans-nonachlor • Tributyltin compounds • Trifluralin • Triforine • Vinclozoline • Ziram
중금속 3종	• Cadmium • Lead • Mercury
합성 에스트로겐 8종	• Centchroman • Estradiol • Ethynylestradiol • Diethylstylbestrol • Hexestrol • 2-Hydroxyestradiol • Tamoxifen • Raloxifene
식품 첨가제 3종	• Butylated hydroxyanisole • Equol • Enterolactone

분류	내분비계 장애물질	
식물에 존재하는 호르몬 유사물질 6종	• Phytoestrogens • Coumestrol • Formononetin	• Daidzein • Biochanin A • Genistein

자료 : 'http://webbook.me.go.kr/DLi-File/F000/083/8368_1499.pdf'를 참고하여 저자 재작성

표 7-8. 우리나라에서의 세계야생보전기금(WWF) 내분비계 장애물질에 대한 규제현황

분류	용도	내분비계 장애물질	
국내 사용 금지 물질 (21종)	농약 (16종)	• 2,4,5-T (제초제) • Aldicarb (살충제) • Amitrole (제초제) • β-HCH (살충제) • Chlordane (살충제) • DBCP (살충제) • DDT (살충제) • Dieldrin (살충제)	• Heptachlor (살충제) • Lindane (살충제) • Maneb (살균제) • Nitrofen (제초제) • PCP (방부제, 살균제) • Synthetic pyrethroids (살충제) • Toxaphene (살충제) • Zineb (살균제)
	산업용 화학물질 (2종)	• PCBs (변압기절연유)	• PBBs (난연제)
	부산물/대사물 (3종)	• DDE, DDD (DDT 대사물) • Heptachlor-epoxide (heptachlor 대사물)	• Oxychlordane (chlordane 대사물)
취급제한 등 규제되고 있는 물질 (27종)	농약 (19종)	• Endosulfan (살충제) • Ethyl parathion (살충제) • Trifluralin (제초제) • 2,4-D (제초제) • Carbaryl (살충제) • Cypermethrin (살충제) • Dicofol (살충제) • Fenvalerate (살충제) • Malathion (살충제) • Methomyl (살충제)	• Ziram (살균제) • Alarchlor (제초제) • Benomyl (살균제) • Esfenvalerate (살충제) • Mancozeb (살균제) • Metiram (살균제) • Metribuzin (제초제) • Vinclozolin (살균제) • Permethrin (살충제)
	산업용 화학물질 (2종)	• Tributyltin oxide (방오제)	• 4-nitrotoluene (합성중간체)
	부산물/대사물 (2종)	• Dioxins (소각시설 부산물)	• Furans (소각시설 부산물)

	관찰물질 지정 (4종)	• Alkylphenol (C = 5 ~ 9) (합성 중간체, 안료, 도료, 잉크 첨가제)	• BBP (가소제) • Bisphenol A (합성수지) • DEHP (가소제)
미규제 물질 (19종)	자료수집, 검토 중 (5종)	• Benzophenone (원료/중간체, 안료, 도료, 잉크첨가제) • DBP (가소제)	• DCHP (가소제) • DEP (가소제) • DEHA (가소제)
	부산물/대사물 (3종)	• Benzo(a)pyrene (불순물, 부산물) • Octachlorostyrene (대사물, 부산물)	• Styrene dimers/trimers (불순물, 부산물)
	국내 유통된 사례가 없는 물질 (11종)	• Hexachlorobenzene (살균제, 합성중간체) • Atrazine (제초제) • Kepone (살충제) • Methoxychlor (살충제) • Mirex (살충제)	• Transnonachlor (살충제) • DHP (가소제) • DPrP (가소제) • DPP (가소제) • 2,4-Dichlorophenol (원료중간체) • n-Butyl benzene (합성중간체)

자료 : ‘http://www.me.go.kr/home/file/readHtml.do?fileId = 1240&fileSeq = 2’를 참고하여 저자 재작성

3) 내분비계 장애물질의 작용기전

호르몬이 체내에서 작용하기 위해서는 보통 합성, 방출, 목적 장기의 표적세포로 이동, 수용체 결합, 신호 전달, 유전적 발현 활성화 등의 일련의 과정을 거쳐야 한다. 내분비계 장애물질은 이러한 과정 중 어느 한 단계 또는 복합적으로 저해, 교란함으로써 장애를 발생시킨다.

호르몬은 성분 중심으로 분류할 때 크게 스테로이드 호르몬과 단백질 호르몬으로 나뉘며, 이들의 작용기전은 다르다. 크기가 작은 스테로이드 호르몬은 직접 세포 내로 들어가 수용체와 결합해 작용하며, 수용성인 단백질 호르몬은 세포막의 수용체와 결합하여 신호를 2차 전달자(messenger)에 전달함으로써 작용한다.

현재 내분비계 장애물질의 작용기전을 밝혀내기 위한 연구가 활발히 수행되고 있으며, 수용체 결합 과정에서의 내분비계 장애물질은 호르몬 유사(mimic), 호르몬 봉쇄(blocking), 촉발(trigger) 작용을 할 수 있음이 밝혀졌다.

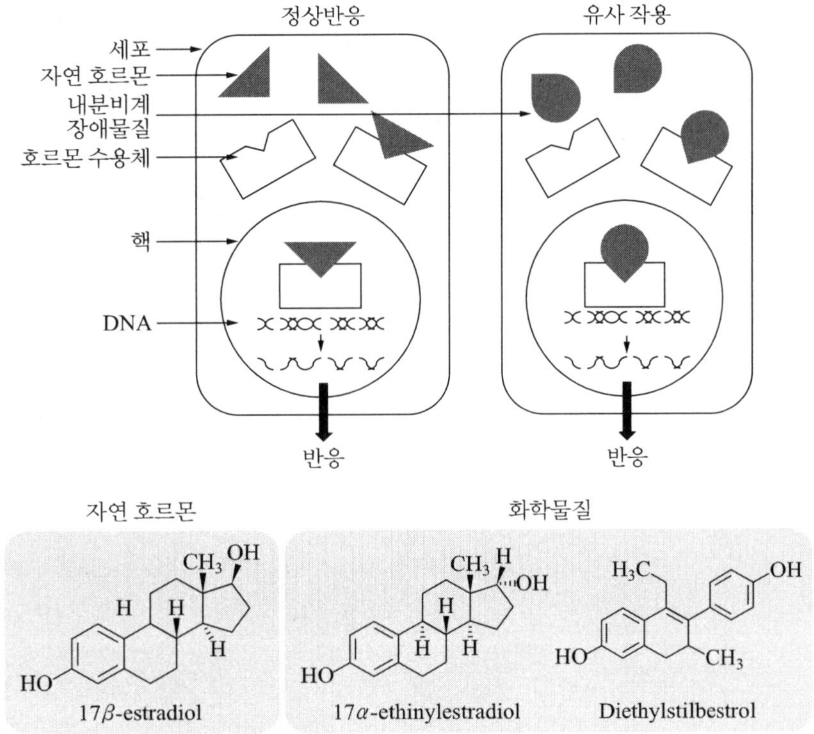

그림 7-7 내분비계 장애물질의 모방작용 기전과 예시물질

호르몬 유사 작용(mimic action)이란 내분비계 장애물질이 호르몬 수용체와 결합하여 마치 정상 호르몬처럼 작용하는 것을 의미한다(그림 7-7). 예를 들어, 식물성 에스트로겐, 합성 에스트로겐(17α-ethinylestradiol), 다이에틸스틸베스트롤(diethylstilbestrol ; DES)은 자연 에스트로겐과 구조가 유사하며, 자연 에스트로겐 대신 수용체와 결합해 세포 반응을 유발한다(그림 7-7).

호르몬 봉쇄 작용(blocking action)이란 내분비계 장애물질이 호르몬 수용체 결합 부위를 봉쇄함으로써 자연 호르몬이 수용체에 접근하는 것을 막아 내분비계가 기능을 발휘하지 못하도록 하는 것이다(그림 7-8). 예를 들어, p,p′-dichloro-diphenyl-dichloroethylene (p,p′-DDE)는 안드로겐 대신 수용체와 결합하여 안드로겐 작용을 억제한다(그림 7-8).

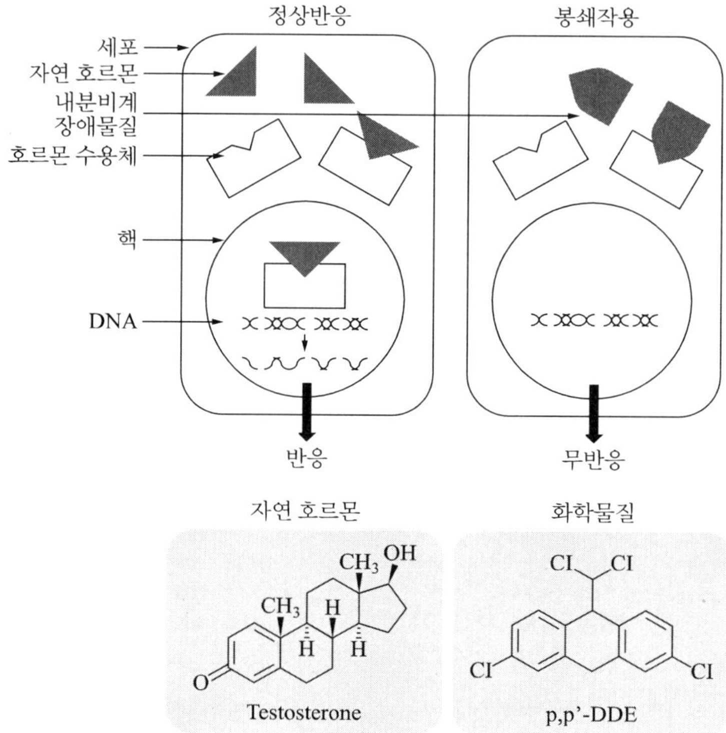

그림 7-8 내분비계 장애물질의 봉쇄작용 기전과 예시물질

촉발 작용(trigger action)이란 내분비계 장애물질이 수용체와 반응함으로써 생체 내에 해로운 엉뚱한 대사 작용을 유발하는 것을 의미한다. 이러한 영향으로 암 발생, 대사 작용의 이상, 불필요한 해로운 물질의 합성 등을 들 수 있다. 예를 들어, 다이옥신은 단백질 호르몬 수용체와 결합하여 비정상적인 세포 반응을 일으키고, 예정되지 않은 세포분열이 일어나면서 암을 유발할 수 있다.

예상문제

1. 내분비계(endocrine system)에 대한 설명으로 옳지 않은 것은?

① 생성물이 목적장소로 직접 방출되는 경우를 외분비(exocrine)라고 한다.
② 생성물이 혈액 중으로 배출된 후 혈액순환에 의해 표적기관에 작용하는 경우를 내분비(endocrine)라고 한다.
③ 내분비계는 생체의 항상성(homeostasis)을 유지하는 중요한 생체조절 시스템으로서, 모든 척추동물과 무척추동물에 존재한다.
④ 내분비선에서 분비되는 호르몬이 갑자기 증가하면 항상성 유지를 위해 되먹임(feedback) 과정이 진행된다.

해설 내분비계는 포유류, 어류와 같은 척추동물에 존재한다.

2. 어류의 시상하부 – 뇌하수체 – 생식소(HPG) 축에 해당하는 호르몬으로 옳지 않은 것은?

① 난포자극호르몬(FSH)
② 성선자극호르몬방출호르몬(GnRH)
③ 에스트로겐(E2)
④ 코티졸(C)

해설 코티졸(C)은 부신에서 분비되는 호르몬이다.

3. 암컷 어류의 간에서 형성되는 난황단백 전구체로 옳은 것은?

① 에스트로겐(E2)
② 비텔로제닌(vitellogenin)
③ 스테로이드 호르몬 생합성(steroidogenesis)
④ 생식세포 형성(gametogenesis)

4. 어류의 시상하부 - 뇌하수체 - 갑상선(HPT) 축에서 발현되는 호르몬과 분비기관의 연결로 옳지 않은 것은?

① 시상하부 - 갑상선자극호르몬방출호르몬(TRH)
② 뇌하수체 - 갑상선자극호르몬(TSH)
③ 뇌하수체 - 트라이아이오도티로닌(T3)
④ 갑상선 - 티록신(T4)

해설 트라이아이오도티로닌(T3)은 갑상선에서 분비되는 호르몬이다.

5. 어류에 존재하는 티록신(T4)을 생체 내에서 활성을 가지는 트라이아이오도티로닌(T3)으로 변환시키는 데 관여하는 효소로 옳은 것은?

① 탈요오드화 효소(deiodinase)
② 갑상선 과산화효소(thyroid peroxidase)
③ 갑상선글로불린(thyroglobulin)
④ 나트륨 - 요오드 공동운반체(sodium iodide symporter)

해설 ② 갑상선 과산화효소(thyroid peroxidase)는 갑상선글로불린(TG)의 타이로신 잔기(tyrosyl residues)를 요오드화하여 티록신(T4)을 형성하도록 촉매 작용을 한다.
③ 갑상선글로불린(thyroglobulin)은 티록신(T4)과 트라이아이오도티로닌(T)을 합성하는 단백질이다.
④ 나트륨 - 요오드 공동운반체(sodium iodide symporter)는 갑상선 소포세포(follicular cells) 안으로 요오드를 능동수송 시켜주는 혈장 막 단백질이다.

6. 내분비계 장애물질에 대한 설명으로 옳지 않은 것은?

① 국제적으로 합의된 내분비계 장애물질의 목록이 없다.
② 우리나라에서는 일본 후생성에서 정한 화학물질을 바탕으로 관련 연구를 추진하고 있다.
③ 세계야생보전기금(WWF)에서는 67종의 화학물질을 내분비계 장애물질로 분류하였다.
④ 국가별로 내분비계 장애물질로 추정하고 있는 물질 수에 차이가 있다.

해설 우리나라에서는 별도로 정한 내분비계 장애물질 목록이 없으며, 세계야생보전기금(WWF)에서 정한 화학물질을 바탕으로 관련 연구를 추진하고 있다.

7. 다이에틸스틸베스트롤(DES)은 자연 에스트로겐 대신 수용체와 결합해 세포 반응을 유발한다. 이 물질이 내분비계 장애를 유발시키는 기전으로 옳은 것은?

① 호르몬 유사 작용(mimic action)
② 호르몬 봉쇄 작용(blocking action)
③ 촉발 작용(trigger action)
④ 간접 작용(indirect action)

해설 다이에틸스틸베스트롤(diethylstilbestrol ; DES)은 자연 에스트로겐과 구조가 유사하며, 자연 에스트로겐 대신 수용체와 결합해 유사 작용(mimic action)으로 세포 반응을 유발한다.

8. p,p′-DDE는 안드로겐 대신 수용체와 결합해 남성호르몬 작용을 억제한다. 이 물질이 내분비계 장애를 유발시키는 기전으로 옳은 것은?

① 호르몬 유사 작용(mimic action)
② 호르몬 봉쇄 작용(blocking action)
③ 촉발 작용(trigger action)
④ 간접 작용(indirect action)

해설 p,p′-dichloro-diphenyl-dichloroethylene (p,p′-DDE)는 안드로겐 대신 호르몬 수용체 결합 부위를 봉쇄(blocking)함으로써 자연 호르몬이 수용체에 접근하는 것을 막는다.

정답 1. ③ 2. ④ 3. ② 4. ③ 5. ① 6. ② 7. ① 8. ②

CHAPTER 8

분자생물학적 방법을 활용한 내분비계 장애물질의 독성평가

8-1 중합효소연쇄반응(PCR)

중합효소연쇄반응(polymerase chain reaction ; PCR)은 디옥시리보 핵산(deoxyribonucleic acid ; 이하 DNA)의 원하는 부분을 선택적으로 빠르게 복제하는 분자생물학적 수단이다. 이 기술을 활용하면 미량의 DNA에서 연구자가 원하는 특정 DNA 단편만을 선택적으로 증폭시킬 수 있다. 예를 들어, 1개의 DNA 절편으로 30회 반복하여 중합효소연쇄반응(PCR)을 진행하면 약 10억 개의 복제본(copy)이 만들어지게 된다(그림 8-1). 실험 과정이 단순하고 증폭에 필요한 시간이 2시간 정도로 짧기에 환경 독성학에서 기전(mechanism) 연구에 활용되고 있으며, 돌연변이를 일으키는 유전자 검출, 질병(백혈병, 감염병)의 진단, 과학 수사에서 유전자 프로파일링 등의 분야에서도 활용되고 있다.

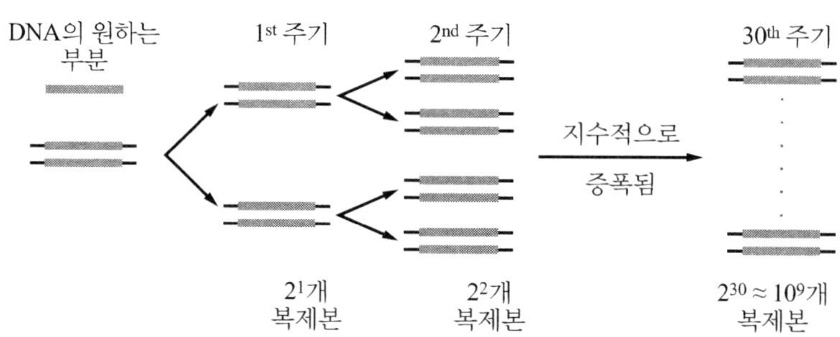

그림 8-1 중합효소연쇄반응(PCR)을 이용한 유전자의 복제

2개의 프라이머(primer)로 DNA 분자를 수없이 증폭시킬 수 있다는 기본원리는 1971년에 발견되었으나(Kleppe et al., 1971), 지금의 중합효소연쇄반응(PCR) 용도로 정립된 것은 1983년 캐리 멀리스(Kary Banks Mullis ; 1944~2019)가 병원균을 탐지하기 위해 특정 DNA 서열을 증폭하기 시작하면서부터이다. 초반에는 클레나우 중합효소(Klenow polymerase)를 사용했으나 열에 약해 매 주기마다 효소를 새로 넣어 주어야 했고 생성물의 최대 길이가 400 염기쌍(base pair)에 불과했다. 이러한 제한점은 *Thermophilus aquaticus*라는 미생물의 DNA 중합효소인 Taq를 중합효소로 사용하면서 개선되었다.

1) 기본 용어

(1) 뉴클레오타이드

뉴클레오타이드(nucleotide)는 핵산을 구성하는 단위체로, 당(sugar), 인산(phosphoric acid), 염기(base)로 구성되어 있다(그림 8-2). 뉴클레오사이드(nucleoside)는 당과 염기로 구성된 화합물로, 인산화효소에 의해 인산기가 결합되면 뉴클레오타이드가 된다. 뉴클레오타이드의 이름은 네 글자로 된 코드

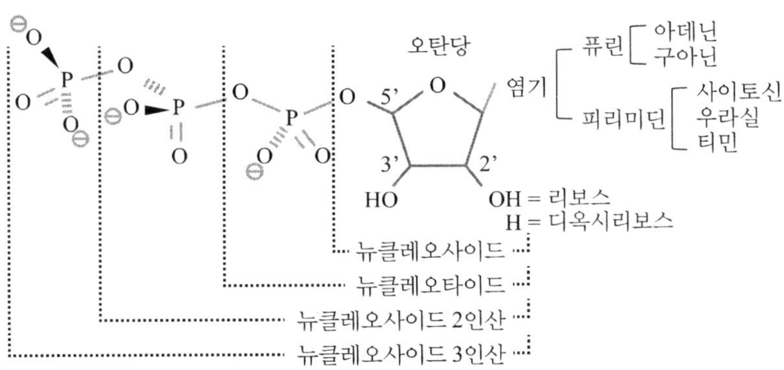

그림 8-2 뉴클레오타이드와 뉴클레오사이드

자료 : Wikipedia 참고하여 저자 재작성

로 표시한다. 첫 글자는 당의 종류를 리보(r) 또는 디옥시리보(d)로 나타내며, 두 번째 글자는 핵산의 염기 종류(A, C, T, G), 세 번째 글자는 인산기의 결합 수(mono-, di-, tri-), 네 번째 글자는 인산기의 유무(P)를 나타낸다. 예를 들어, 디옥시리보－구아닌－3인산(deoxyribo-guanine-triphosphate)은 약어로 dGTP 이다.

(2) 디옥시리보 핵산

디옥시리보 핵산(deoxyribonucleic acid ; DNA)은 두 개의 뉴클레오타이드(nucleotide)가 서로 꼬여 이중나선 구조로 되어있는 고분자화합물이다. 세포핵에서 발견되는 핵산(nucleic acid)의 일종으로, 아데닌(adenine), 구아닌(guanine), 사이토신(cytosine), 티민(thymine)의 4종류 염기가 있다(그림 8-3). DNA는 방향성(5′ → 3′)이 있으며, 음성 전하를 띤다. 아데닌(A)과 티민(T)은 이중 수소결합, 사이토신(C)과 구아닌(G)은 삼중 수소결합을 형성한다.

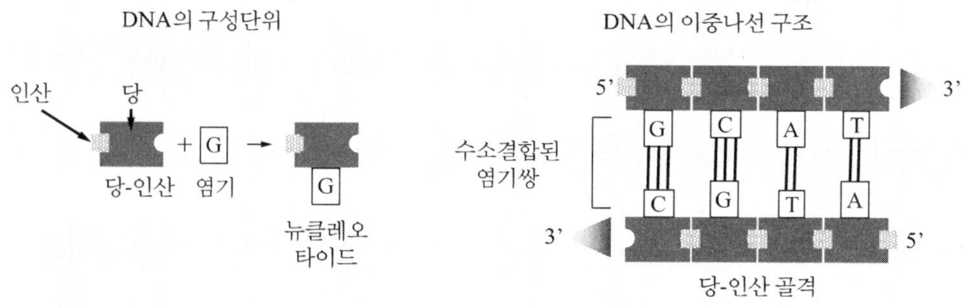

그림 8-3 DNA의 구성단위와 구조

DNA는 분자생물학적 기술로 활용할 수 있는 두 가지 유용한 특징이 있다(그림 8-4). 첫째로, DNA는 열을 가하면 두 가닥이 나누어지고, 차갑게 하면 다시 가닥이 결합한다. 둘째로 제한효소(restriction enzyme 또는 endonuclease)를 이용하여 특정 핵산의 부위를 절단할 수 있다. 중합효소연쇄반응(PCR)은 이 중 첫 번째 특징을 활용한 것이다.

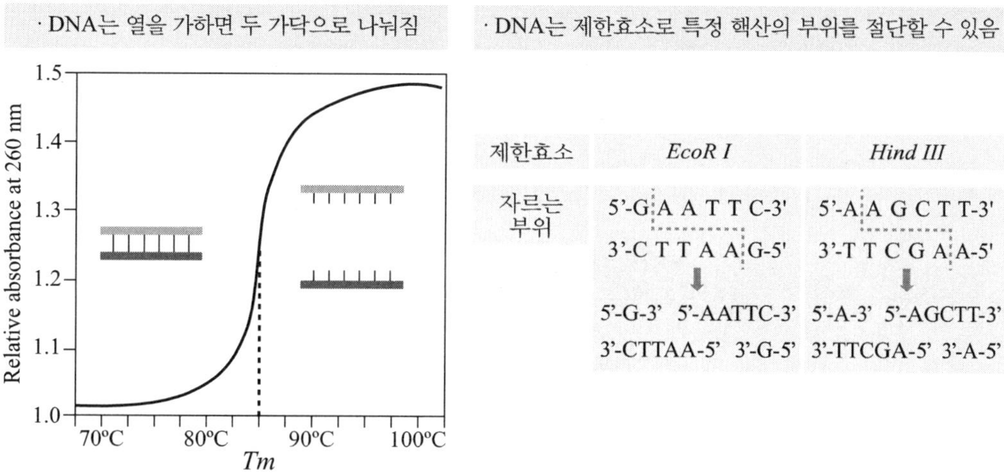

그림 8-4 열을 가하면 두 가닥으로 나누어지고 제한효소로 절단할 수 있는 DNA

(3) 리보 핵산

리보 핵산(ribonucleic acid ; 이하 RNA)은 오탄당의 일종인 리보스를 기반으로 뉴클레오타이드를 이루는 핵산의 한 종류이다. 단일 가닥이 길게 꼬여 있는 구조를 지니며, DNA의 일부가 전사되어 만들어진다. RNA는 아데닌(adenine), 구아닌(guanine), 사이토신(cytosine), 우라실(uracil)의 4종류 염기가 있다. DNA와 RNA는 당과 염기에서 차이가 있다(표 8-1).

표 8-1. DNA와 RNA의 비교

요소(Component)		DNA	RNA
인산(Phosphoric acid)		○	○
당 (Sugars)	리보스(Ribose)	×	○
	디옥시리보스(Deoxyribose)	○	×
염기 (Bases)	아데닌(Adenine)	○	○
	구아닌(Guanine)	○	○
	사이토신(Cytosine)	○	○
	티민(Thymine)	○	×
	우라실(Uracil)	×	○

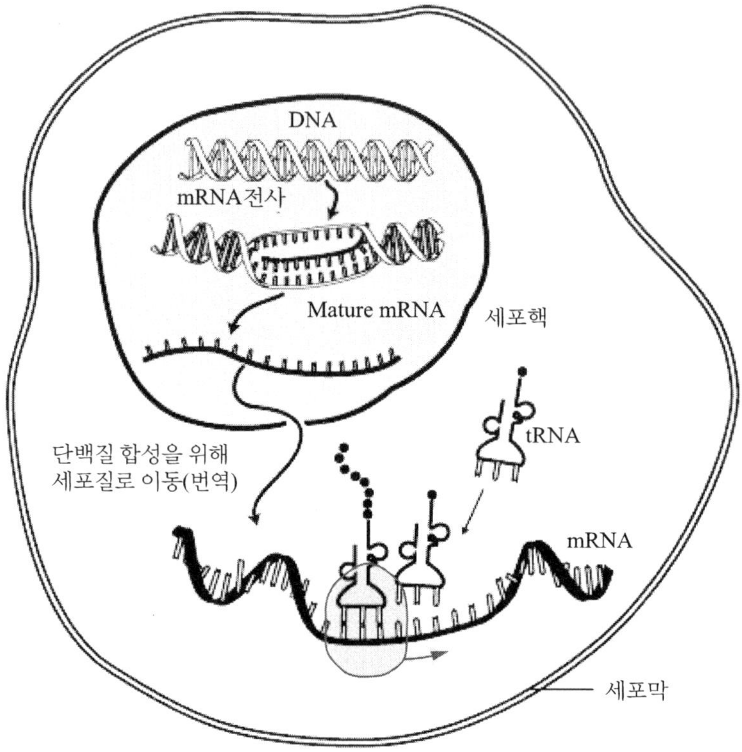

그림 8-5 전령 RNA(mRNA)의 생활사

자료 : Wikipedia를 참고하여 저자 재작성

RNA는 분자 구조와 생물학적 기능에 따라 여러 가지로 분류되며, 리보솜 RNA (ribosomal RNA ; rRNA), 전령 RNA (messenger RNA ; mRNA), 운반 RNA (transfer RNA ; tRNA) 등이 있다. 전령 RNA (mRNA)는 RNA 분자가 암호화된 단백질을 생산하는 데 '설계도'와 같은 역할을 한다. 진핵세포의 핵 안에서 DNA로부터 mRNA로 전사(transcription)되고, 유전정보에 코돈을 부여하여 리보솜으로 운반된 후 단백질 합성이 일어난다(그림 8-5). 운반 RNA (tRNA)는 유전자 발현을 통한 단백질의 합성에 관여하는 저분자 RNA이다. 염기서열의 끝에서 아미노산과 결합되며, 뉴클레오타이드의 염기서열 일부가 안티코돈을 이룬다(그림 8-6).

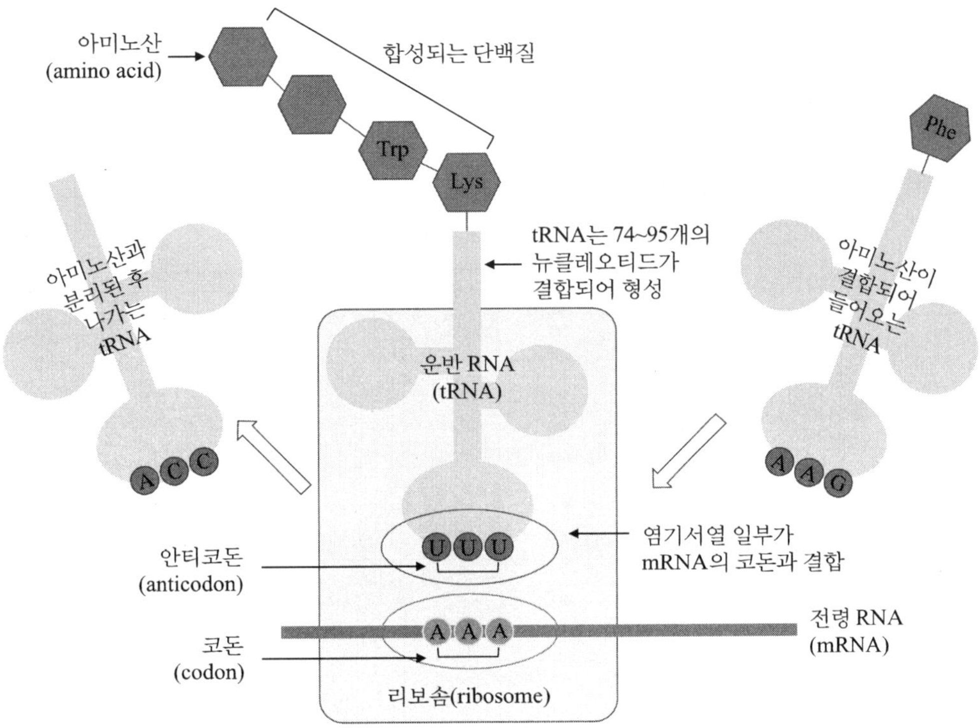

그림 8-6 운반 RNA(tRNA)의 구조와 역할

자료 : Wikipedia를 참고하여 저자 재작성

(4) 코돈

코돈(codon)은 유전자 발현에서 하나의 아미노산을 지정하는 전령 RNA (mRNA)의 유전정보를 의미한다. 20가지로 지정된 아미노산은 3개의 염기로 구성되어 있고, 총 64가지의 서열이 존재한다. 이 중 61개는 아미노산 합성에 관여하며, 3개는 합성 중단을 의미한다(표 8-2). AUG 염기로 구성된 메티오닌 (methionine)은 시작 코돈(start codon)을 의미하며, UAA, UAG, UGA는 종료 코돈(stop codon)을 의미한다.

특정한 단백질 생산이 필요하다는 신호를 받으면 RNA 중합효소에 의해 전사가 시작된다. RNA 중합효소는 전사가 시작되는 지점에 있는 프로모터 (promotor)를 통해 전사할 DNA 사슬을 선택하고 오퍼레이터(operator)에 결합되어 DNA 사슬을 풀어낸 후 전사를 시작한다(그림 8-7). 이렇게 만들어진 전령 RNA(mRNA)의 염기서열은 세 개씩 짝을 이뤄 코돈을 형성한다. RNA 중합효소는 전사의 종료를 지시하는 DNA 염기서열을 만나면 전사를 중단하고 DNA에서 떨어져 나간다.

표 8-2. 3개의 염기 조합으로 구성된 코돈(Codon)

분류	두 번째 염기								분류
	U		C		A		G		
첫 번째 염기 U	UUU	페닐알라닌 (Phenylala-nine ; F)	UCU	세린 (Serine ; S)	UAU	티로신 (Tyrosine ; Y)	UGU	시스테인 (Cysteine ; C)	세 번째 염기 U
	UUC		UCC		UAC		UGC		C
	UUA	류신 (Leucine ; L)	UCA		UAA	종료(Stop codon)	UGA	종료(Stop codon)	A
	UUG		UCG		UAG	종료(Stop codon)	UGG	트립토판 (Tryptophan ; W)	G
C	CUU	류신 (Leucine ; L)	CCU	프롤린 (Proline ; P)	CAU	히스티딘 (Histidine ; H)	CGU	아르기닌 (Arginine ; R)	U
	CUC		CCC		CAC		CGC		C
	CUA		CCA		CAA	글루타민 (Glutamine ; Q)	CGA		A
	CUG		CCG		CAG		CGG		G
A	AUU	이소류신 (Isoleucine ; I)	ACU	트레오닌 (Threonine ; T)	AAU	아스파라긴 (Asparagine ; N)	AGU	세린 (Serine ; S)	U
	AUC		ACC		AAC		AGC		C
	AUA		ACA		AAA	리신 (Lysine ; K)	AGA	아르기닌 (Arginine ; R)	A
	AUG	메티오닌 (Methionine ; M)	ACG		AAG		AGG		G
G	GUU	발린 (Valine ; V)	GCU	알라닌 (Alanine ; A)	GAU	아스파라긴산 (Aspartic acid ; D)	GGU	글리신 (Glycine ; G)	U
	GUC		GCC		GAC		GGC		C
	GUA		GCA		GAA	글루타민산 (Glutamic acid ; E)	GGA		A
	GUG		GCG		GAG		GGG		G

자료 : Wikipedia 참고하여 저자 재작성

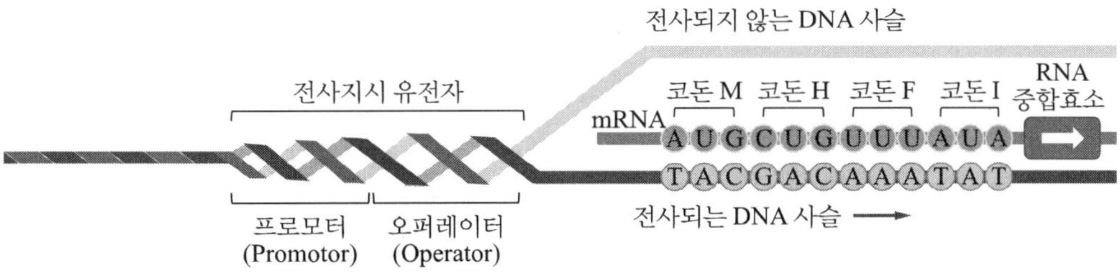

그림 8-7 전령 RNA(mRNA)와 코돈의 형성

자료 : Wikipedia를 참고하여 저자 재작성

(5) 중심 원리

분자생물학의 중심 원리(Central dogma of molecular biology)는 1958년 프란시스 크릭(Francis Crick ; 1916~2004)이 제안한 개념으로, DNA에서 DNA로의 복제(replication), DNA에서 mRNA로의 전사(transcription), mRNA에서 단백질로의 번역(translation)이 이루어진다고 제안하였다(그림 8-8).

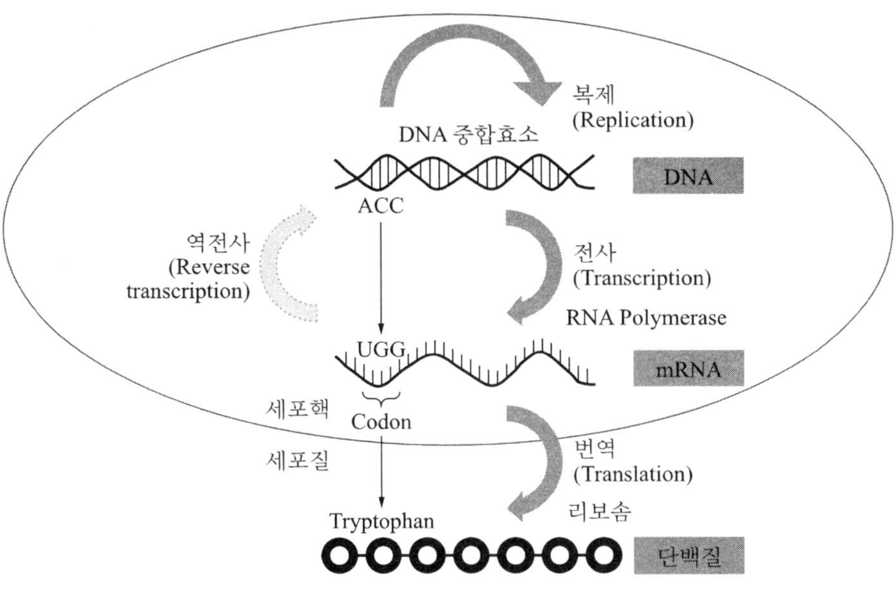

그림 8-8 중심원리(Central dogma)

- 복제(replication) : 원본 DNA를 가지고 새로운 두 개의 DNA로 만드는 과정이다.
- 전사(transcription) : DNA의 유전정보를 mRNA로 옮기는 과정이다. 원핵세포는 전사된 mRNA가 그대로 다음 번역 과정으로 넘어가지만, 진핵세포는 중간에 끼어 있는 인트론(intron)을 제거하고 엑손(exon)만을 남겨야 하므로 만들어진 mRNA를 가공하는 과정을 거친다.
- 번역(translation) : 생체 내에서 DNA로부터 복제된 mRNA의 염기서열을 단백질의 아미노산 배열로 생성하는 과정이다.

(6) 역전사

역전사(reverse transcription)란 RNA의 유전정보가 역전사 효소(reverse transcriptase)에 의해 DNA로 전달되는 과정으로, 전자의 진행 방향(DNA → RNA)과 반대로 진행된다. DNA를 주형(template)으로 사용하면 엑손(exon)과 인트론(intron)을 모두 증폭시키나, mRNA를 주형(template)으로 사용하면 엑손(exon)만 증폭할 수 있다(그림 8-9). 역전사 중합효소연쇄반응(RT-PCR)로 합성된 DNA는 상보적 DNA(complementary DNA ; cDNA)라고 부른다.

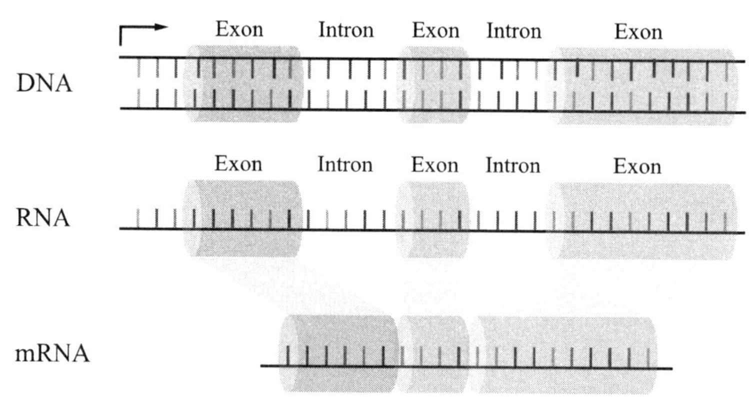

그림 8-9 엑손(Exon), 인트론(Intron), mRNA

2) 중합효소연쇄반응(PCR)에 필요한 사항

중합효소연쇄반응(PCR)을 진행하기 위해서는 다음과 같은 것들이 필요하다 (그림 8-10).

- 주형 DNA (template DNA) : PCR에 의해 증폭이 되는 DNA를 의미한다.
- 프라이머(primer) : DNA 복제가 시작되는 지점을 제공하는 짧은 유전자 서열을 의미한다. 주형 DNA에 프라이머가 붙으면 DNA 중합효소는 프라이머의 3′end에서 시작하여 반대편 가닥을 복제한다. 환경 독성학 분야의 분자생물학적 실험에서는 주로 20～30 염기쌍의 길이로 합성된 올리고뉴클레오타이드(oligo nucleotide)를 프라이머로 사용하며, 정방향(forward)과 역방향(reverse) 프라이머가 필요하다.
- DNA 중합효소(DNA polymerase) : 온천 주변에서 자라는 미생물(*Thermus aquaticus*)이 가지는 DNA 중합효소로, 열에 안정하므로 PCR에서 DNA를 증폭할 때 중요한 역할을 한다. Taq 중합효소는 1965년 토마스 D. 브룩(Thomas D. Brock)이 처음으로 박테리아에서 분리시켰으며, 1980년대 이후 PCR에서 중요하게 사용되기 시작했다.
- 완충용액(buffer) : 효소 활성에 필요한 마그네슘 이온(Mg^{2+}) 등이 들어있다.
- dNTP : DNA가 합성될 때 재료로 이용되는 3개의 인산이 결합된 디옥시리보뉴클레오타이드이다. 합성에 필요한 4가지 염기의 뉴클레오타이드(dATP, dCTP, dGTP, dTTP)가 모두 제공된다.

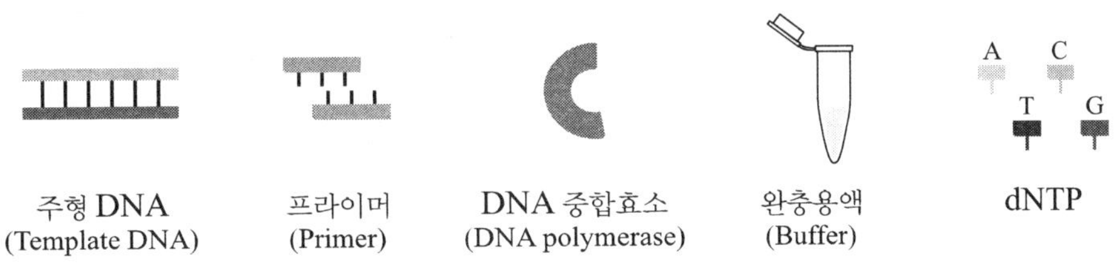

그림 8-10 중합효소연쇄반응(PCR)에 필요한 사항

3) 중합효소연쇄반응(PCR)의 과정

중합효소연쇄반응(PCR)의 한 주기(cycle)는 DNA의 변성, 프라이머의 결합, 프라이머의 연장의 3단계로 구성된다. 이 과정이 계속 반복하여 진행되면서(보통 25~35회) DNA의 원하는 부분을 증폭시킬 수 있다.

(1) DNA의 변성

DNA의 변성(denaturation)은 새로운 DNA 가닥을 합성하기 위해 92~95℃로 가열하여 이중가닥 DNA를 단일가닥 DNA로 분리하는 단계이다(그림 8-11). 높은 온도일수록 단일결합 DNA로 잘 분리되지만, 온도가 너무 높으면 Taq polymerase 활성이 낮아지므로 보통 94~95℃에서 진행한다.

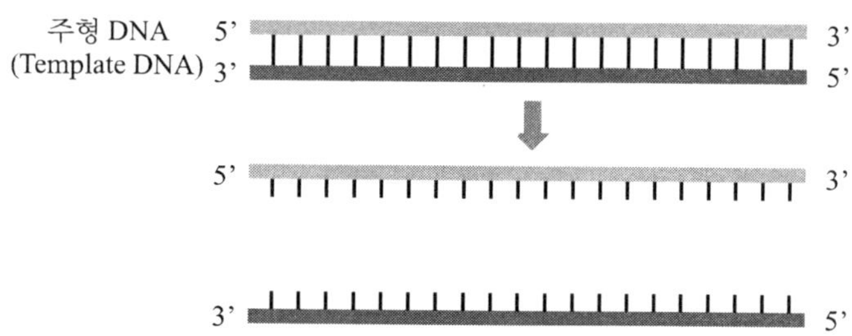

그림 8-11 중합효소연쇄반응(PCR)에서 DNA의 변성(Denaturation)

(2) 프라이머의 결합

프라이머의 결합(annealing)은 프라이머가 자신의 염기서열과 상보적인 염기서열을 가진 DNA에 결합하는 단계로, 50~60℃에서 진행된다(그림 8-12). 사이토신과 구아닌은 삼중 수소결합, 아데닌(A)과 티민(T)은 이중 수소결합이 일어나므로 G-C 결합이 A-T 결합보다 강하다. 간단하게 수소결합의 수에 따라 결합온도를 예측해 볼 수 있는데, 수소결합 1개를 끊거나 결합할 때 1℃가 필요하다고 가정한다. 즉, G-C 결합은 3℃, A-T 결합은 2℃가 필요하다고 가정한다. G와 C의 비율에 따라 결합온도가 변화되며, G-C 함량이 50%가 되는 프라이머 쌍을 이용하는 것이 좋다. 일반적으로 이 단계는 30초가량 진행되며, 5′→3′ 방향으로 DNA의 합성이 시작된다.

그림 8-12 중합효소연쇄반응(PCR)에서 프라이머의 결합(Annealing)

(3) 프라이머의 연장

프라이머의 연장(extension)은 주형 DNA 끝에 뉴클레오타이드(nucleotide)를 한 개씩 붙이는 단계로, 70~74℃에서 1분 정도 시행한다(그림 8-13). 원하는 산물의 크기가 크거나 반응효소의 농도가 낮을 때에는 시간을 연장시킬 수도 있다. 원하는 중합효소연소반응(PCR) 산물의 크기 1,000 염기쌍(bp)마다 1분 정도의 시간을 배당하면 충분히 반응이 일어난다. 마지막 주기(cycle)에는 약 10분 정도 시간을 충분히 주는 것이 좋다.

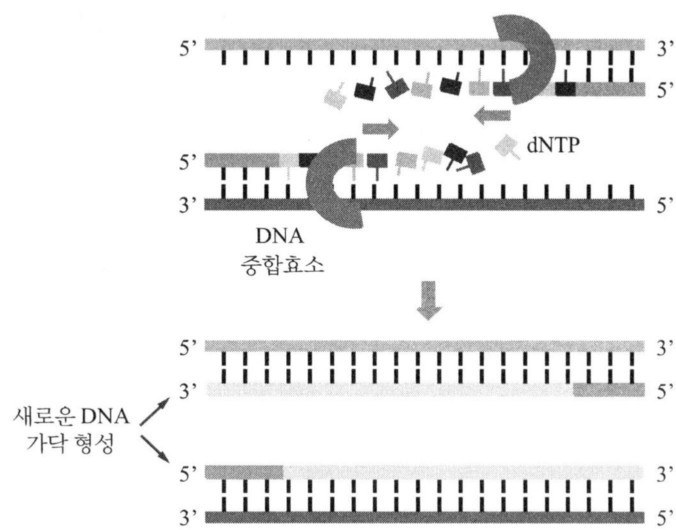

그림 8-13 중합효소연쇄반응(PCR)에서 프라이머의 연장(Extension)

(4) 중합효소연쇄반응(PCR) 후 겔 전기영동 과정

전기영동(electrophoresis)이란 전극 사이의 전기장 하에서 용액 속의 전하가 반대 전하의 전극을 향해 이동하는 화학 현상을 의미한다. 겔 전기영동(gel electrophoresis)은 DNA 연구 또는 중합효소연쇄반응(PCR)의 산물을 확인하는 데에도 사용된다. DNA는 골격(backbone)의 인산기 때문에 전기영동에 사용되는 완충용액(buffer)에서 음전하를 띠며, 전극 사이에 위치했을 때 +전극 쪽으로 이동한다.

겔 전기영동에 사용되는 겔은 주로 아가로스(agarose)로 만들어지므로 '아가로스 겔 전기영동(agarose gel electrophoresis)'이라고 부르기도 한다. DNA 분자량이 커질수록, 겔 함량(%)이 높아질수록 용질이 겔 매트릭스(gel matrix) 사이를 통과하는 속도가 늦어진다. 즉, 겔이 체(seive) 역할을 하여 통과하는 용질의 크기가 클수록, 겔 함량이 높아질수록 겔을 느리게 통과한다. 실험하는 DNA의 크기에 따라 겔 함량을 선택하는데, 주로 0.6~1.0%를 사용한다.

겔에 홈을 만들어 DNA 시료를 넣고, 시료 쪽은 −전극, 반대편은 +전극을 연결한다(그림 8-14). 전류를 흘려주면 전기적인 힘에 의해 DNA는 +전극 쪽으로 이동하며, DNA의 길이가 짧을수록 +전극에 가까운 위치에서 검출된다(그림 8-14). 부하되는 전압이 높을수록 DNA의 이동속도는 빨라진다. 같은 크기를 가진 분자들은 하나의 집단을 형성하며, 겔을 염색하였을 때 하나의 띠 모양으로 나타나는 것을 확인할 수 있다. DNA ladder (또는 marker DNA)를 함께 전기영동하여 겔 상에 나타난 띠의 상대적인 위치를 비교하면 각각의 띠를 이루고 있는 분자들의 크기를 측정할 수 있다(그림 8-14).

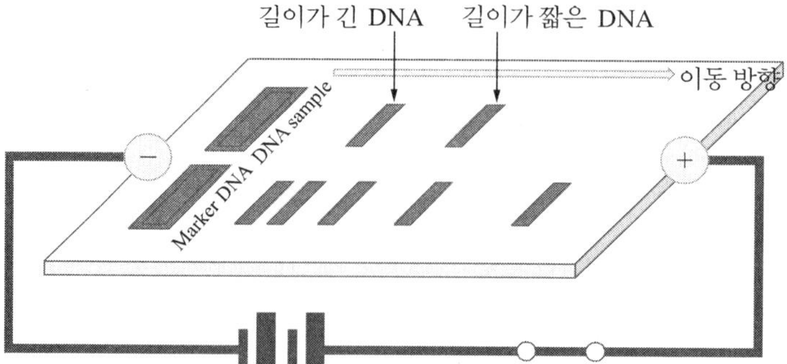

그림 8-14 아가로스 겔 전기영동(Agarose gel electrophoresis) 방법 도식

자료 : Wikipedia를 참고하여 저자 재작성

아가로스 겔 전기영동 실험 방법을 간략히 소개하고자 한다.

① 아가로스 겔 제작(1% gel, 200 mL 제작 ; 그림 8-15)

- 아가로스 분말을 2 g 덜어낸다.
- 적절한 크기의 유리 삼각플라스크에 TAE 완충용액(buffer) 200 mL를 흔들어 주면서 아가로스 분말을 넣는다.
- 랩을 덮은 후 증기가 나갈 구멍을 뚫고 전자레인지에서 가열한다(완충용액이 200 mL일 때 약 2분). 때때로 전자레인지에서 꺼내어 가볍게 흔들어 주기를 반복하면서 완전히 용해한다.
- 가열 종료 후 전자레인지에서 꺼내어 천천히 흔들면서 거품을 제거한다.
- 실온에서 50～60℃까지 서서히 식힌 후, 겔 트레이(gel tray)에 용액을 붓고 tip 등으로 거품을 제거하며, 콤브(comb)를 꽂은 후 굳힌다.
- 콤브(comb)를 제거한 후 겔을 전기영동 장치에 옮긴다. 바로 사용하지 않을 경우에는 완충용액(buffer)을 채워 냉장고에서 보관한다.

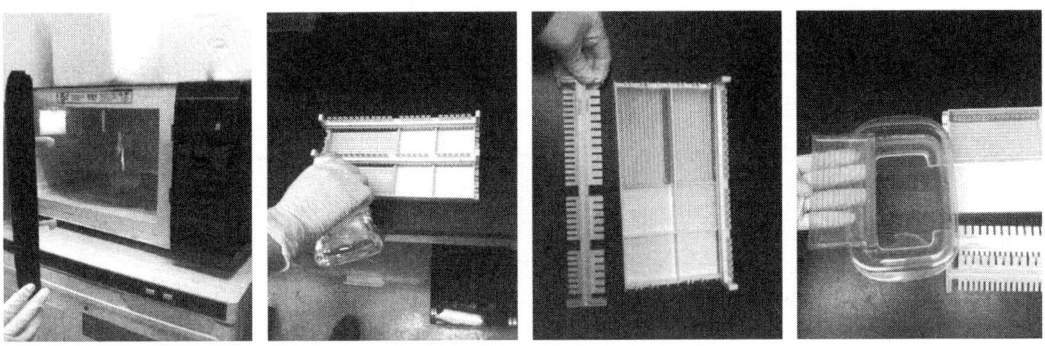

그림 8-15 아가로스 겔 제작 시연

② 전기영동(그림 8-16)

- 전기영동을 위해 시료의 1/10에 해당하는 양만큼 10 × loading buffer를 첨가한 후 잘 혼합한다. 지표가 되는 DNA ladder 시료도 이와 같이 준비한다.
- 아가로스 겔의 홈(well)에 시료를 넣는다(loading).
- 전기영동 장치를 이용하여 전기영동을 시작한다. 전기영동을 시작하면

＋극과 －극에서 기포가 발생하고 시약에 섞인 염료가 홈으로부터 이동해가는 것이 보인다. 그림 8-16에는 1% 아가로스 겔, TAE buffer를 사용하여 100 V의 전압에서 30분 전기영동하는 사진을 제시하였다. 적당하게 분리된 시점(겔의 2/3 지점 정도 내려온 시점)에서 전기영동을 멈춘다.

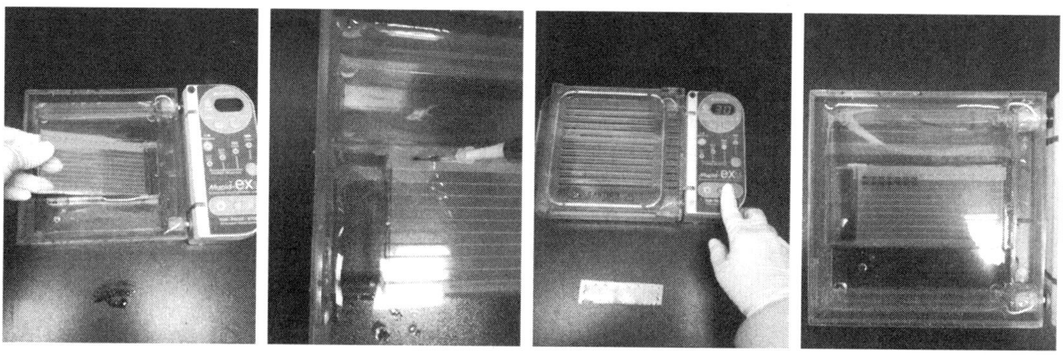

그림 8-16 겔 전기영동(Gel electrophoresis) 시연

③ 아가로스 겔 염색 및 사진

- 전기영동 반응이 끝나면 아가로스 겔을 ethidium bromide (EtBr*) 등의 형광염색액으로 염색한다. 경우에 따라서는 아가로스 겔을 만들 때 EtBr을 최종농도 0.5 μg/mL가 되도록 가하고 잘 혼합하여 사용하기도 한다.

  * EtBr은 DNA 염기 사이로 끼어들어 결합하고 형광이 증가된다. 파장 254 nm에서의 자외선은 DNA에 흡수되어 이 색소에 전달되고, 302 nm와 366 nm에서는 색소 자체에 자외선이 흡수되어 590 nm의 주황색 형광 가시광선을 내게 된다. EtBr은 강력한 발암물질이고 독성을 지니므로, 이 염색액을 다룰 때 반드시 주의해야 한다.

- 겔을 UV trans-iluminator 상에서 관찰하고 사진을 찍어 결과를 분석한다(그림 8-17). DNA와 결합한 EtBr은 형광을 강하게 나타내기 때문에 UV를 쬐어주면 형광 선(band)이 보인다. 그림 8-17의 예시에서 1번 시료는 750 bp, 2번 시료는 < 250 bp, 3번 시료는 1,000 bp의 길이를

가짐을 확인할 수 있다. 1번, 3번 시료는 DNA의 양이 많아 사진을 찍으면 짙은 흰색으로 확인되나, 2번 시료는 DNA의 양이 적어 흰색이 뚜렷하지 않다. 이처럼 아가로스 겔 전기영동을 통해 중합효소연쇄반응(PCR) 산물의 정성적인 확인이 가능하나, 정확한 정량은 불가능하다.

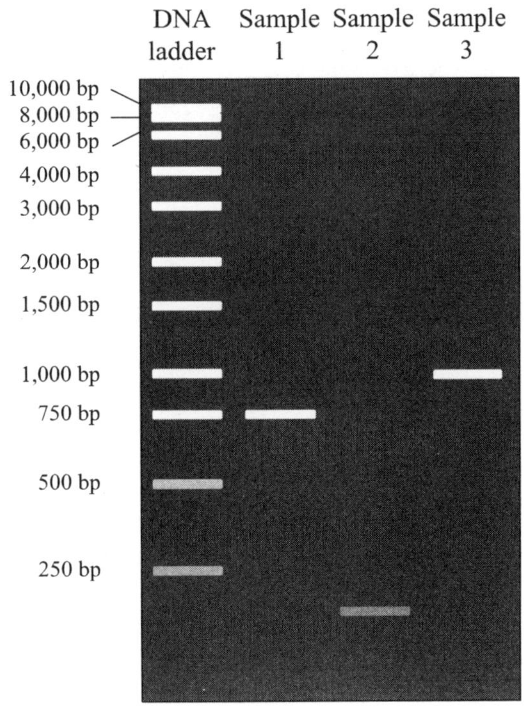

그림 8-17 아가로스 겔 사진 시연

4) 전통적인 PCR vs. 실시간 PCR

실시간 중합효소연쇄반응(real-time PCR)은 증폭되는 DNA를 실시간으로 확인할 수 있는 PCR을 의미하며, 종종 quantitative PCR (qPCR)이란 단어도 함께 사용된다. 아가로스 겔 전기영동으로 확인하는 전통적인 PCR (conventional PCR)은 정성이 가능하지만 정량은 불가능하며, 제작한 프라이머가 원하는 부위 이외의 비슷한 염기서열에서 증폭될 수 있어 정확성이 부족하다. 또한 사진기의 해상도에 따라 민감도, 특이도가 달라질 수 있으며, 실험을 진행하는 동안 교차 오염이 발생할 수 있다(표 8-3). 실시간 PCR은 증폭산물의 양을 형광으로 검출하여 정확한 정량이 가능하며, 튜브(tube)가 닫혀있는 상태로 결과를 바로 분석하기 때문에 교차 오염이 적게 발생한다.

표 8-3. 전통적인 PCR과 실시간 PCR의 비교

분류	전통적인 PCR	실시간 PCR
민감도(sensitivity)	낮음	높음
특이도(specificity)	낮음	높음
정량적 결과 확보	불가능	가능
검출 방법	겔 전기영동	프로브 특이적인 형광
검출 범위	좁음	넓음
반응 시간	김(3~5시간)	짧음(1~2시간)
PCR 후 과정	겔 전기영동	없음
교차 오염	많음	적음

5) 실시간 PCR에서 사용되는 기본 용어

(1) SYBR Green 형광물질과 TaqMan probe

실시간 PCR (real-time PCR)은 증폭산물의 양을 형광으로 검출하는데, SYBR Green 계열의 형광물질과 TaqMan probe가 대표적으로 사용된다(그림 8-18). SYBR Green 형광은 DNA 이중나선에 결합하여 형광을 나타내는 물질로 비용이 저렴하지만, 비특이적 증폭 산물에도 반응하는 단점이 있다. 이를 극복하기 위해 증폭이 끝난 후 증폭된 DNA 산물에 대해 melting curve를 측정하여 비특이적 증폭 여부를 판별한다.

TaqMan probe를 이용한 실시간 PCR은 한 쌍의 프라이머(primer) 외에 증폭 대상 부위의 중간에 위치하는 TaqMan probe가 추가로 필요하다. TaqMan probe의 5′end에는 형광물질(reporter)이, 3′end에는 형광을 흡수하는 quencher가 결합되어 있다. 프라이머가 결합되는 annealing 과정 중에는 quencher에 의해 발현된 형광이 흡수되지만 프라이머가 연장되는 extension 과정에서 Taq DNA 중합효소의 5′ → 3′ exonuclease의 작용으로 5′에 붙어있던 형광물질이 probe에서 떨어져 나오면서 형광을 발현한다. 이 형광량을 측정하면 목적 유전자의 증폭량을 측정할 수 있다.

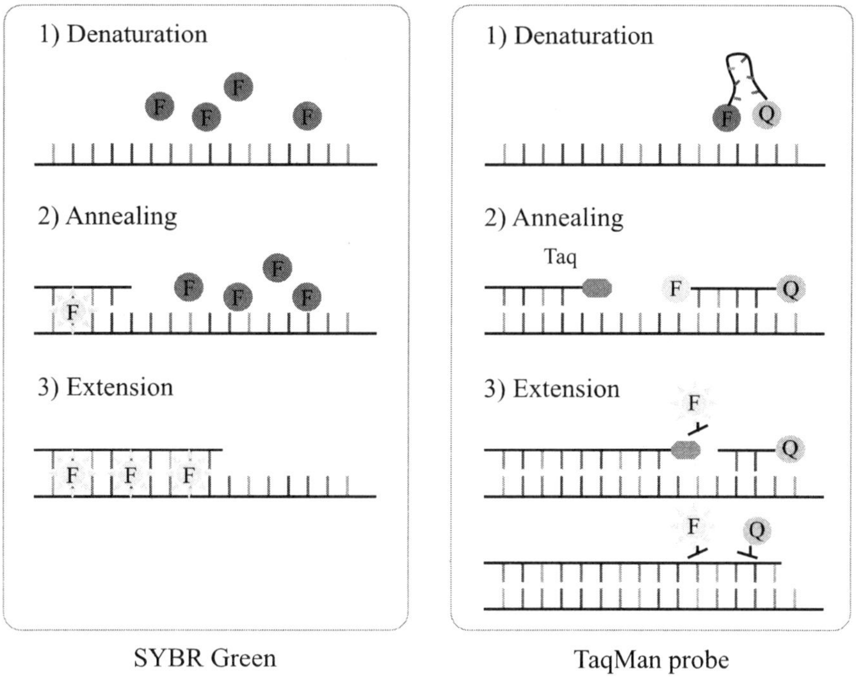

그림 8-18 SYBR Green 형광물질과 TaqMan probe의 차이

(2) 증폭 곡선

DNA가 지수적으로 증폭하는 동안 각 주기(cycle)마다 형광으로 검출되는 신호(signal)의 강도를 모니터링한 그림을 증폭 곡선(amplification plot)이라 한다(그림 8-19).

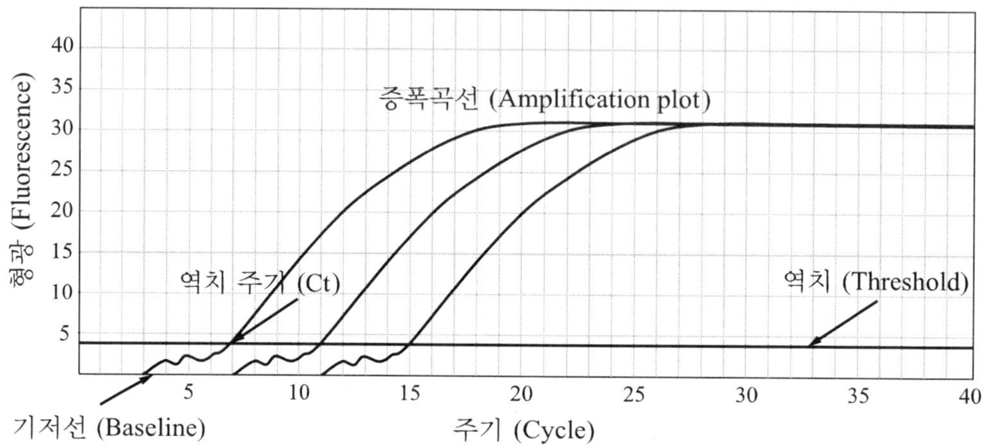

그림 8-19 실시간 PCR에서 관찰할 수 있는 증폭 곡선, 기저선, 역치, 역치 주기(Ct)

(3) 기저선

기저선(baseline)은 형광 신호(signal)의 변화가 적은 PCR 초반의 주기(cycle)를 의미한다(그림 8-19). 그래프에서 처음에는 지글거리는 형태의 선이 보이고 어느 정도의 주기(cycle)가 지나게 되면 증폭 곡선이 나타나기 시작하는데, 그 사이를 기저선이라 칭한다. 3～15번째 주기 정도에 나타나는 형광 신호이며, 이를 잡음(noise)이라고 칭하기도 한다. 기저선은 역치 주기(Ct)값의 정확성을 결정하기 때문에 주의하여 설정해야 한다.

(4) 역치

역치(threshold)는 기저선(baseline)과 구별되도록 하는 PCR 증폭산물의 형광이 증가하는 초기의 형광 세기를 의미한다(그림 8-19). 일반적인 실시간 PCR 장비들은 기저선의 표준편차에서 10배 정도 되는 신호의 수준을 역치로 설정하게 되어있다. 역치 수준은 지수적으로 증가하는 시기(exponential phase) 내에서 변경할 수 있다.

(5) 역치 주기

역치 주기(threshold cycle ; Ct)란 형광 방출량이 고정된 역치(threshold)를 초과하는 첫 번째 PCR 주기(cycle)의 수를 의미한다(그림 8-19). 실험에서 사용한 주형 DNA의 양이 어느 정도 존재하는지 측정할 때 사용하는 값을 말하며, 동일한 조건에서 실험한 경우 두 배 많은 양의 주형 DNA는 Ct값이 1주기(cycle)가 더 일찍 나타나게 된다. 즉, 주형 DNA의 양이 적을수록 주기(cycle)의 수가 증가한다.

(6) 검량선

검량선(standard curve)은 실시간 PCR에서 DNA의 정량분석을 위해 사용하는 곡선으로, 실험에 사용하는 주형 DNA의 농도를 알고 있다면 검량선을 제작할 수 있다. 다음 그림 8-20과 같이 검량선을 얻게 되면 같은 주형 DNA이지만 양을 알지 못하는 주형 DNA에 대해 농도를 알 수 있다. 검량선에서는 상관계수(correlation coefficient ; R^2)와 기울기(slope) 등을 확인해야 한다.

상관계수(R^2)는 실험값이 검량선과 얼마나 잘 맞는지, 그래프의 직선화가 얼마나 잘 이루어졌는지를 보여준다. 가장 이상적인 수치는 1이지만, 일반적으로 0.999에 가깝게 측정된다. 상관계수(R^2)가 0.999 이상일 경우 실험값과 검량선이 잘 맞는다고 간주하며, 상관계수가 낮은 검량선은 시료의 정량에 활용하기 어렵다.

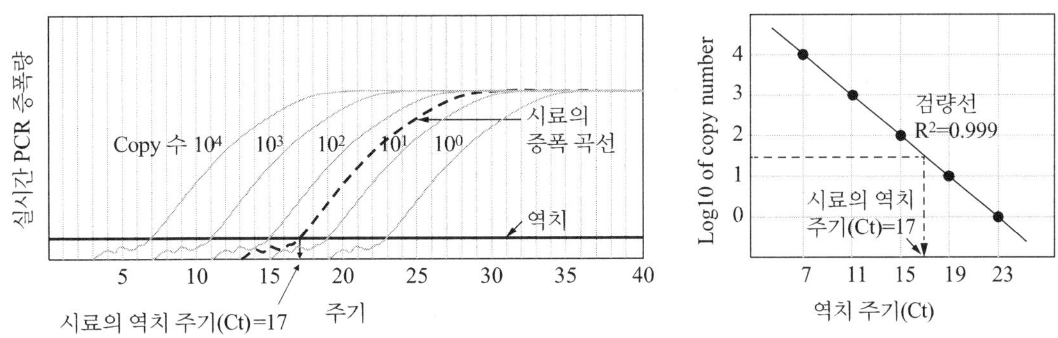

그림 8-20 실시간 PCR의 정량을 위한 검량선 작성

(7) 효율성

실시간 PCR의 효율성(efficiency)은 검량선의 기울기(slope) 값을 토대로 식 8-1을 사용하여 유추할 수 있다(그림 8-21). 이상적인 PCR의 효율성은 100%이며(기울기로 환산 시 −3.32), 각 주기(cycle)마다 증폭이 2배씩 이루어짐을 의미한다. 가장 좋은 PCR 반응의 효율은 90~110%이며, 기울기로 환산 시 −3.58~−3.10 사이이다.

$$\text{효율성(efficiency)} = (10^{(-1/slope)} - 1) \times 100\% \qquad (\text{식 } 8\text{-}1)$$

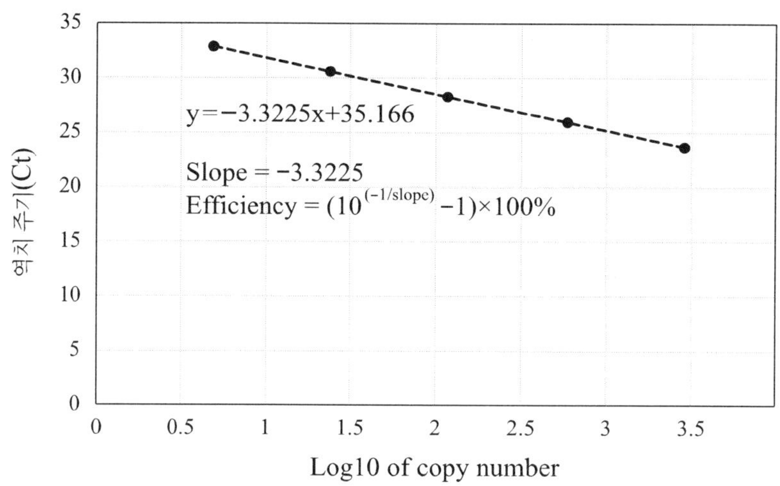

그림 8-21 실시간 PCR의 효율성을 살펴보기 위한 그래프 작성

6) 어류의 내분비계 교란독성을 확인하기 위한 실시간 PCR 예시

(1) 시료의 mRNA 추출

일본산 송사리의 조직(생식소)을 적출한 후, spin column 방식의 mRNA 준비 키트(prep kit)를 이용하여 mRNA를 추출하는 방법을 간략히 소개하고자 한다(그림 8-22). 상용화된 키트가 시중에 판매되고 있으며, 일부 구성품이나 과정은 키트마다 다를 수 있다. RNA는 DNA처럼 안정한 상태가 아니므로 RNA 추출과정에 사용되는 모든 공간, 기기, 피펫 등은 70% 에탄올을 이용해

닦아 RNase를 최대한 제거해야 하며, 관련 시약을 다룰 때 라텍스 장갑, 마스크를 착용해야 한다.

- 조직 시료(5～30 mg이 적당)가 담겨 있는 1.5 mL 에펜도프 튜브(eppendorf tube)에 용해 용액(lysis buffer ; 350 μL)을 넣은 후, 균질기(homogenizer)를 이용하여 시료를 균질화(homogenize)한다.
- 균질화한 시료를 원심분리(> 8,000 × g, 2분)한 후, 조심스럽게 튜브를 꺼내 상등액(RNA 포함)의 액체만 새로운 1.5 mL 튜브로 옮긴다.
- 70% 에탄올을 용해 용액과 동량(예 : 350 μL)으로 넣고 피펫으로 잘 섞어준다. 혼합 시 아지랑이가 피는 모습이 관찰된다.
- mRNA를 부착시키는 필터가 장착된 튜브 안에 시료(350 μL 용해 용액 + 350 μL 70% 에탄올 = 700 μL)를 옮겨 넣는다. 뚜껑을 조심히 닫아 원심분리(> 8,000 × g, 15초)를 한 후, 튜브를 꺼내 필터를 통과한 액체를 버린다.
- 세척 용액(wash buffer)을 이용해 시료 속의 단백질 등 불순물을 제거한다. 이 과정을 2번 반복하며, 마지막 원심분리할 때에는 필터에 용액이 남아 있지 않도록 조금 오래 원심분리를 한다(> 8,000 × g, 1분).
- mRNA를 부착시키는 필터를 새로운 튜브에 장착시키고, 30～50 μL의 RNAse-free water를 필터에 골고루 스며들게 넣는다. 1분 가량 기다린 후, 원심분리를 한다(> 8,000 × g, 1분).

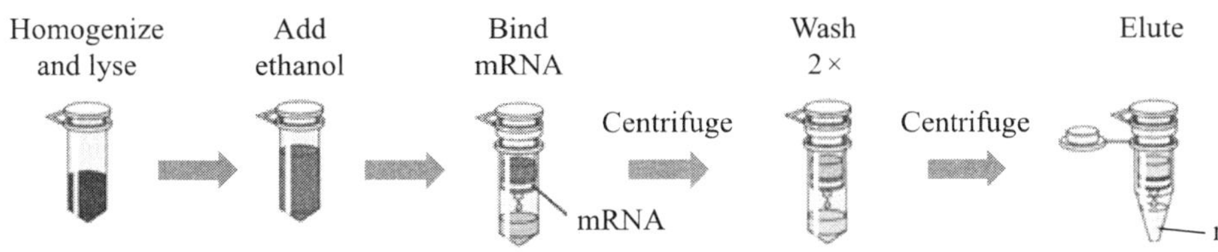

그림 8-22 시료에서 mRNA를 추출하는 과정

자료 : RNeasy Mini kit (Qiagen)를 참고하여 저자 재작성

(2) 상보적 DNA (cDNA) 합성

분리된 mRNA는 단일 가닥의 불안정한 상태이기 때문에 역전사 효소(reverse transcriptase)를 이용해 상보적 DNA (cDNA)로 합성하는 것이 필요하다. 상용화된 키트가 시중에 판매되고 있으며, 주형 RNA (total RNA 또는 mRNA)에 프라이머, 역전사 효소, dNTP, RNase inhibitor, 완충용액(buffer) 등을 넣어 cDNA로 합성할 수 있다. 시약을 넣을 때에는 필요량이 가장 많은 시약을 먼저 넣고, 필요량이 가장 적고 온도 변화에 민감한 효소(enzyme)를 가장 마지막에 넣는다. mRNA의 3′poly (A) tail 부분부터 역전사 반응을 실시할 경우에는 oligo dT-primer를 사용한다(그림 8-23).

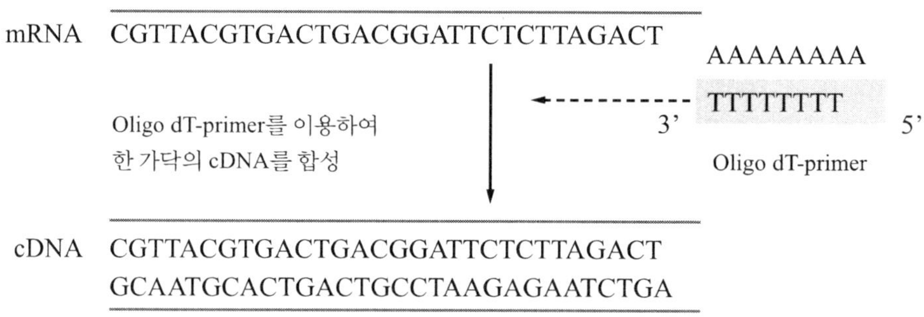

그림 8-23 Oligo dT-primer를 이용하여 상보적 DNA (cDNA)로 합성하는 원리

추출한 mRNA 또는 합성한 cDNA는 나노드랍(nanodrop)형 또는 일반형 분광광도계(spectrophotometer)를 이용하여 농도(concentration) 및 순도(purity)를 측정해야 한다(그림 8-24). 핵산(RNA, DNA)의 농도는 260 nm에서 흡광도(absorbance 또는 optical density)를 측정하여 결정할 수 있으며, 순도는 260 nm의 흡광도 값을 280 nm 또는 230 nm 흡광도 값으로 나눈 비율로 결정한다. 즉, A260/280 ratio가 1.8～2.0일 경우, A260/230 ratio가 2.0～2.2일 때 순도가 좋음을 의미한다. A260/280 ratio 값이 낮은 것은 핵산의 농도가 매우 낮거나 단백질 오염, DNA가 녹아 있는 용액의 pH가 낮음을 의미한다. A260/230 ratio 값이 낮은 것은 spin column 방식의 prep kit에서 추출 완충용액(buffer) 성분으로 사용된 구아니딘(guanidine)이 남아 있거나 오염물질이 존재하는 경우를 의미한다.

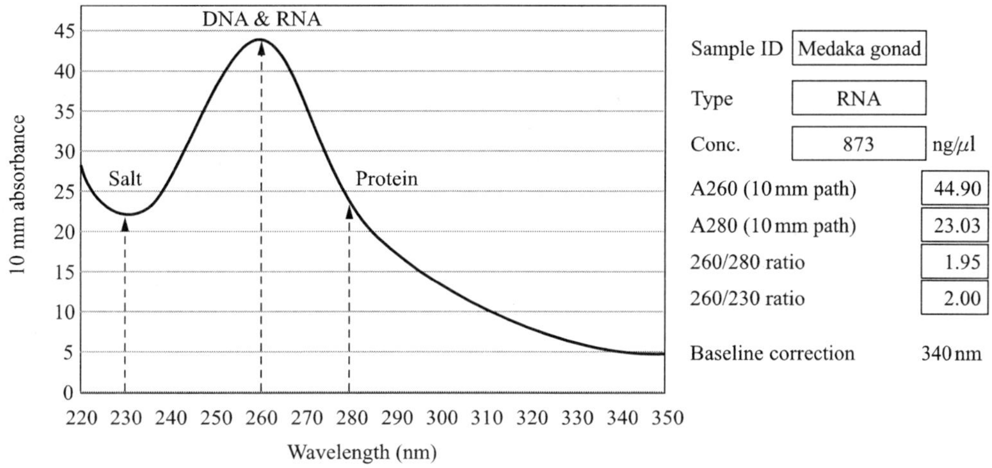

그림 8-24 분광광도계를 이용한 핵산(RNA, DNA)의 농도 및 순도 측정

(3) 실시간 PCR

일본산 송사리의 생식소의 cDNA를 주형 DNA로 간주하여 프라이머, DNA 중합효소, 완충용액, dNTP 등을 넣어 실시간 PCR로 목표 유전자를 증폭시켜 정량할 수 있다. 아래에는 수컷 일본산 송사리의 비텔로제닌(vitellogenin) 유전자 발현을 측정하여 내분비계 교란독성을 평가하는 방법에 대해 시연하였다.

비텔로제닌은 어류 등 난생동물의 알에 영양분으로 사용되는 난황 단백질의 전구물질로(그림 8-25), 간에서 만들어져 혈액을 타고 난소로 이동한다. 암컷

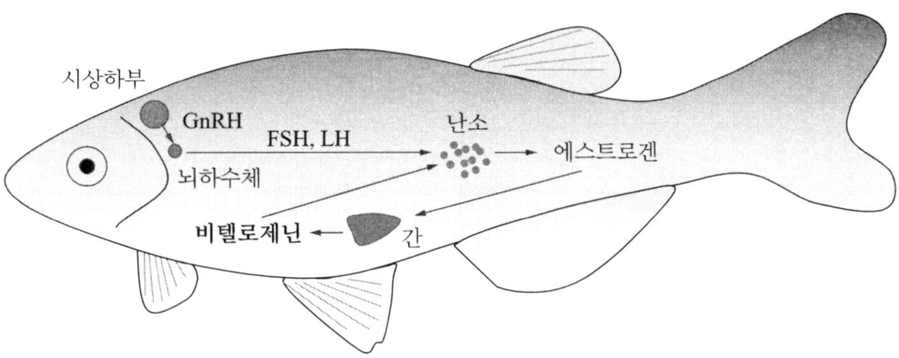

그림 8-25 어류에서 비텔로제닌의 발현 과정

에서만 만들어지는 물질이기 때문에, 이 단백질이 수컷에게서 발현된다는 것은 에스트로겐 호르몬의 성질을 갖는 내분비계 장애물질의 영향이 발생하였음을 의미하며, 내분비계 장애물질의 생체지표로 이용되고 있다. 경제협력개발기구(OECD)에서는 시험지침 229 (Fish short term reproduction assay), 230 (21-day fish assay: a short-term screening for oestrogenic and androgenic activity, and aromatase inhibition)에 내분비계 장애 영향 관찰을 위한 종말점으로서 형태학적 관찰, 조직학적 관찰, 생체지표로서 비텔로제닌 측정을 포함하고 있다.

일본산 송사리의 비텔로제닌 유전자 발현을 살펴보기 위해 실시간 PCR을 구동하기 위해서는 적절한 프라이머와 프로브를 제작하는 것이 필요하다. 유전자 은행(GenBank ; https://www.ncbi.nlm.nih.gov/genbank)에서 다양한 생물종의 유전자 서열을 검색할 수 있으며, '*Oryzias latipes* (일본산 송사리의 학명), vitellogenin'을 입력하면 일본산 송사리의 비텔로제닌 유전자 서열을 확인할 수 있다(그림 8-26).

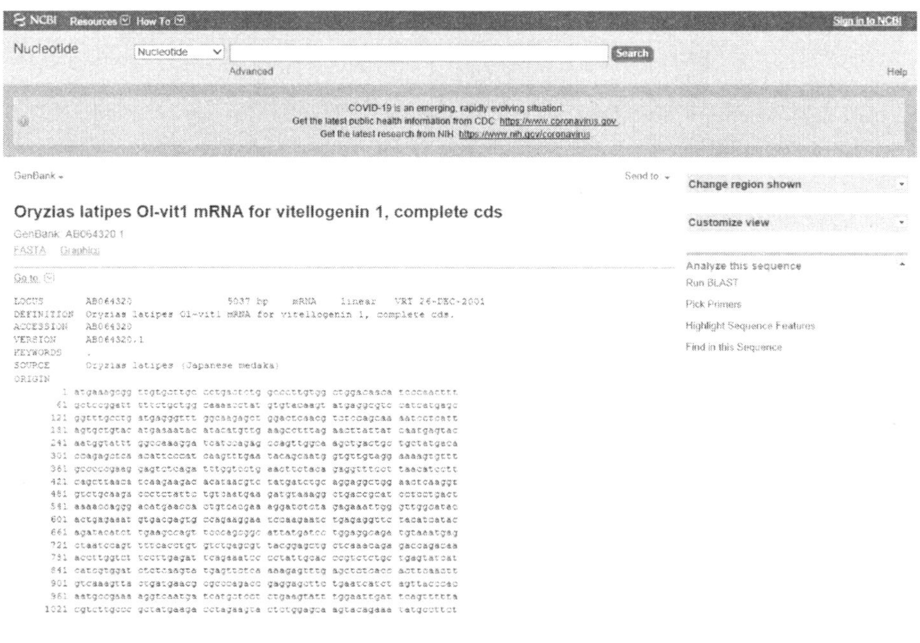

그림 8-26 일본산 송사리의 비텔로제닌 유전자 서열 검색 결과

자료 : GenBank를 참고하여 저자 재작성

이 정보를 보면 유전자의 이름이 “DEFINITION *Oryzias latipes* Ol-vit1 mRNA for vitellogenin 1, complete CDS”라고 되어 있는데, 유전자의 일부이면 “partial sequence”, 코딩 서열이 완전하면 “complete CDS”란 말이 붙는다. 이 유전자는 5,037 bp의 크기를 가지고 있으며, “AB064320”란 고유 등록번호(accession number)가 부여되어 있다. 그 밑으로 “ORIGIN”이라고 하여 우리가 프라이머를 제작할 때 필요로 하는 DNA 서열이 나온다. GenBank에서는 mRNA이든 DNA이든 ACGT를 사용해서 표기하며, RNA라고 해서 U를 쓰지 않는다. 또한, mRNA에서 유래하는 cDNA라고 해서 mRNA와 상보적인(염기서열이 반대인) 서열을 사용하지 않는다. 방향은 무조건 5′ → 3′방향으로 쓰며, 이중 가닥에서의 sense strand만을 표기한다.

프라이머를 제작할 때에는 몇 가지 고려해야 할 사항이 있다. 우선, 연구목적에 맞는 관심부분의 서열이 포함되어야 하며 증폭하려는 부위의 크기를 고려해야 한다. 단백질 발현을 살펴보기 위해 전체 서열이 필요한 경우도 있지만, 대개는 어떤 mRNA가 얼마나 존재하는지 조사하기 위해 PCR을 진행하는 경우가 많다. 이러한 목적을 위해서는 긴 서열을 주형 DNA로 간주하여 증폭시킬 필요가 없으며, 대개는 200∼400 bp 정도를 증폭시킨다. 다음 그림 8-27에 일본산 송사리의 비텔로제닌 유전자 실험에서 증폭할 부위와 증폭에 사용할 프라이머 부위를 표시하였다. PCR로 증폭할 수 있는 서열의 길이는 114 bp 정도이다.

관심있는 부위와 길이가 결정되었다면 염기서열을 살펴가면서 프라이머를 선정한다. 이 때 중요한 것은 프라이머의 길이와 G와 C의 비율이다. 프라이머의 길이가 길수록, G와 C의 함유율이 많을수록 프라이머와 주형 DNA 사이에 형성되는 수소결합의 수가 많아지며, 프라이머가 결합(annealing)되는 온도는 수소결합의 수가 많을수록 높아지게 된다. 즉, 온도를 적게 내려도 수소결합이 많으면 프라이머가 결합되는 것이다. 따라서 프라이머를 선정할 때 가급적 정방향(forward)과 역방향(reverse) 프라이머의 길이, G와 C의 함유율을 비슷하게 하여 Tm값을 일치하게 만드는 것이 좋다. 선정할 부분을 앞뒤로 움직여가면서 G와 C의 함유율이 50% 내외, 프라이머의 길이가 20개 내외인 부분을 고르는 것이 좋다. 추가적으로 반복되는 염기서열이나 프라이머 내부에서 결합이 일어날 수 있는 염기서열은 피해야 한다. 요즘에는 프로그램을 이용해 대상 유전자의 증폭에 적합한 프라이머를 선정하기도 한다.

프라이머 부위를 선정하여 합성할 준비가 되었다면 이를 합성해주는 회사에 주문을 하면 된다. 주문서에는 5′에서 3′ 방향으로 쓰게 되어있으며, 역방향(reverse) 프라이머의 방향을 잘 확인해야 한다. 즉, 그림 8-27에서 정방향(forward) 프라이머는 염기서열의 상보적 서열을 적은 후 왼쪽 → 오른쪽 방향으로 기재하면 되나, 역방향(reverse) 프라이머는 염기서열의 상보적 서열을 적은 후 오른쪽 → 왼쪽 방향으로 기재를 한다.

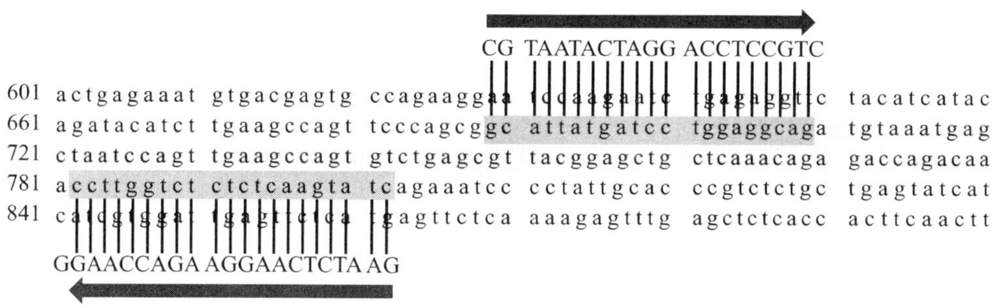

Forward primer : CGT AAT ACT AGG ACC TCC GTG (11/21 = 52%)
Reverse primer : GAA TCT CAA GGA AGA CCA AGG (10/21 = 47%)
PCR로 증폭할 수 있는 길이 : 802 - 688 = 114 bp

그림 8-27 일본산 송사리의 비텔로제닌 유전자 발현에 대한 프라이머 제작 예시

프라이머를 주문하면 작은 튜브에 동결건조된 프라이머가 담겨 오며, 이를 Tris-EDTA buffer (pH 8.0) 또는 증류수에 녹여서 사용한다. 배송될 때 프라이머의 농도와 순도가 기재된 서류가 동봉되며, 이 서류를 보면 얼마에 녹여 100 pmole/μL 원액(stock)을 만들 수 있는지 알 수 있다. 프라이머 원액은 −20℃에 보관하며, 필요할 때 희석해서 사용한다.

실시간 PCR에 SYBR Green 형광을 사용할 때에는 프로브를 제작할 필요가 없으나, TaqMan probe 방법을 이용할 때에는 프라이머로 복제되는 구간의 중간 부분에 프로브를 제작하는 것이 필요하다. 요즘에는 주요 실험동물에서 많이 사용되는 유전자 발현에 대해서는 상용화된 프로브가 제작되어 판매되고 있다.

96-well plate에 주형 cDNA, 프라이머, 완충용액, TaqMan probe 등을 넣은 후(그림 8-28), 혼합한 시료를 thermocycler 기계에 넣고 그림 8-29와 같은 프로그램으로 PCR을 시작한다. 이는 한 가지 예이며, 프라이머의 결합온도와 각 반응에 따라 최적 조건을 결정해 사용해야 한다.

	1	2	3	4	5	6	7	8	9	10	11	12
A	β-actin Control 1	β-actin Lowest 1	β-actin Highest 1	VTG Control 1	VTG Lowest 1	VTG Highest 1						
B	β-actin Control 1	β-actin Lowest 1	β-actin Highest 1	VTG Control 1	VTG Lowest 1	VTG Highest 1						
C	β-actin Control 2	β-actin Lowest 2	β-actin Highest 2	VTG Control 2	VTG Lowest 2	VTG Highest 2						
D	β-actin Control 2	β-actin Lowest 2	β-actin Highest 2	VTG Control 2	VTG Lowest 2	VTG Highest 2						
E	β-actin Control 3	β-actin Lowest 3	β-actin Highest 3	VTG Control 3	VTG Lowest 3	VTG Highest 3						
F	β-actin Control 3	β-actin Lowest 3	β-actin Highest 3	VTG Control 3	VTG Lowest 3	VTG Highest 3						
G												
H												

TaqMan Master mix: 10 μL
Water: 6 μL
cDNA template: 3 μL
TaqMan gene expression assay: 1 μL
Total: 20 μL

그림 8-28 실시간 PCR 구동 시연

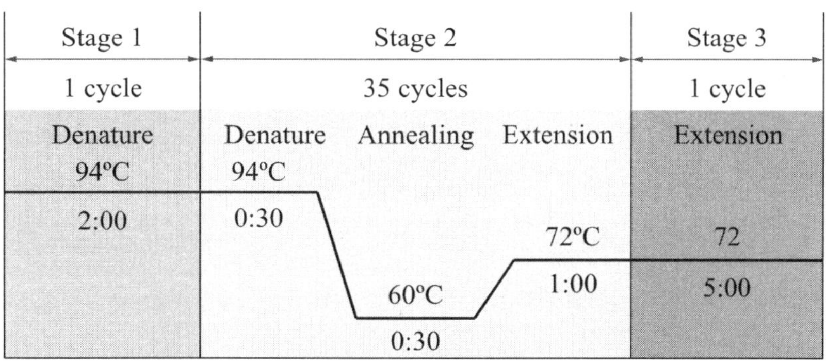

그림 8-29 Thermocycler의 프로그램 예시

8-2 효소결합면역흡착검사(ELISA)

효소결합면역흡착검사(enzyme-linked immunosorbent assay ; ELISA)는 항체나 항원에 효소를 표지하여 효소의 활성을 측정하고, 항원(antigen)-항체(antibody) 반응의 강도와 그 양을 정량적으로 측정하는 방법이다. ELISA라는 명칭에서 알 수 있듯이, 이 방법에는 효소(enzyme)가 이용되며, 항체나 항원이 고체상에 흡착(immunosorbent)되어 있는 원리가 포함되어 있다. 효소결합면역흡착검사(ELISA)는 비교적 간단하고 저렴하며 방사선면역시험법(radio immunoassay)과 같이 민감한 반응이면서도 방사능을 사용하지 않는다는 장점이 있어서 의학이나 독성학 분야에서 빈번하게 사용하고 있다.

1) 효소결합면역흡착검사(ELISA)의 종류

효소결합면역흡착검사(ELISA)에는 직접적 정량법, 간접적 정량법, 샌드위치 정량법, 경쟁적 정량법 등이 있다. 다양한 면역 정량법이 개발되고 있으며, 환경독성학 분야에서는 샌드위치와 경쟁적 ELISA 방법이 가장 빈번하게 사용된다.

(1) 직접적 정량법(direct ELISA)

직접적인 ELISA는 플레이트에 고정된 항원에 효소(enzyme)가 결합된 항체를 직접 반응시키는 방법이다(그림 8-30). 항원의 양을 측정할 때 주로 사용되며, 항체와 결합시키는 항체로는 horseradish peroxidase (HRP), alkaline phosphatase (AP)가 대표적이다. 직접적인 ELISA는 다른 면역 분석법에 비해 검출방법이 간편하고 시간이 매우 적게 걸리지만, 민감도와 특이도가 샌드위치 ELISA에 비해 떨어지는 단점이 있다.

그림 8-30 직접적 정량법(Direct ELISA)의 원리

(2) 간접적 정량법(indirect ELISA)

간접적인 ELISA는 플레이트에 고정된 항원과 반응하는 1차 항체에는 효소가 없고, 1차 항체에 반응하는 2차 항체에 효소를 결합시켜 분석하는 방법이다(그림 8-31). 이 방법은 항체의 정성, 정량에 이용되며, 2차 항체를 사용하여 신호를 증폭할 수 있어 검출 능력이 향상될 수 있다.

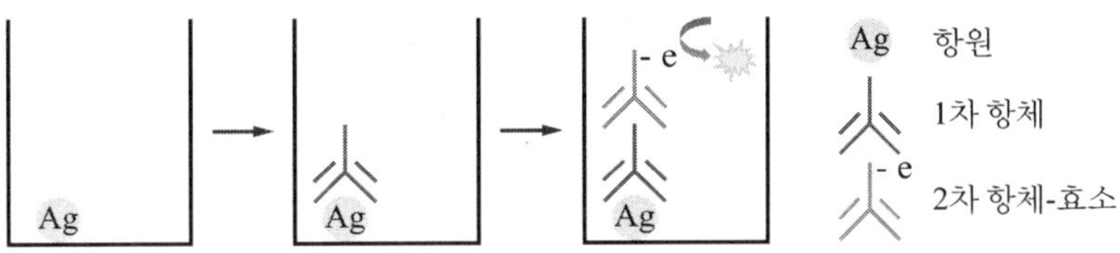

그림 8-31 간접적인 ELISA (Indirect ELISA)의 원리

(3) 샌드위치 정량법(sandwich ELISA)

샌드위치 ELISA는 항체를 플레이트에 먼저 부착시키고, 그 항체에 항원을 결합시킨 다음 추가로 효소가 표지된 항체를 결합시켜 조사하는 방법이다(그림 8-32). 항원의 양이 적을 때 또는 미지의 시료에 들어있는 항원을 조사할 때 사용하며, 다른 진단 방법에 비해 민감도가 높다.

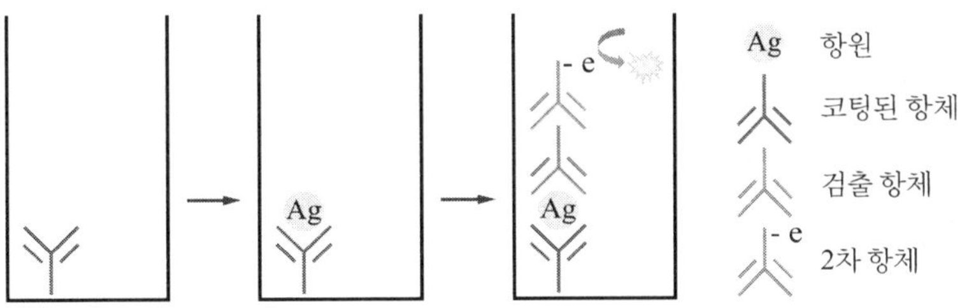

그림 8-32 샌드위치 ELISA (Sandwich ELISA)의 원리

(4) 경쟁적 정량법(competitive ELISA)

경쟁적 ELISA는 항체의 동일 결합 부위에 대한 2가지 항원 간의 경쟁을 통해 이루어지는 반응을 측정하는 것으로(그림 8-33), 억제 항원(inhibitor antigen)의 양이 증가할수록 검출되는 신호는 점점 낮아지는 원리를 이용한다. 2가

지 항원 중 하나는 동위원소나 효소로 표지된 항원이며, 비표지된 항원은 정량하고자 하는 항원을 의미한다. 시료에 포함되어 있는 비표지된 항원과 항체의 반응에 따라 반응 결합물에서 약한 표지 신호가 검출되며, 검량선을 통해 시료 속에 포함된 항원을 정량할 수 있다.

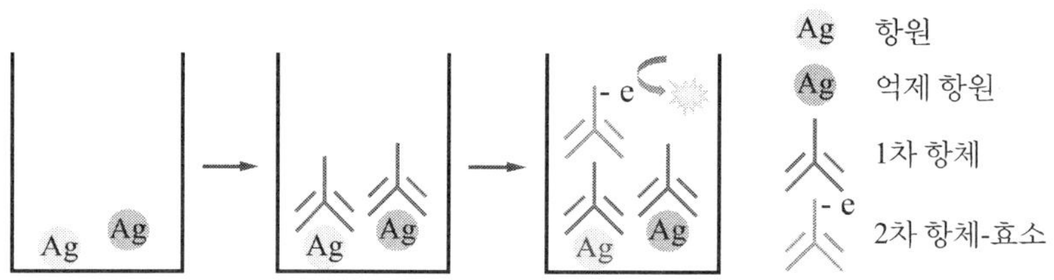

그림 8-33 경쟁적 ELISA (Competitive ELISA)의 원리

2) 어류의 내분비계 교란독성을 확인하기 위한 ELISA 예시

일본산 송사리의 혈액 또는 간 조직을 수집한 후 효소결합면역흡착검사(ELISA)를 이용하여 비텔로제닌을 측정할 수 있다. 상용화된 키트가 많이 판매되고 있으며(그림 8-34), 본 교재에서는 혈액 시료를 수집하여 샌드위치 ELISA로 분석하는 방법에 대해 소개하고자 한다.

일본산 송사리는 크기가 매우 작아 혈액을 수집하는 것이 쉽지 않다. 송사리의 꼬리지느러미를 자른 후 눈금이 있는 모세관을 찔러 혈액(1~2 μL)을 추출한다. 200 μL buffer에 희석한 후 5,000 × g에서 20분간 원심분리하고, 상등액을 새로운 튜브에 옮겨 시험 전까지 영하 20℃에 보관한다.

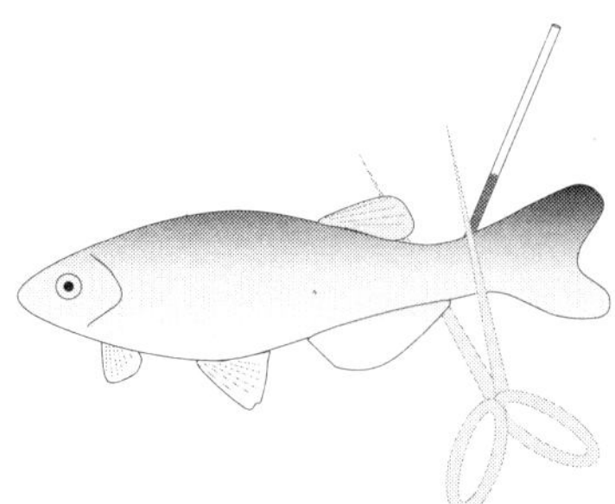

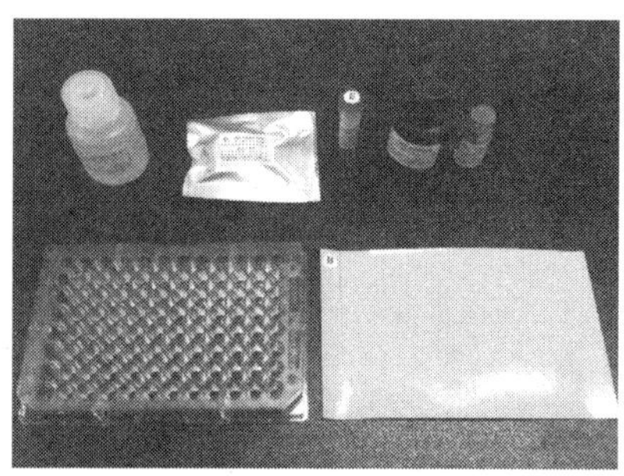

그림 8-34 일본산 송사리의 비텔로제닌을 측정하기 위한 혈액 수집과 ELISA 키트 부속품

비텔로제닌 항체가 고정되어 있는 96-well 플레이트에 분석하려는 시료 중의 비텔로제닌 단백질을 항체에 결합시킨다. 효소(HRP)가 표지된 2차 항체를 결합시킨 후 기질을 이용하여 흡광도를 측정하게 된다(그림 8-35). 내분비계 장애물질에 노출되었을 때 수컷 일본산 송사리에서 비텔로제닌 발현이 유의하게 증가하며, 혈액에서 측정한 비텔로제닌 단백질과 실시간 중합효소연쇄반응(real-time PCR)로 측정한 비텔로제닌 유전자 발현은 대부분 비례관계를 보인다. 비스페놀 A에 노출된 수컷 일본산 송사리에서의 비텔로제닌 측정 결과를 예시로 제시하였다(그림 8-36).

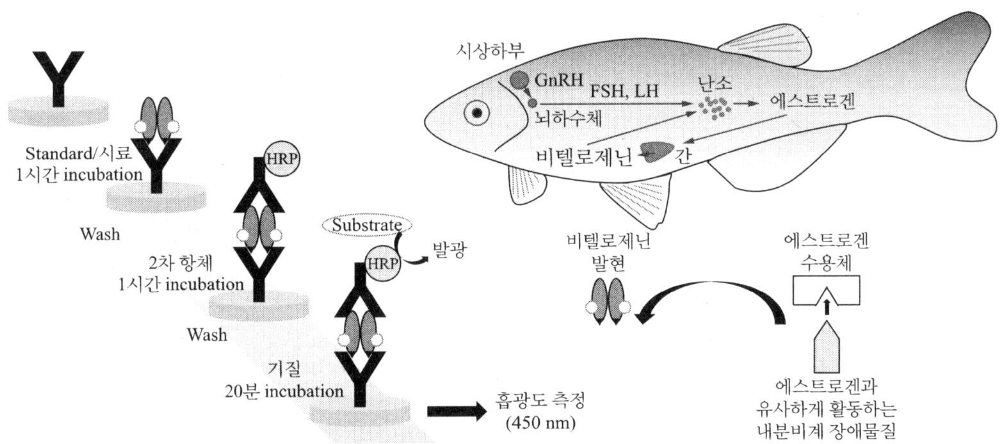

그림 8-35 샌드위치 ELISA를 이용한 일본산 송사리의 비텔로제닌 측정 방법 시연

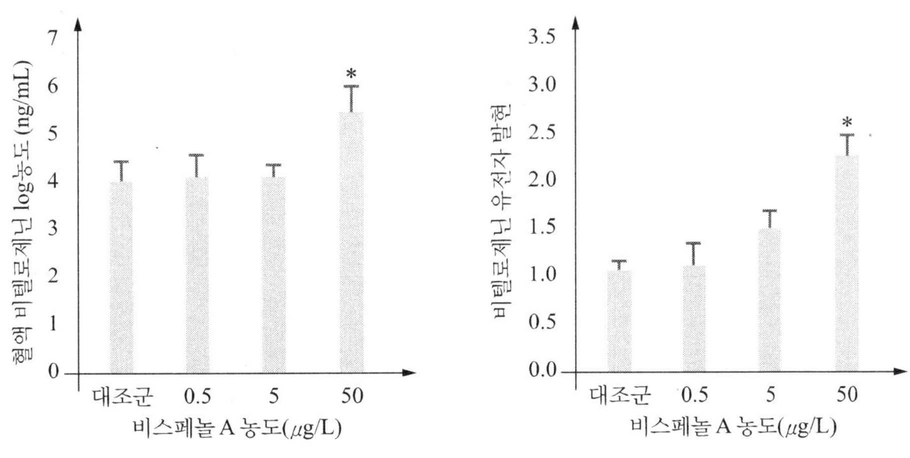

그림 8-36 샌드위치 ELISA를 이용한 일본산 송사리의 비텔로제닌 측정 결과 시연

예상문제

1. DNA에 대한 설명으로 옳은 것은?

① 화학적 극성 차이로 3′에서 5′으로 염기쌍이 합성된다.
② DNA의 염기는 A, G, U, C로 구성된다.
③ Cytosine과 guanine은 삼중 수소 결합을 지닌다.
④ 2개의 상보적인 nucleoside로 구성된다.

해설 ① 화학적 극성 차이로 5′에서 3′으로 염기쌍이 합성된다.
② DNA의 염기는 A, G, T, C로 구성된다.
④ 2개의 상보적인 nucleotide로 구성된다.

2. 제브라피쉬의 β-actin 유전자 발현을 검출하기 위해 제작한 정방향(forward) 프라이머이다. 프라이머를 결합(annealing)하는 과정에 필요한 온도로 옳은 것은?

5′-GCAACTAGCTTCGACCTACGC-3′

① 50℃ ② 54℃
③ 57℃ ④ 60℃

해설 A-5개, T-4개, C-8개, G-4개로 구성되어 있어 5개 × 2℃ + 4개 × 2℃ + 8개 × 3℃ + 4개 × 3℃ = 54℃이다.

3. 역전사(reverse transcription)에 필요한 시약 중 마지막에 넣어야 할 시약으로 옳은 것은?

시약	필요량	시약	필요량
• Water	• 25.5 μL	• Forward primer	• 2.5 μL
• 10× Reaction Buffer	• 5 μL	• Reverse primer	• 2.5 μL
• $MgCl_2$	• 5 μL	• Target DNA	• 1 μL
• dNTPs	• 8 μL	• Polymerase enzyme	• 0.5 μL
		Total	50 μL

① Water
② 10 × Reaction buffer
③ Target DNA
④ Polymerase enzyme

해설 중합 효소는 온도에 민감하기 때문에 가장 마지막에 넣는다.

4. DNA를 전기적인 힘으로 겔에서 이동시켜 크기에 따라 분리시켰을 때 가장 가벼운 입자로 옳은 것은?

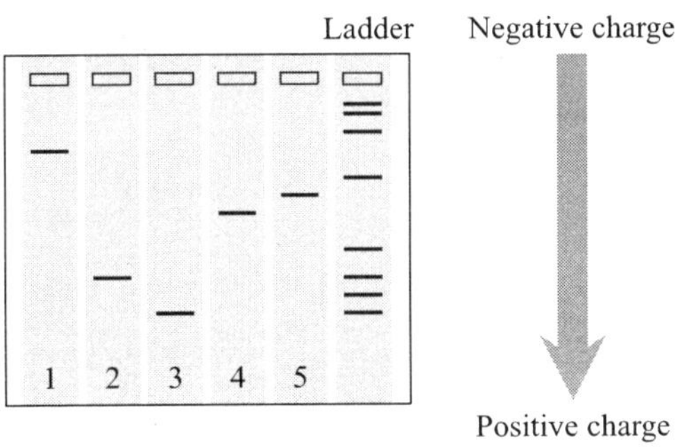

해설 가장 가벼운 입자가 멀리까지 이동한다.

5. 전통적인 PCR과 비교하였을 때 실시간 PCR의 장점으로 옳지 않은 것은?

① 민감도, 특이도가 높다.
② 교차 오염이 많이 발생한다.
③ 반응 시간이 짧으며, 겔 전기영동 과정이 필요 없다.
④ 프로브 특이적인 형광을 검출하여 정량적인 결과를 확보한다.

해설 튜브(tube)가 닫혀있는 상태로 결과를 바로 분석하기 때문에 교차 오염이 적게 발생한다.

6. TaqMan probe를 사용하는 실시간 PCR에 대한 설명으로 옳지 않은 것은?

① SYBR Green 계열의 형광물질에 비해 비싼 편이다.
② 5′end에는 형광물질(reporter)이, 3′end에는 형광을 흡수하는 quencher가 결합되어 있다.
③ 한 쌍의 프라이머 외에 증폭 대상 부위의 중간에 프로브가 있어 민감도, 특이도가 높다.
④ 증폭이 끝난 후 증폭된 DNA 산물에 대해 melting curve를 측정하여 비특이적 증폭 여부를 판별한다.

해설 SYBR Green 계열의 형광물질을 사용할 때에는 증폭된 DNA 산물에 대해 melting curve를 측정하여 비특이적 증폭 여부를 판별한다.

7. 다음 그래프에서 초기 DNA 양이 가장 많을 때 나타날 수 있는 실시간 PCR의 증폭곡선으로 옳은 것은?

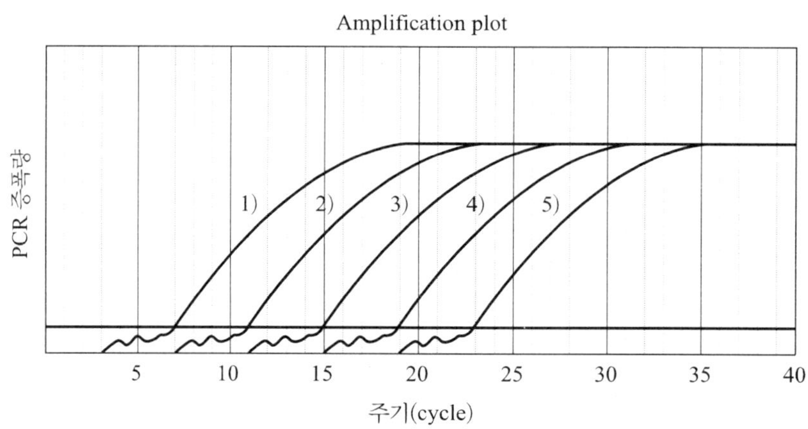

해설 초기 산물량이 많을수록 증폭곡선이 앞쪽에 나타난다.

8. 프라이머를 제작할 때 고려해야 할 사항으로 옳지 않은 것은?

① 연구목적에 맞는 관심부분의 서열이 포함되어야 하며, 주형 DNA의 1000~2000 bp 정도가 증폭되도록 제작한다.
② 정방향(forward), 역방향(reverse) 프라이머의 길이가 비슷하도록 제작한다.
③ 반복적인 구간을 피해야 하며, G와 C의 함유율이 약 50%이어야 한다.
④ 약 20개 내외의 염기서열로 구성되도록 제작한다.

해설 프라이머가 증폭하는 주형 DNA의 길이가 200~400 bp 정도 되는 것이 좋다.

9. 미지에 들어있는 항원을 조사하기 위해 플레이트에 항체를 먼저 부착시킨 후 항원을 결합시키고 그 다음 효소가 표지된 항체를 결합시켜 조사하는 효소결합면역흡착검사(ELISA)로 옳은 것은?

① Direct ELISA
② Indirect ELISA
③ Sandwich ELISA
④ Competitive ELISA

해설 샌드위치 ELISA는 항체를 플레이트에 먼저 부착시키고, 그 항체에 항원을 결합시킨 다음 추가로 효소가 표지된 항체를 결합시켜 조사하는 방법이다. 항원의 양이 적을 때 또는 미지의 시료에 들어있는 항원을 조사할 때 사용하며, 다른 진단 방법에 비해 민감도가 높다.

10. 비텔로제닌에 대한 설명으로 옳지 않은 것은?

① 어류 등 난생동물의 알에 영양분으로 사용되는 난황 단백질의 전구물질이다.
② 난소에서 만들어져 혈액을 타고 간으로 이동한다.
③ 이 단백질이 수컷에게서 발현되면 에스트로겐 호르몬의 성질을 갖는 내분비계 장애물질의 영향이 발생하였음을 의미한다.
④ OECD 시험지침 229 (fish short term reproduction assay)에서 내분비계 장애물질의 생체지표로 활용된다.

해설 간에서 만들어져 혈액을 타고 난소로 이동한다.

정답 1. ③ 2. ② 3. ④ 4. ③ 5. ② 6. ④ 7. ① 8. ① 9. ③ 10. ②

a
b
c

Chapter 9. 국내 · 외 화학물질 관리
Chapter 10. 독성시험법의 변화

제 4 편
화학물질 관리를 위한 독성 자료의 활용

CHAPTER 9

국내 · 외 화학물질 관리

9-1 미국 「독성물질관리법(TSCA)」

미국 「독성물질관리법(Toxic Substance Control Act ; TSCA)」은 1976년 10월 11일에 승인되어 1977년 1월 1일에 발효되었으며, 일본의 「화학물질심사규제법(1973년 제정)」에 이어 세계에서 두 번째로 산업용 화학물질을 규제하기 위해 제정된 법이다. 2016년 6월 22일 독성물질관리법(TSCA) 제정 후 40년 만에 「21세기 화학물질 안전법(Frank R. Lautenberg Chemical Safety for the 21st Century Act)」으로 개정되었다.

「독성물질관리법(TSCA)」 Section 8(b)에 따라 미국 환경보호청(US EPA)에서는 제조/수입/가공된 화학물질을 목록화하여 'TSCA inventory'를 구축하고 있다. 이 인벤토리에는 「독성물질관리법(TSCA)」 하에서 규제되는 화학물질(유기물질, 무기물질, 중합체 등)이 등록되어 있으며, 다른 규제기관의 적용을 받는 농약, 식품 및 식품첨가물, 의약품, 화장품, 담배, 핵물질, 영양분은 인벤토리에 등록되어있지 않다. TSCA inventory는 1979년 처음 출판되었고, 두 번째 버전(약 62,000개의 화학물질 포함)은 1982년에 출판되었다. 현재 약 85,000개의 화학물질이 등록되어 있으며(표 9-1), 1979년 이후부터 「독성물질관리법(TSCA)」이 개정되기 전까지 제출된 화학물질은 54,592종이다.

「독성물질관리법(TSCA)」에서는 화학물질을 제조하기 전에 유해성을 사전적으로 평가하여 사용 후에 미칠 위해성을 예방하자는 취지로 '사전제조 신고(Pre-manufacture notification ; PMN)' 절차를 규정하고 있다. 기존화학물질도 알려지지 않은 위해성이 있을 수 있기 때문에 위해성이 우려되는 기존화학물질은 제조업체에게 시험을 명할 수 있다. 신규화학물질을 상업적으로 제조/수입하려는 자는 제조/수입 90일 전에 사전제조 신고(PMN)를 미국 환경보호청

표 9-1. 2016년 6월 22일(TSCA 개정) 이전 화학물질 통계

종류	설명	제출된 화학물질 수 (1979~2016년)
Premanufacture Notices (PMN)	• 사전제조 신고 : 신규화학물질의 제조, 수입자는 90일 이전에 EPA에 관련 서류 제출(면제 조건의 신규화학물질은 보고 의무 없음)	40,151
Low Volume Exemptions (LVE)	• 소량 면제 : 연간 10톤 이하로 제조, 수입되는 물질의 경우 면제 입증 서류를 EPA에 제출, 30일 이내 승인 여부 통보	13,267
Research and Development Exemption	• 연구개발 면제 : 연구 & 개발 용도 물질의 경우 면제 입증 서류를 EPA에 제출	-
Low Release/Low Exposure Exemption (LoREX)	• 소량 배출과 노출 면제 : 소량 배출(지표수 1 ppb, 대기 1 $\mu g/m^3$ 미만), 소량 노출되는 물질의 경우 면제 입증 서류를 EPA에 제출, 30일 이내 승인 여부 통보	107
Test Marketing Exemption (TME)	• 시험판매용 면제 : 시험판매용 제조, 수입자는 해당 물질의 면제 입증 서류를 첨부하여 EPA에 제출, 45일 이내 승인 여부 통보	900
Polymer Exemptions	• 중합체 면제 : 물에 용해되거나 분산되지 않고 고체상으로만 사용되는 중합체의 경우 면제 입증 서류를 첨부하여 EPA에 제출	-
Microbial Commercial Activity Notice (MCAN)	• 미생물 상업활동 신고 : 미생물을 상업활동에 사용하는 자는 사전에 EPA에 서류 제출	111
Significant New Use Notice (SNUN)	• 중요신규사용 신고 : 화학물질의 용도 변경 시 제조, 수입, 가공자는 90일 이전에 EPA에 관련 서류 제출, 용도 평가를 진행해 해당 작업 제한, 금지 명령 여부를 90일 이내 통보	56
총 화학물질 수		54,592

자료 : https://www.epa.gov/reviewing-new-chemicals-under-toxic-substances-control-act-tsca/statistics-new-chemicals-review를 참고하여 저자 재작성

(US EPA)에 제출해야 한다. 환경보호청의 오염예방 및 독성 사무소(Office of Pollution Prevention and Toxics ; OPPT)에서 사전제조 신고(PMN)를 담당하

고 있으며, 연간 약 1,500~2,000건의 사전제조 신고(PMN)를 평가하고 있다. 1979년 이후부터 「독성물질관리법(TSCA)」 개정 전까지 약 40,000건(화학물질 수 40,151개)의 검토를 완료하였으며(표 5-1), 「21세기 화학물질 안전법」으로 개정한 이후 미국 환경보호청은 2,603건의 신규화학물질에 대한 검토를 완료하였다(표 9-2).

미국 환경보호청(US EPA)에서는 기존화학물질을 고(高)우선순위 화학물질(high-priority chemical)과 저(低)우선순위 화학물질(low-priority chemical)로 분류하고, 고(高)우선순위 화학물질에 대한 위해성 평가를 실시하고 있다(그림 9-1). 2016년 12월까지 10개, 2019년 12월까지 추가로 10개의 물질을 고(高)우선순위 화학물질로 지정하였고(표 9-3), 이 물질들에 대한 위해성 평가를 진행하고 있다.

표 9-2. 「21세기 화학물질 안전법」 개정 이후 화학물질의 사전제조 신고(PMNs), 미생물 상업활동 신고(MCANs), 중요신규사용 신고(SNUNs), 면제에 대한 건수 통계

분 류	건수
1. 검토가 완료된 경우	2,603
• 제한 없이 상업화할 수 있는 경우[TSCA 5(g)]	479
• 제한된 상태에서 상업화할 수 있는 경우[TSCA 5(e), 5(f)]	554
• 상업화할 수 없는 경우[TSCA 5(e)]	8
• 상업화가 금지된 경우[TSCA 5(f), 6(a)]	0
• 검토 과정에서 철회된 경우	274
• 소량(LVE/LoREX) 면제가 부여된 경우	1,085
• 소량(LVE/LoREX) 면제가 거부된 경우	130
• 소량(LVE/LoREX) 면제가 철회된 경우	73
2. 무효 또는 불완전한 것으로 결정된 경우	217
3. 현재 검토 중인 PMN/MCAN/SNUN 사례	303
총 건수	3,213

설명 2016년 6월 22일~2020년 2월 1일까지의 통계

자료 : https://www.epa.gov/reviewing-new-chemicals-under-toxic-substances-control-act-tsca/statistics-new-chemicals-review를 참고하여 저자 재작성

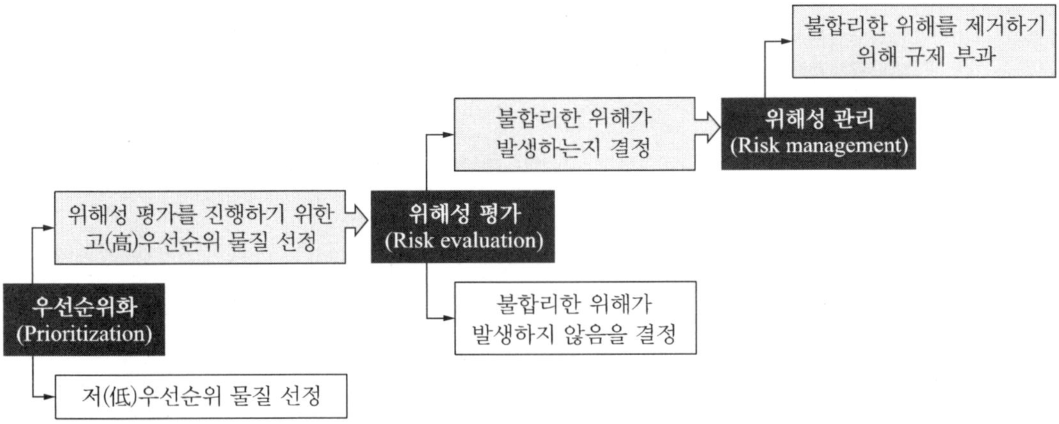

그림 9-1 미국 환경보호청(US EPA)에서 기존화학물질을 평가하는 3가지 단계

자료 : https://www.epa.gov/assessing-and-managing-chemicals-under-tsca/how-epa-evaluates-safety-existing-chemicals를 참고하여 저자 재작성

표 9-3. 미국 환경보호청(US EPA)에서 기존화학물질의 위해성 평가를 위한 우선순위 후보 화학물질

번호	화학물질명	CAS 번호	Docket 번호
1	p-dichlorobenzene	106-46-7	EPA-HQ-OPPT-2018-0446
2	1,2-dichloroethane	107-06-2	EPA-HQ-OPPT-2018-0427
3	trans-1,2-dichloroethylene	156-60-5	EPA-HQ-OPPT-2018-0465
4	o-dichlorobenzene	95-50-1	EPA-HQ-OPPT-2018-0444
5	1,1,2-trichloroethane	79-00-5	EPA-HQ-OPPT-2018-0421
6	1,2-dichloropropane	78-87-5	EPA-HQ-OPPT-2018-0428
7	1,1-dichloroethane	75-34-3	EPA-HQ-OPPT-2018-0426
8	dibutyl phthalate (DBP)	84-74-2	EPA-HQ-OPPT-2018-0503
9	butyl benzyl phthalate (BBP)	85-68-7	EPA-HQ-OPPT-2018-0501
10	di-ethylhexyl phthalate (DEHP)	117-81-7	EPA-HQ-OPPT-2018-0433
11	di-isobutyl phthalate (DIBP)	84-69-5	EPA-HQ-OPPT-2018-0434
12	dicyclohexyl phthalate	84-61-7	EPA-HQ-OPPT-2018-0504
13	4,4′-(1-methylethylidene)bis[2,6-dibromophenol] (TBBPA)	79-94-7	EPA-HQ-OPPT-2018-0462
14	tris(2-chlooethyl) phosphate (TCEP)	115-96-8	EPA-HQ-OPPT-2018-0476

번호	화학물질명	CAS 번호	Docket 번호
15	phosphoric acid, triphenyl ester (TPP)	115-86-6	EPA-HQ-OPPT-2018-0458
16	ethylene dibromide	106-93-4	EPA-HQ-OPPT-2018-0488
17	1,3-butadiene	106-99-0	EPA-HQ-OPPT-2018-0451
18	1,3,4,6,7,8-hexahydro-4,6,6,7,8,8-hexamethylcyclo penta[g]-2-benzopyran (HHCB)	1222-05-5	EPA-HQ-OPPT-2018-0430
19	formaldehyde	50-00-0	EPA-HQ-OPPT-2018-0438
20	phthalic anhydride	85-44-9	EPA-HQ-OPPT-2018-0459

자료 : https://www.epa.gov/assessing-and-managing-chemicals-under-tsca/how-epa-evaluates-safety-existing-chemicals를 참고하여 저자 재작성

유럽연합, 일본, 우리나라 등의 국가에서는 화학물질 등록 시 물질의 특성이나 제조·수입량에 따라 제출해야 하는 인체 건강 및 환경 유해성 시험자료가 규정되어 있으나, 미국의 사전제조 신고(PMN)에서는 필수적으로 제출해야 하는 시험자료 항목이 정해져 있지 않다. 즉, 신고자가 소유 또는 관리 중인 모든 시험자료를 보고해야 하나 의무적으로 요구되는 독성시험 세트가 존재하지 않는다. 사전제조 신고(PMN) 시 보고해야 하는 항목으로는 화학물질의 동질성 자료, 제조·수입·사용 정보, 인체 노출 및 환경 배출 자료, 물리화학적 특성 및 환경 거동 자료, 인체 건강 유해성 정보, 환경 유해성 정보이다(표 9-4).

표 9-4. 사전제조 신고(PMN)에 따른 등록 신청서 내용

사전제조 신고(PMN) 신청서 내용	
Part I. 일반정보	Section A. 신고자 확인사항 Section B. 화학물질 동질성 정보 1. 단일 화학물질 2. 고분자 화학물질 3. 불순물 4. 동의어 5. 무역 식별번호 6. 일반 화학물질명 7. 부산물

<table>
<tr><td></td><td colspan="2">Section C. 제조, 수입, 사용 정보
1. 생산량
2. 용도 정보
3. 유해성 정보</td></tr>
<tr><td rowspan="3">Part II. 인체 노출 및 환경 배출</td><td colspan="2">Section A. 신고자가 관리하는 사업장
1. 작업 설명
2. 직업적 노출
3. 환경 배출 및 폐기</td></tr>
<tr><td colspan="2">Section B. 타인이 관리하는 사업장
1. 작업 설명
2. 작업자 노출/환경 배출</td></tr>
<tr><td colspan="2">추가적인 오염 예방 정보</td></tr>
<tr><td rowspan="6">Part III. 첨부자료 리스트</td><td colspan="2"><물리화학적 특성과 환경 거동 정보></td></tr>
<tr><td>물질의 상태
증기압
밀도
수용해도
녹는점·끓는점
해리상수
옥탄올/물 분배계수(Kow)</td><td>휘발성
pH
인화성·폭발성
흡착·탈착
광분해·가수분해
점도
냄새</td></tr>
<tr><td colspan="2"><인체 건강 유해성 정보></td></tr>
<tr><td>발암성
변이원성·최기형성
신경/행동영향
생리학적 영향
흡수·분포·대사·배출
누적 및 혼합독성 영향</td><td>급성, 아만성, 만성 영향
구조활성 관계(QSAR)
역학 자료, 임상 연구 자료
생식독성
알레르기, 광독성
피부 자극성, 과민성</td></tr>
<tr><td colspan="2"><환경 유해성 정보></td></tr>
<tr><td>미생물 독성 시험
담수조류 생장저해
육생식물 독성
물벼룩 급·만성 독성
어류 급·만성 (초기생장단계)독성</td><td>조류(Avian) 식이/생식
생물 농축성
모형 생태계 연구
물리적 환경 손상 영향</td></tr>
</table>

자료 : https://www.epa.gov/reviewing-new-chemicals-under-toxic-substances-control-act-tsca/filing-pre-manufacture-notice-epa를 참고하여 저자 재작성

표 9-5. 미국 환경보호청(US EPA)에서 활용하는 예측 프로그램

예측 프로그램	설 명
Estimations Programs Interface for Windows Suite (EPI Suite)	화학물질의 구조에 기반해서 다양한 물리화학적 특성, 환경 거동, 분배계수 등을 예측
Ecological Structure Activity Relationships (ECOSAR)	화학물질의 구조를 활용하여 수서생물의 급만성 독성을 예측
Human Health Non-Cancer Screening Protocol	충분한 시험자료가 없을 경우 대상물질의 사람 건강 영향을 예측하기 위해 유사물질의 건강 영향 자료를 read-across activities로 활용
The Cancer Expert System (OncoLogic)	공개된 발암성 자료를 토대로 대상 화학물질(유기물, 고분자, 섬유, 금속)의 발암성을 예측
Chemical Screening Tool for Exposures and Environmental Releases (ChemSTEER)	제조, 가공, 사용을 통한 화학물질의 직업적 노출과 환경 배출을 예측
Exposure and Fate Assessment Screening Tool (E-FAST)	환경 중 화학물질 배출로 인한 환경 중 농도와 사람 노출량을 예측

자료 : https://www.epa.gov/tsca-screening-tools를 참고하여 저자 재작성

사전제조 신고(PMN)를 해야 하는 신고자는 독성시험 자료를 의무적으로 제출할 필요가 없으므로 자료를 심사하는 미국 환경보호청(US EPA)은 유사물질 자료, 예측 모델 등을 평가에 활용한다(NIH, 2015). 따라서 화학물질의 구조에 기반하여 물리화학적 특성, 환경 거동, 급만성 독성을 예측할 수 있는 프로그램이 많이 개발되어 있다. 예를 들어, Estimations Programs Interface for Windows Suite (EPI Suite), Ecological Structure Activity Relationships (ECOSAR) 등이 개발되었으며(표 9-5), 미국 환경보호청(US EPA)은 물리화학적 특성과 환경 유해성을 중심으로 예측 프로그램을 활용하고 있다.

실제로 사전제조 신고(PMN) 물질 중 생태독성시험 자료를 제출한 물질은 10~11%에 해당하며(NIH, 2015), 생태독성시험이 진행되지 않은 물질에 대해서는 화학물질의 구조를 활용하여 수서생물의 급만성 독성을 예측하는 프로그램인 ECOSAR를 적극적으로 활용하고 있다. ECOSAR는 특수한 범주의 화학물질을 제외하고는 생태독성을 예측하는 것이 가능하다. ECOSAR를 구동하여

fish LC_{50}, daphnid LC_{50}, green algae EC_{50}, fish chronic value, daphnid chronic value, green algae chronic value 예측값을 얻을 수 있으며, 2,6-dichlorobenzoic acid 물질에 대한 구동 예시를 그림 9-2에 제시하였다.

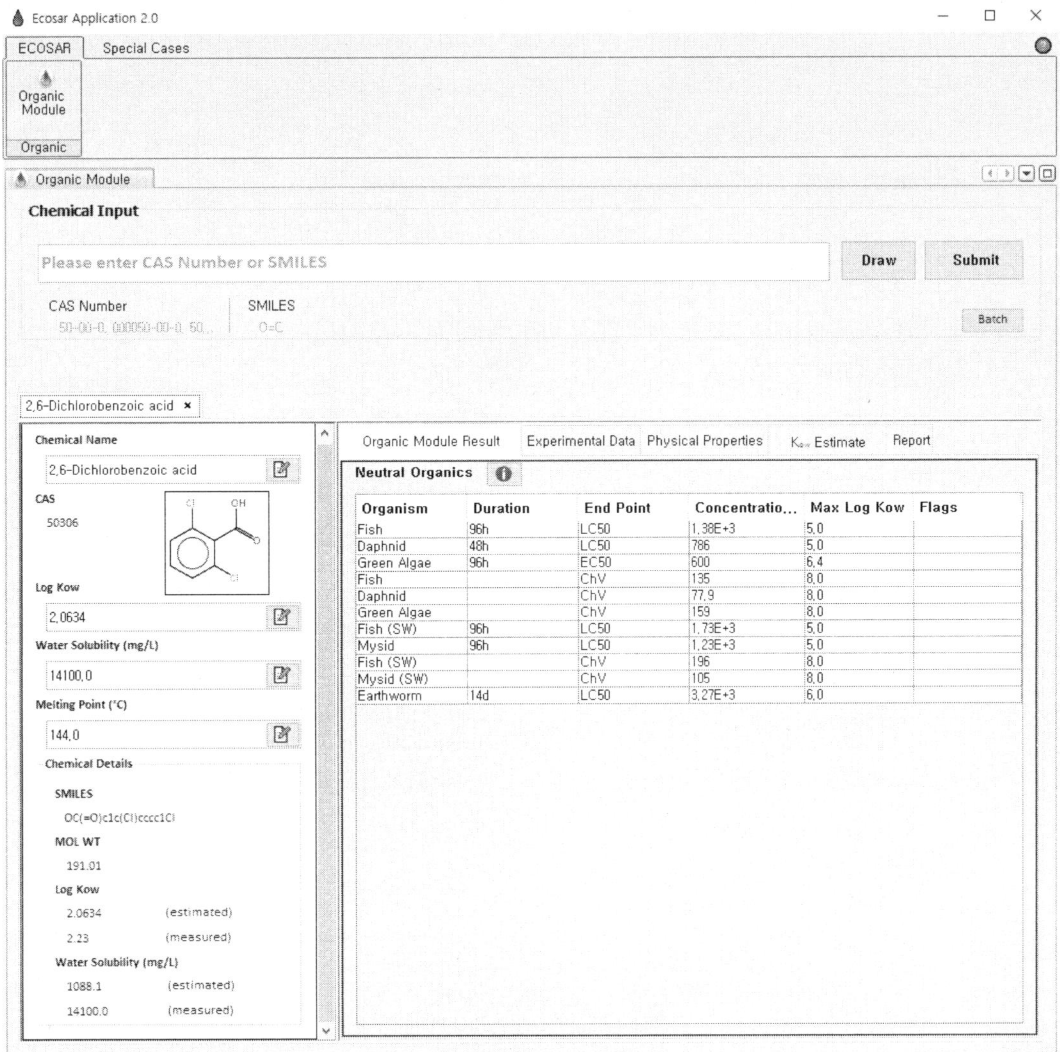

그림 9-2 ECOSAR를 활용한 독성예측값 예시

자료 : ECOSAR를 참고하여 저자 재작성

9-2 유럽연합 「신(新)화학물질 관리제도(REACH)」

유럽연합(EU)은 2003년 10월 분산된 화학물질 관리규정을 통합, 갱신하여 새로운 화학물질 관리체계를 구축하고자 '오염자 부담 원칙'과 '사전 오염예방 원칙'을 근간으로 한 「신(新)화학물질 관리제도(Registration, Evaluation, Authorization and Restriction of CHemicals ; REACH)」를 발표하였다. 이 제도는 2006년 12월 18일 이사회의 최종안 의결을 거쳐 2007년 6월 1일부터 발효되었다.

「신(新)화학물질 관리제도(REACH)」란 유럽연합(EU) 내에서 연간 1톤 이상 제조·수입되는 모든 화학물질에 대해 등록 서류를 준비하고, 유럽화학물질청(European Chemicals Agency ; ECHA)에 제출하여 등록하도록 하는 제도이다. 개별 사업장에서 화학물질에 대한 정보를 등록(registration)하면 개별등록 서류의 완성도와 화학물질의 위해성을 평가(evaluation)하게 된다. 고위험성 화학물질은 사용 규칙을 검토하여 허가(authorization)하게 되며, 위해성이 큰 화학물질은 사용을 제한(restriction)하게 된다. 모든 화학물질이 모든 용도에 대해 안전하다는 것을 입증해야만 시장에 출시될 수 있으며, 화학물질로부터 피해를 방지하는 책임이 당국에서 산업계로 이관되었다는 측면에서 의의가 있는 제도이다.

연간 100톤 이상 제조·수입되는 화학물질과 발암성 등을 지닌 특정 물질에 대해서는 평가가 진행되며, 발암성·변이원성·생식독성(CMR), 잔류성·생물농축성·독성(PBT) 물질 등 위해가 우려되는 물질에 대해서는 허가신청과정을 거쳐 허가 또는 제한 조치가 이루어진다. 사전등록 기간(2008년 6월 1일~12월 1일)에 등록한 경우 톤수와 위해성에 따라 3.5년, 6년, 11년의 등록유예기간이 부여되며, 물질정보교환포럼(Substance Information Exchange Forum ; SIEF)에 참여할 수 있다(그림 9-3). 물질정보교환포럼(SIEF)은 불필요한 시험(특히 동물시험) 배제와 자료공유를 위해 같은 물질을 등록하려는 기업들이 모이는 기구로, 이 포럼의 회원은 공동등록을 통해 비용을 분담할 수 있다.

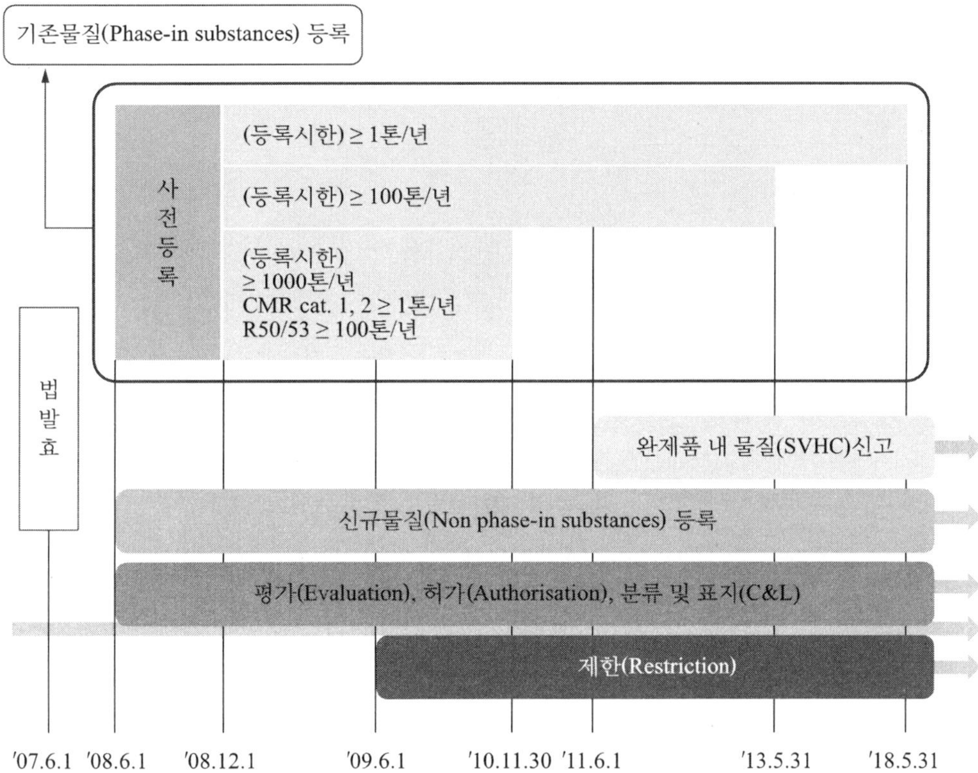

그림 9-3 신(新)화학물질 관리제도(REACH)에 따른 화학물질 등록 기간

자료 : https://echa.europa.eu/regulations/reach/understanding-reach를 참고하여 저자 재작성

「신(新)화학물질 관리제도(REACH)」에 따라 해당 사업장에서는 기술서류(Technical Dossier ; TD)와 화학물질 안전성 평가보고서(Chemical Safety Report ; CSR)를 제출해야 하며(표 9-6), 제조·수입량에 따라 제출해야 하는 서류가 달라진다(표 9-7～표 9-8). 수생독성을 판단하기 위해 본 교재의 Chapter 3～5에서 다룬 생태독성시험 자료가 활용되고 있으며, 1톤 이상 제조·수입되는 물질은 등록을 위해 기본적으로 담수조류 생장저해시험과 물벼룩 급성 독성시험 자료가 필요하다.

표 9-6. 신(新)화학물질 관리제도(REACH)에 따른 제출 서류 항목

톤수범위	제출 서류		작성 주체
1톤 이상	TD	1. 제조·수입자의 신원	개별
		2. 물질 동질성과 관련 정보	개별
		3. 물질의 제조 및 용도 관련 정보	개별
		4. 물질의 분류 및 표지	공동
		5. 물질의 안전한 사용에 관한 지침	공동/개별
		6. 톤수 범위별 연구 요약서	공동
		7. Robust 연구 요약서	공동
		8. 제조·수입자가 선택한 전문가에 의해 제출된 정보가 평가되었다는 표시	공동/개별
		9. 시험 제안서(100톤 이상 물질)	공동
		10. 노출 정보(부속서 IV의 6)	개별
		11. 정보보호 신청과 관련된 정보	개별
10톤 이상	TD	1톤 이상에서 제출하는 TD (10번 제외)	위 참조
	CSR	부속서 1	공동/개별

자료 : https://echa.europa.eu/regulations/reach/understanding-reach를 참고하여 저자 재작성

표 9-7. 신(新)화학물질 관리제도(REACH)에서 요구하는 시험항목

톤수범위	요구되는 시험항목
1 ~ 10톤	부속서 VII (물리화학적 특성 14, 인체독성 5, 생태독성 3)
10 ~ 100톤	부속서 VII + VIII (물리화학적 특성 14, 인체독성 14, 생태독성 7)
100 ~ 1,000톤	부속서 VII + VIII + IX시험제안서 (물리화학적 특성 17, 인체독성 17, 생태독성 20)
1,000톤 이상	부속서 VII + VIII + IX시험제안서 + X시험제안서 (물리화학적 특성 17, 인체독성 20, 생태독성 25)

자료 : https://echa.europa.eu/regulations/reach/understanding-reach를 참고하여 저자 재작성

표 9-8. 신(新)화학물질 관리제도(REACH)의 제조 · 수입량에 따른 시험항목 비교

<table>
<tr><th colspan="3" rowspan="2">시험항목</th><th colspan="4">톤수범위(톤)</th></tr>
<tr><th>1~ 10</th><th>10~ 100</th><th>100~ 1,000</th><th>1,000 이상</th></tr>
<tr><td rowspan="17">물리화학적 특성</td><td colspan="2">20℃, 101.3 kpa에서의 물질의 상태</td><td>○</td><td>○</td><td>○</td><td>○</td></tr>
<tr><td colspan="2">녹는점/어는점</td><td>○</td><td>○</td><td>○</td><td>○</td></tr>
<tr><td colspan="2">끓는점</td><td>○</td><td>○</td><td>○</td><td>○</td></tr>
<tr><td colspan="2">상대밀도</td><td>○</td><td>○</td><td>○</td><td>○</td></tr>
<tr><td colspan="2">증기압</td><td>○</td><td>○</td><td>○</td><td>○</td></tr>
<tr><td colspan="2">표면장력</td><td>○</td><td>○</td><td>○</td><td>○</td></tr>
<tr><td colspan="2">수용해도</td><td>○</td><td>○</td><td>○</td><td>○</td></tr>
<tr><td colspan="2">옥탄올/물 분배계수</td><td>○</td><td>○</td><td>○</td><td>○</td></tr>
<tr><td colspan="2">인화점</td><td>○</td><td>○</td><td>○</td><td>○</td></tr>
<tr><td colspan="2">인화성</td><td>○</td><td>○</td><td>○</td><td>○</td></tr>
<tr><td colspan="2">폭발성</td><td>○</td><td>○</td><td>○</td><td>○</td></tr>
<tr><td colspan="2">자연발화온도</td><td>○</td><td>○</td><td>○</td><td>○</td></tr>
<tr><td colspan="2">산화성</td><td>○</td><td>○</td><td>○</td><td>○</td></tr>
<tr><td colspan="2">입도분석</td><td>○</td><td>○</td><td>○</td><td>○</td></tr>
<tr><td colspan="2">유기용매 내 안정성 및 관련 분해산물의 정보</td><td>-</td><td>-</td><td>○</td><td>○</td></tr>
<tr><td colspan="2">해리상수</td><td>-</td><td>-</td><td>○</td><td>○</td></tr>
<tr><td colspan="2">점도</td><td>-</td><td>-</td><td>○</td><td>○</td></tr>
<tr><td rowspan="9">인체 독성</td><td rowspan="2">피부 자극성/부식성</td><td>피부 자극성 또는 부식성(in vitro)</td><td>○</td><td>○</td><td>○</td><td>○</td></tr>
<tr><td>생체 내 피부 자극성(in vivo)</td><td>-</td><td>○</td><td>○</td><td>○</td></tr>
<tr><td rowspan="2">눈 자극성/부식성</td><td>눈 자극성 또는 부식성(in vitro)</td><td>○</td><td>○</td><td>○</td><td>○</td></tr>
<tr><td>생체 내 눈 자극성(in vivo)</td><td>-</td><td>○</td><td>○</td><td>○</td></tr>
<tr><td colspan="2">피부 과민성</td><td>○</td><td>○</td><td>○</td><td>○</td></tr>
<tr><td rowspan="4">돌연변이 (유전독성)</td><td>유전자 돌연변이(in vitro, 박테리아)</td><td>○</td><td>○</td><td>○</td><td>○</td></tr>
<tr><td>포유류 염색체 이상(in vitro)</td><td>-</td><td>○</td><td>○</td><td>○</td></tr>
<tr><td>포유류 유전자 돌연변이(in vitro)</td><td>-</td><td>○</td><td>○</td><td>○</td></tr>
<tr><td>유전독성(in vivo) [a]</td><td>-</td><td>○</td><td>○</td><td>○</td></tr>
</table>

<table>
<tr><th colspan="4" rowspan="2">시험항목</th><th colspan="4">톤수범위(톤)</th></tr>
<tr><th>1~ 10</th><th>10~ 100</th><th>100~ 1,000</th><th>1,000 이상</th></tr>
<tr><td rowspan="12">인체 독성</td><td rowspan="3">급성 독성</td><td colspan="2">급성 경구독성</td><td>○</td><td>○</td><td>○</td><td>○</td></tr>
<tr><td colspan="2">급성 경피독성</td><td>-</td><td>○</td><td>○</td><td>○</td></tr>
<tr><td colspan="2">급성 흡입독성</td><td>-</td><td>○</td><td>○</td><td>○</td></tr>
<tr><td rowspan="4">반복투여 독성</td><td colspan="2">급성 반복투여독성(28일)</td><td>-</td><td>○</td><td>○</td><td>○</td></tr>
<tr><td colspan="2">아만성 독성시험(90일)</td><td>-</td><td>-</td><td>○</td><td>○</td></tr>
<tr><td colspan="2">만성 반복투여독성(1년 이상)</td><td>-</td><td>-</td><td>-</td><td>○</td></tr>
<tr><td colspan="2">추가시험</td><td>-</td><td>-</td><td>-</td><td>○</td></tr>
<tr><td rowspan="3">생식독성</td><td colspan="2">생식/발달 독성에 대한 스크리닝</td><td>-</td><td>○</td><td>○</td><td>○</td></tr>
<tr><td colspan="2">태아 발달 독성 시험</td><td>-</td><td>-</td><td>○</td><td>○</td></tr>
<tr><td colspan="2">2세대 생식독성 시험 [b]</td><td>-</td><td>-</td><td>○</td><td>○</td></tr>
<tr><td colspan="3">독성동태학</td><td>-</td><td>○</td><td>○</td><td>○</td></tr>
<tr><td colspan="3">발암성 시험 [c]</td><td>-</td><td>-</td><td>-</td><td>○</td></tr>
<tr><td rowspan="14">생태 독성</td><td rowspan="6">수생독성</td><td colspan="2">수생식물의 성장억제시험(조류)</td><td>○</td><td>○</td><td>○</td><td>○</td></tr>
<tr><td colspan="2">무척추 동물에 대한 급성 독성시험 (물벼룩)</td><td>○</td><td>○</td><td>○</td><td>○</td></tr>
<tr><td colspan="2">어류에 대한 급성 독성시험</td><td>-</td><td>○</td><td>○</td><td>○</td></tr>
<tr><td colspan="2">활성슬러지 호흡저해시험</td><td>-</td><td>○</td><td>○</td><td>○</td></tr>
<tr><td colspan="2">무척추 동물에 대한 만성 독성시험 (물벼룩)</td><td>-</td><td>-</td><td>○</td><td>○</td></tr>
<tr><td colspan="2">어류에 대한 만성 독성시험</td><td>-</td><td>-</td><td>○</td><td>○</td></tr>
<tr><td rowspan="8">분해</td><td rowspan="4">생물학적</td><td>생분해성</td><td>○</td><td>○</td><td>○</td><td>○</td></tr>
<tr><td>지표수에서 최종 분해에 대한 모의시험</td><td>-</td><td>-</td><td>○</td><td>○</td></tr>
<tr><td>토양모의시험</td><td>-</td><td>-</td><td>○</td><td>○</td></tr>
<tr><td>퇴적물모의시험</td><td>-</td><td>-</td><td>○</td><td>○</td></tr>
<tr><td>비생물학적</td><td>가수분해</td><td>-</td><td>○</td><td>○</td><td>○</td></tr>
<tr><td colspan="2">분해산물의 확인</td><td>-</td><td>-</td><td>○</td><td>○</td></tr>
<tr><td colspan="2">향후 단계적 실험</td><td>-</td><td>-</td><td>○</td><td>○</td></tr>
</table>

시험항목			톤수범위(톤)			
			1~ 10	10~ 100	100~ 1,000	1,000 이상
생태 독성	환경에서의 거동과 동태	흡착/탈착 스크리닝	-	○	○	○
		수생종의 생체 농축(어류)	-	-	○	○
		흡착/탈착에 대한 추가 정보	-	-	○	○
		물질 및/또는 그 분해 산물의 환경적인 거동 및 동태에 대한 추가 정보	-	-	-	○

[a] *In vitro* 유전독성 시험의 결과가 양성이고, 신뢰할만한 두 번째 *in vivo* 시험이 필요한 경우

[b] 28일 또는 90일 시험결과 생식기관 또는 생식세포에 대한 악영향이 관찰된 경우

[c] 용도가 광범위하게 분산되어 있을 때, 노출 빈도가 높고 노출 기간이 길 때, 물질이 변이원성 category 3으로 분류될 때, 반복투여 시험 결과 hyperplasia가 유발되거나 neoplastic lesions이 발생된 경우

자료 : https://echa.europa.eu/regulations/reach/understanding-reach를 참고하여 저자 재작성

9-3 일본 「화학물질심사규제법」

일본은 1973년 「화학물질의 심사 및 제조 등의 규제에 관한 법률(이하 화학물질심사규제법)」을 제정하여 법 제정 이후에 새롭게 유통된 화학물질에 대해 사전심사를 실시하고 있다. 다만 「화학물질심사규제법」 시행 이전부터 시장에서 유통되어 온 화학물질(이하 기존화학물질)에 대해서는 엄격한 관리와 심사가 이루어지지 못했다. 기존화학물질에 대한 관리를 강화하고 국제적인 수준에 걸맞은 화학물질 관리를 위해 개정된 「화학물질심사규제법」이 2009년 5월 20일에 공표되었고, 2011년 4월 1일부터 시행되고 있다. 「화학물질심사규제법」은 3성(후생노동성, 경제산업성, 환경성)이 공동 관리하며, 농약과 의약품을 제외한 일반화학물질이 그 대상이다.

「화학물질심사규제법」은 분해성, 축적성, 사람에 미치는 장기적인 독성, 동식물에 미치는 독성이라는 4가지 항목으로 심사하여 관리하는 법안이다. 화학

물질은 사전확인 또는 사전심사 등을 통해 일반화학물질, 우선평가화학물질, 제 1, 2종 특정 화학물질, 감시화학물질로 나누어 관리되고 있다(그림 9-4).

- 일반화학물질 : 정부에 사전 서류 제출이 필요하나 특별히 규제 대상은 아닌 화학물질
- 우선평가화학물질 : 제조·수입량 및 유해성 등에 근거하여 우선적으로 위해성 평가가 필요한 화학물질로 필요에 따라 제조·수입자에게 위해정보와 노출 정보의 제출을 요구할 수 있음
- 제1종 특정 화학물질 : 난분해성, 생물 농축성, 사람 및 동·식물 장기독성이 우려되어 원칙적으로 제조·수입이 허가되지 않는 화학물질
- 제2종 특정 화학물질 : 사람 및 동·식물 장기독성과 위해성이 우려되어 오염을 방지하기 위한 조치를 취하고 사용할 수 있는 화학물질
- 감시화학물질 : 난분해성, 생물 농축성이 우려되어 엄격한 규제 속에서 사용이 승인된 화학물질

기존화학물질을 포함한 모든 화학물질을 대상으로 연간 1톤 이상 제조·수입하는 사업자에 대해 매년 그 수량 등을 신고하는 의무가 부과된다. 우선평가화학물질을 선정하여 위해성 평가를 실시하고, 필요한 경우 정부가 독성시험자료를 제출하도록 기업에게 요구할 수 있다. 1차로 위해성 평가를 실시하여 제2종 특정화학물질에 해당할 경우 기업에게 만성 독성자료 등을 요구하고 추가로 위해성 평가를 실시한다(그림 9-4). 1톤 이하 소량 신규화학물질, 환경에 배출이 되지 않는 용도로 사용되는 중간체는 유해성 정보를 생략하는 것이 가능하다. 정부는 유통과정에서의 적절한 화학물질 관리를 위해 특정화학물질 및 함유제품 취급사업자에게 일정한 취급기준을 준수하고 거래와 관련된 필요 표시 의무를 부과한다.

「화학물질심사규제법」에서 요구하는 시험항목은 표 9-9와 같으며, 분해성에 중점을 둔 시험방법을 채택하고 있다. 신규화학물질을 연간 1톤 이상 제조·수입하는 경우 분해성 시험을 수행하여 분해성이 낮은 물질은 추가로 생물 농축성 시험을 수행해야 한다. 일반화학물질은 대략적인 스크리닝 평가가 이루어지므로 시험자료가 많지 않고 우선평가화학물질, 제1, 2종 특정 화학물질로 분류되는 경우 상세한 유해성 자료가 확보될 수 있다. 우선평가화학물질, 감시

화학물질, 제1종 특정 화학물질에 대해서는 분해성, 생물 농축성 시험 자료가 존재하고, 제2종 특정 화학물질에 대해서는 분해성, 생물 농축성, 급 · 만성 어류 독성, 급 · 만성 물벼룩 독성, 조류 성장저해 독성 자료가 존재한다.

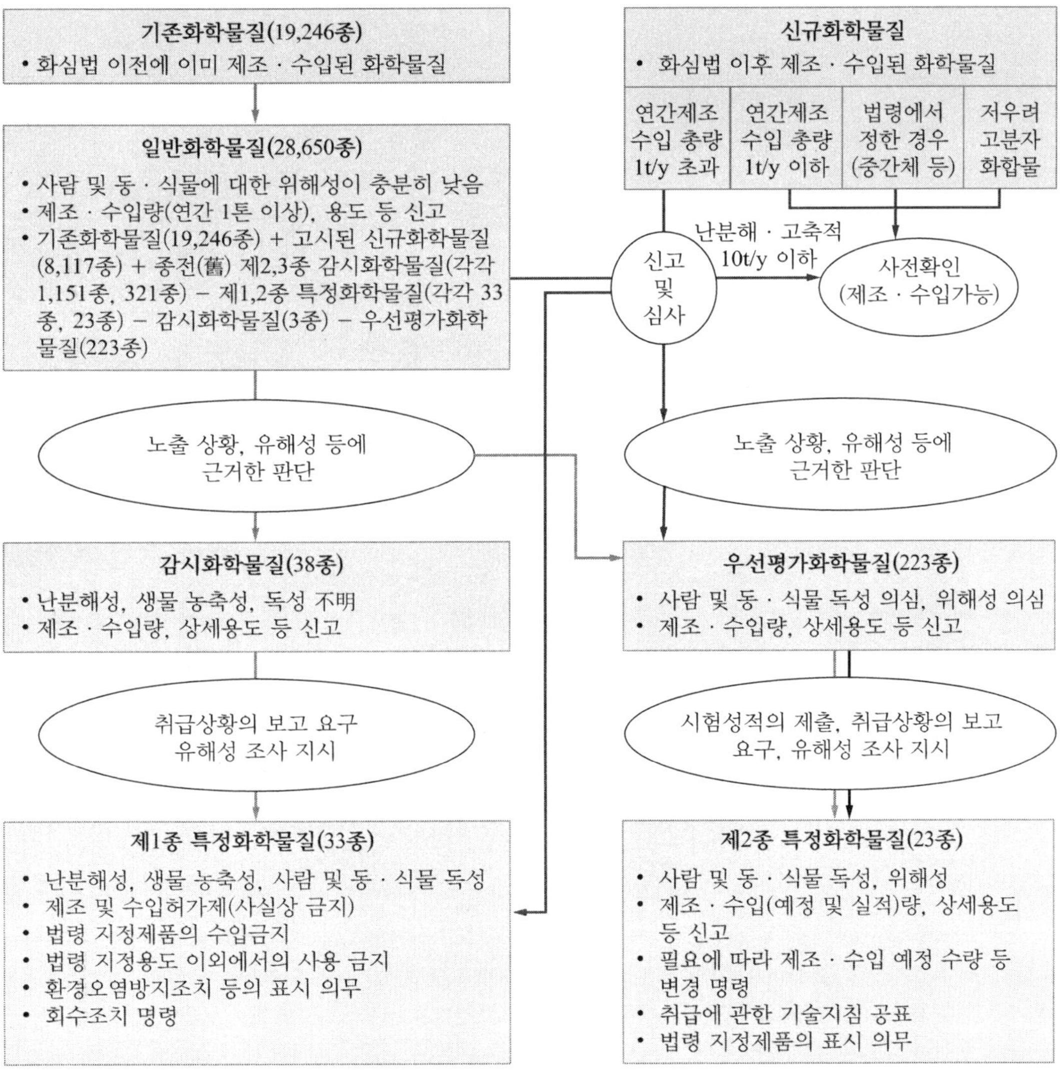

그림 9-4 「화학물질심사규제법」에 따른 화학물질 심사규제의 주요 체계도

자료 : https://www.nite.go.jp/chem/jcheck/search.action?request_locale=en를 참고하여 저자 재작성

표 9-9. 「화학물질심사규제법」에서 요구하는 시험항목

구분	시험항목	생산량 1~10톤	생산량 10톤 이상
거동 특성	생분해성	○	○
척추동물 독성	척추동물 28일 반복투여 경구독성	○	○
돌연변이원성	박테리아 돌연변이원성(AMES)	-	○[a]
	포유류 배양세포 돌연변이원성 시험	-	○[a]
추가자료	포유류 만성 독성	-	○[a]
	생식독성	-	○[b]
	최기형성	-	○[b]
	발암성	-	○[b]
	Biotransformation	-	○[b]
	독성 kinetics	-	○[b]
생태독성	조류 성장저해시험	-	○[b]
	물벼룩 급성 유영저해시험	-	○[a]
	어류 급성 독성	-	○[a]
	조류 생식독성, 포유류 생식독성 영향	-	○[b]

[a] 만약 물질이 쉽게 생분해되는 경우에 다른 시험은 필요하지 않으며, 분해산물에 대한 시험을 진행함.
[b] 사람 및 고차 포식동물에서 만성 독성을 평가하여 제1종 특정화학물질을 지정하기 위한 것임.

9-4 우리나라 「화학물질등록평가법」

우리나라는 1990년 8월에 제정된 「유해화학물질관리법」이 개정되어 2015년 1월부터 「화학물질등록평가법」과 「화학물질관리법」이 시행되고 있다. 「화학물질등록평가법」은 유럽연합(EU)의 「신(新)화학물질 관리제도(REACH)」와 유사하게 연간 1톤 이상 제조 · 수입되는 모든 화학물질에 대해 등록하고, 유해성 및 위해성을 평가하여 화학물질의 사용을 허가, 제한하는 것이다. 산업체에서 제출한 화학물질 자료를 바탕으로 유해성을 심사하여 유독물질을 지정하고, 위해성 평가를 통해 제한물질, 금지물질, 허가물질을 지정한다(그림 9-5).

2019년 1월부터는 「화학물질등록평가법」에 따라 관리되던 위해우려제품이 「생활화학제품 및 살생물제의 안전관리에 관한 법률(약칭 화학제품안전법)」으로 이관되었고, 화학물질의 유해성 · 유통량에 따라 등록유예기간이 수정되었다(그림 9-6). 「유해화학물질관리법」과 개정된 「화학물질등록평가법」에 따른 화학물질 등록신청서의 내용을 비교하여 표 9-10에 제시하였으며, 제조 · 수입량에 따른 시험항목, 잔류성 · 축적성 물질의 톤수별 시험항목을 표 9-11, 표 9-12에 제시하였다.

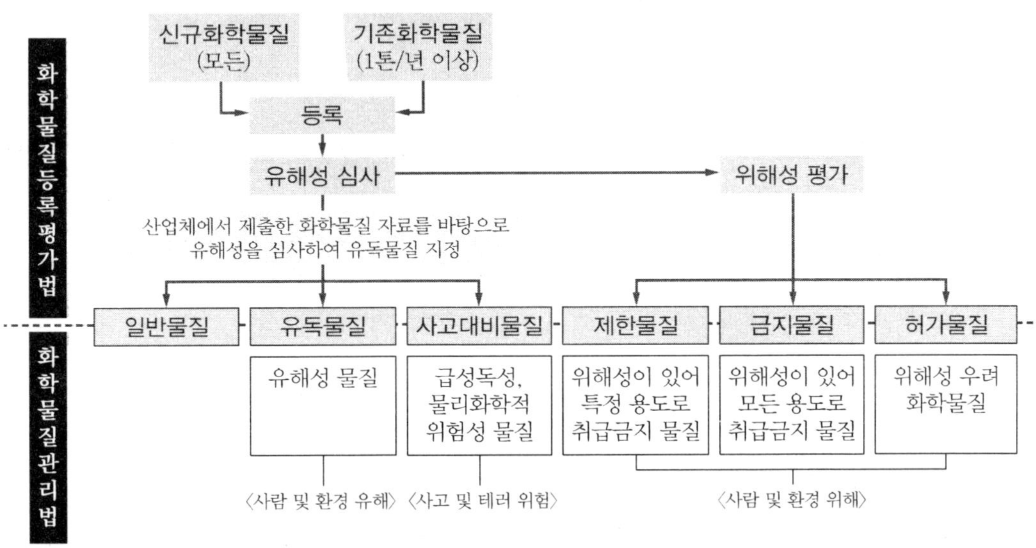

그림 9-5 「화학물질등록평가법」과 「화학물질관리법」의 관리물질

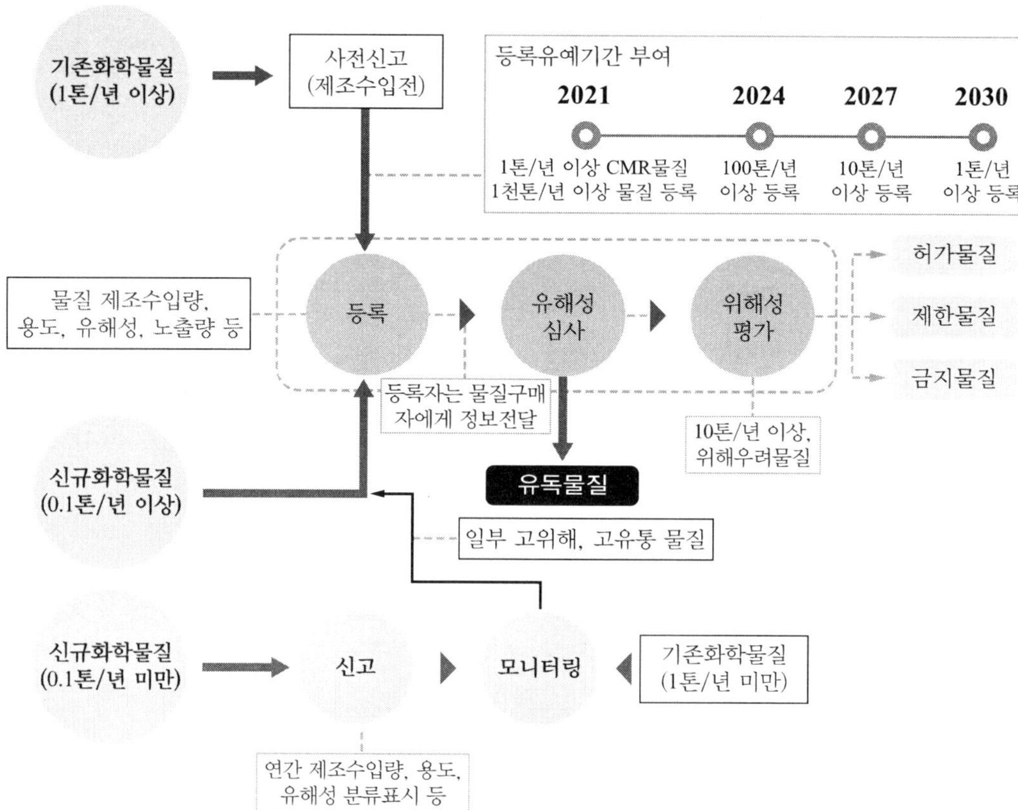

그림 9-6 개정된 「화학물질등록평가법」의 화학물질에 대한 의사결정 프레임워크

표 9-10. 「유해화학물질관리법」과 개정된 「화학물질등록평가법」에 따른 유해성 심사 화학물질 등록신청서 내용 비교

「유해화학물질관리법」에 따른 화학물질 등록신청서 내용		「화학물질등록평가법」에 따른 화학물질 등록신청서 내용	
신청 내용	• 화학물질명 • 구조식 • 순도 • 수입국 • 연간 제조(수입) 예정량 • 신고형태(톤수, 고분자, 2개국 이상 등재) • 자료보호신청 여부	신청 사항	• 화학물질명 • 고유번호(CAS 번호 등) • 분자식 · 구조식 • 상품명 • 확인된 불순물 · 부산물 • 연간 제조(수입) 예정량 • 등록의 형태(톤수별, 고분자, 분리중간체, 살생물제)

<table>
<tr><th colspan="3">「유해화학물질관리법」에 따른
화학물질 등록신청서 내용</th><th colspan="3">「화학물질등록평가법」에 따른
화학물질 등록신청서 내용</th></tr>
<tr><td>주요
용도</td><td colspan="2">• 신고물질의 기능
• 제품의 물리적 형태 및 용도
• 제품 내 함유량(%)</td><td>용도</td><td colspan="2">• 용도분류체계
• 구체적 용도에 대한 설명
• 사용하지 말아야 할 용도
• 상품의 물리적 형태 및 용도
• 상품 내 함량(%)</td></tr>
<tr><td>환경배출
정보</td><td>• 사용시설의 형태
• 일일평균 사용량
• 연간 예상사용 일수</td><td>• 매체별 예상 배출량
• 산출근거</td><td>분류
·
표시</td><td colspan="2">• 분류
• 표시사항</td></tr>
<tr><td>물리
화학적
성질</td><td colspan="2">• 물리적 상태
• 녹는점
• 끓는점
• 증기압
• 용해도
• 옥탄올/물 분배계수</td><td>물리
화학적
특성</td><td>• 물질의 상태
• 물 용해도
• 녹는점/어는점
• 끓는점
• 증기압
• 옥탄올/물 분배계수
• 밀도</td><td>• 입도분석
• 인화성
• 폭발성
• 산화성
• 점도
• 해리상수</td></tr>
<tr><td>급성 독성
·
자극성
·
과민성</td><td colspan="2">• 급성 경구독성 시험성적서
• 급성 경피독성 시험성적서
• 급성 흡입독성 시험성적서
• 피부 자극성 시험성적서
• 눈 자극성 시험성적서
• 피부 과민성 시험성적서</td><td rowspan="2">인체
유해성</td><td rowspan="2">• 급성 경구독성
• 급성 경피독성
• 급성 흡입독성
• 피부 자극성/부식성
• 눈 자극성/부식성
• 피부 과민성
• 복귀돌연변이
• 포유류 배양세포를 이용한 염색체 이상
• 실험동물을 이용한 유전독성</td><td rowspan="2">• 추가 유전독성 (생식세포 유전독성 등)
• 반복투여 독성(28일)
• 반복투여 독성(90일)
• 생식 및 발달독성 스크리닝
• 최기형성
• 2세대 생식독성
• 발암성</td></tr>
<tr><td>유전독성</td><td colspan="2">• 복귀돌연변이 시험성적서
• 염색체 이상 시험성적서</td></tr>
<tr><td>분해성</td><td colspan="2">• 이분해성 시험성적서</td><td rowspan="2">환경
유해성</td><td rowspan="2">• 어류 급성 독성
• 물벼룩 급성 독성
• 담수조류 생장저해
• 어류 만성 독성
• 물벼룩 만성 독성
• 육생식물 급성 독성
• 육생 무척추동물 급성 독성
• 육생식물 만성 독성
• 육생 무척추동물 만성 독성
• 활성슬러지 호흡저해</td><td rowspan="2">• 저서생물 만성 독성
• 이분해성
• 본질적 분해성
• pH에 따른 가수분해
• 분해산물의 확인
• 환경거동 및 동태에 대한 추가정보
• 생물 농축성
• 흡착 및 탈착
• 흡착 및 탈착에 대한 추가 정보</td></tr>
<tr><td>수생
생태독성</td><td colspan="2">• 어류 독성
• 물벼룩 독성
• 조류 독성</td></tr>
</table>

「유해화학물질관리법」에 따른 화학물질 등록신청서 내용		「화학물질등록평가법」에 따른 화학물질 등록신청서 내용	
고분자 자료	• 수평균분자량 등 관련 자료 • 구성 단량체명 및 함량자료 • 잔류 단량체명 및 함량자료 • 산·알칼리안정성 시험성적서	고분자 자료	• 수평균분자량 등 관련 자료 • 구성 단량체명 및 함량자료 • 잔류 단량체명 및 함량자료 • 산·알칼리안정성 시험자료
-	-	공동제출	• 대표자, 구성원, 공동제출자료

표 9-11. 「화학물질등록평가법」의 제조·수입량에 따른 시험항목 비교

시험항목			톤수범위(톤)				
			0.1~1	1~10	10~100	100~1,000	1,000 이상
물리화학적 특성	물질의 상태		○	○	○	○	○
	녹는점/어는점		○	○	○	○	○
	끓는점		○	○	○	○	○
	밀도		-	○	○	○	○
	증기압		○	○	○	○	○
	물 용해도		○	○	○	○	○
	입도분석		-	○	○	○	○
	옥탄올/물 분배계수		-	○	○	○	○
	점도		-	-	-	●	●
	해리상수		-	-	-	●	●
	인화성		-	-	○	○	○
	폭발성		-	-	○	○	○
	산화성		-	-	○	○	○
인체 독성	급성 독성	급성 경구독성(OECD TG 420/423/425)	○	○	○	○	○
		급성 경피독성(OECD TG 402)	-	-	○	○	○
		급성 흡입독성(OECD TG 403)	-	-	●	●	●
	자극성 및 부식성	피부 자극성/부식성(OECD TG 404)	-	○	○	○	○
		눈 자극성/부식성(OECD TG 405)	-	-	○	○	○
	과민성	피부 과민성(OECD TG 406/429)	-	○	○	○	○

<table>
<tr><th colspan="3" rowspan="2">시험항목</th><th colspan="5">톤수범위(톤)</th></tr>
<tr><th>0.1~
1</th><th>1~
10</th><th>10~
100</th><th>100~
1,000</th><th>1,000
이상</th></tr>
<tr><td rowspan="10">인체 독성</td><td rowspan="4">변이원성</td><td>복귀돌연변이(OECD TG 471)</td><td>○</td><td>○</td><td>○</td><td>○</td><td>○</td></tr>
<tr><td>포유류 배양세포를 이용한 염색체 이상(OECD TG 437/487)</td><td>-</td><td>-</td><td>○</td><td>○</td><td>○</td></tr>
<tr><td>실험동물을 이용한 유전독성(적혈구 소핵/골수 염색체, OECD TG 474/475)</td><td>-</td><td>-</td><td>○</td><td>○</td><td>○</td></tr>
<tr><td>추가 유전독성(OECD TG 486)/생식세포(OECD TG 483/478)</td><td>-</td><td>-</td><td>-</td><td>●</td><td>●</td></tr>
<tr><td rowspan="2">반복투여 독성</td><td>반복투여 독성(28일)(OECD TG 407, 410, 412)</td><td>-</td><td>-</td><td>○</td><td>○</td><td>○</td></tr>
<tr><td>반복투여 독성(90일)(OECD TG 408/409, 411, 413)</td><td>-</td><td>-</td><td>-</td><td>-</td><td>●</td></tr>
<tr><td>발암성</td><td>발암성(OECD TG 451/453)</td><td>-</td><td>-</td><td>-</td><td>-</td><td>●</td></tr>
<tr><td rowspan="3">생식/발달 독성</td><td>생식 및 발달독성 스크리닝(OECD TG 421/422)</td><td>-</td><td>-</td><td>●</td><td>●</td><td>●</td></tr>
<tr><td>최기형성(OECD TG 414)</td><td>-</td><td>-</td><td>-</td><td>-</td><td>●</td></tr>
<tr><td>2세대 생식독성(OECD TG 416)</td><td>-</td><td>-</td><td>-</td><td>-</td><td>●</td></tr>
<tr><td rowspan="10">생태 독성</td><td rowspan="5">수생독성</td><td>어류 급성 독성(OECD TG 203)</td><td>○</td><td>○</td><td>○</td><td>○</td><td>○</td></tr>
<tr><td>물벼룩 급성 독성(OECD TG 202)</td><td>-</td><td>○</td><td>○</td><td>○</td><td>○</td></tr>
<tr><td>담수조류 생장저해(OECD TG 201)</td><td>-</td><td>-</td><td>○</td><td>○</td><td>○</td></tr>
<tr><td>어류 만성 독성(OECD TG 210/212/215)</td><td>-</td><td>-</td><td>-</td><td>●</td><td>●</td></tr>
<tr><td>물벼룩 만성 독성(OECD TG 211)</td><td>-</td><td>-</td><td>-</td><td>●</td><td>●</td></tr>
<tr><td>침전물 독성</td><td>저서생물 만성 독성(OECD TG 218/219)</td><td>-</td><td>-</td><td>-</td><td>-</td><td>●</td></tr>
<tr><td rowspan="4">육상생물 독성</td><td>육생식물 급성 독성(OECD TG 208/227)</td><td>-</td><td>-</td><td>-</td><td>●</td><td>●</td></tr>
<tr><td>육생무척추동물 급성 독성(OECD TG 207)</td><td>-</td><td>-</td><td>-</td><td>●</td><td>●</td></tr>
<tr><td>육생식물 만성 독성(ISO 22030)</td><td>-</td><td>-</td><td>-</td><td>-</td><td>●</td></tr>
<tr><td>육생무척추동물 만성 독성(OECD TG 222)</td><td>-</td><td>-</td><td>-</td><td>-</td><td>●</td></tr>
</table>

시험항목			톤수범위(톤) 0.1~1	1~10	10~100	100~1,000	1,000 이상
생태 독성	하수처리시설 미생물활성	활성 슬러지 호흡저해(OECD TG 209)	-	-	-	●	●
	분해성	이분해성(OECD TG 301/310)	○	○	○	○	○
		본질적 분해성(OECD TG 302)	-	-	-	●	●
		pH에 따른 가수분해(OECD TG 111)	-	-	○	○	○
		분해산물의 확인	-	-	-	●	●
		환경 거동/동태 추가정보 (OECD TG 303A/303B/307/308/309)	-	-	-	-	●
	흡착/탈착	흡착/탈착(OECD TG 106)	-	-	-	●	●
		흡착/탈착 추가정보(OECD TG 121)	-	-	-	-	●
	생물 농축성	생물 농축성(OECD TG 305)	-	-	-	-	●

○ : 필수 시험항목, ● : 시험계획서 제출항목(향후 시험자료 제출 필요)

자료 : '화학물질의 위해성에 관한 자료 작성지침(국립환경과학원, 2017)'을 참고하여 저자 재작성

표 9-12. 「화학물질등록평가법」의 잔류성 · 축적성 물질의 톤수별 시험항목

시험항목		평가 가능 항목	톤수범위(톤) 0.1~1	1~10	10~100	100~1,000	1,000 이상
잔류성	OECD TG 111 (pH에 따른 가수분해)	P	-	-	○	○	○
	OECD TG 301 (이분해성)	P	○	○	○	○	○
	OECD TG 302(A~C) (본질적 분해성)	P	-	-	-	●	●
	OECD TG 303 (환경 거동/동태 추가정보)	P	-	-	-	-	●
	OECD TG 307 (환경 거동/동태 추가정보)	P, vP	-	-	-	-	●
	OECD TG 308 (환경 거동/동태 추가정보)	P, vP	-	-	-	-	●
	OECD TG 309 (환경 거동/동태 추가정보)	P, vP	-	-	-	-	●
	OECD TG 310 (이분해성)	P	-	○	○	○	○
축적성	OECD TG 117 (옥탄올/물 분배계수)	B, vB	-	○	○	○	○
	OECD TG 305 (생물 농축성)	B, vB	-	-	-	-	●

시험항목		평가 가능 항목	톤수범위(톤)				
			0.1 ~1	1~ 10	10~ 100	100~ 1,000	1,000 이상
독성	OECD TG 203 (어류 급성 독성)	T	○	○	○	○	○
	OECD TG 202 (물벼룩 급성 독성)	T	-	○	○	○	○
	OECD TG 201 (급성 담수조류 생장저해)	T	-	-	○	○	○
	OECD TG 210/212/215 (어류 만성 독성)	T	-	-	-	●	●
	OECD TG 211 (물벼룩 만성 독성)	T	-	-	-	●	●
	OECD TG 420/423/425 (급성 경구독성)	T	○	○	○	○	○
	OECD TG 402 (급성 경피독성)	T	-	-	○	○	○
	OECD TG 403 (급성 흡입독성)	T	-	-	●	●	●
	OECD TG 404 (피부 자극성/부식성)	T	-	○	○	○	○
	OECD TG 451 (발암성)	T	-	-	○	○	○
	OECD TG 471 (복귀돌연변이)	T	-	○	○	○	○
	OECD TG 473/487 (포유류 배양세포를 이용한 염색체 이상)	T	-	-	○	○	○
	OECD TG 474/475 (실험동물을 이용한 유전독성)	T	-	-	○	○	○
	OECD TG 486, 483/478 (추가 유전독성)	T	-	-	-	●	●
	OECD TG 421/422 (생식 및 발달독성 스크리닝)	T	-	-	●	●	●
	OECD TG 414 (최기형성)	T	-	-	-	-	●
	OECD TG 416 (2세대 생식독성)	T	-	-	-	-	●
	OECD TG 407, 410, 412 (반복투여 독성_28일)	T	-	-	○	○	○
	OECD TG 408/409, 411, 413 (반복투여 독성_90일)	T	-	-	-	-	●

○ : 필수 시험항목, ● : 시험계획서 제출항목(향후 시험자료 제출 필요)

자료 : '화학물질의 위해성에 관한 자료 작성지침(국립환경과학원, 2017)'을 참고하여 저자 재작성

예상문제

1. 미국 「독성물질관리법(TSCA)」에서 화학물질을 제조하기 전에 유해성을 사전적으로 평가하여 사용 후에 미칠 위해성을 예방하자는 취지로 신규화학물질을 제조・수입하는 자가 사전에 미국 환경보호청(US EPA)에 제출해야 하는 서류로 옳은 것은?

① 소량 면제(Low Volume Exemptions) 서류
② 사전제조 신고(Premanufacture Notices) 서류
③ 중요신고사용 신고(Significant New Use Notice) 서류
④ 미생물상업활동 신고(Microbial Commercial Activity Notice) 서류

해설 ① 소량 면제 : 연간 10톤 이하로 제조, 수입되는 물질의 면제
③ 중요신고사용 신고 : 신규 용도에 대해 신고
④ 미생물상업활동 신고 : 미생물을 상업활동에 사용하는 자가 신고

2. 유럽연합의 「신(新)화학물질 관리제도(REACH)」에 대한 설명으로 옳지 않은 것은?

① 모든 화학물질이 모든 용도에 대해 안전하다는 것을 입증해야만 시장에 출시될 수 있다.
② 사전등록 기간에 등록한 경우 톤수와 위해성에 따라 차등을 둔 등록유예기간이 부여된다.
③ 물질정보교환포럼(Substance Information Exchange Forum) 회원은 공동등록을 통해 물질등록 비용을 분담할 수 있다.
④ 10톤/년 이상 제조・수입하는 물질은 기술서류(Technical Dossier)만 제출하면 된다.

해설 10톤/년 이상 제조・수입하는 물질은 기술서류(Technical Dossier)와 화학물질 안전성 평가보고서(Chemical Safety Report)를 제출해야 한다.

3. 유럽연합의 「신(新)화학물질 관리제도(REACH)」에 따라 연간 1～10톤 제조・수입되는 화학물질에 대해 제출해야 하는 생태독성 항목에 해당되지 않는 것은?

① 어류 급성 독성
② 물벼룩 급성 독성
③ 담수조류 생장저해
④ 생분해성

해설 어류 급성 독성시험은 연간 10~100톤 이상 제조 · 수입되는 화학물질에 적용된다.

4. 일본의 「화학물질심사규제법」에서 위해성 평가를 진행하여 어류, 물벼룩 만성 독성자료가 존재하는 물질로 옳은 것은?

① 일반화학물질
② 감시화학물질
③ 제1종 특정 화학물질
④ 제2종 특정 화학물질

해설 제2종 특정 화학물질은 위해성 평가를 진행하여 분해성, 생물 농축성, 급 · 만성 어류 독성, 급 · 만성 물벼룩 독성, 조류 성장저해 독성 자료가 존재한다.

5. 일본의 「화학물질심사규제법」에서 난분해성, 생물 농축성, 사람 및 동식물 만성 독성이 우려되어 원칙적으로 제조 · 수입이 허가되지 않는 화학물질로 옳은 것은?

① 일반화학물질
② 우선평가화학물질
③ 제1종 특정 화학물질
④ 제2종 특정 화학물질

6. 「화학물질등록평가법」에 따른 유해성 심사로 분류되는 물질로 옳은 것은?

① 유독물질
② 허가물질
③ 제한물질
④ 금지물질

해설 허가, 제한, 금지물질은 위해성 평가로 분류되는 물질이다.

7. 「화학물질등록평가법」에 따라 연간 1～10톤 제조・수입되는 화학물질의 생태독성 제출 항목에 해당되지 않는 것은?

① 어류 급성 독성(OECD TG 203)
② 물벼룩 급성 독성(OECD TG 202)
③ 담수조류 생장저해(OECD TG 201)
④ 이분해성(OECD TG 301/310)

해설 담수조류 생장저해(OECD TG 201)시험은 연간 10～100톤 이상 제조・수입되는 화학물질에 적용된다.

8. 「화학물질등록평가법」에 따른 화학물질의 등록유예기간으로 옳지 않은 것은?

① 2021년까지 : 0.1톤/년 이상 CMR물질, 1,000톤/년 이상 물질
② 2024년까지 : 100톤/년 이상 물질
③ 2027년까지 : 10톤/년 이상 물질
④ 2030년까지 : 1톤/년 이상 물질

해설 2021년까지 : 1톤/년 이상 CMR물질, 1,000톤/년 이상 물질

정답 1. ② 2. ④ 3. ① 4. ④ 5. ③ 6. ① 7. ③ 8. ①

CHAPTER 10

독성시험법의 변화

현재 국내에서 유통되는 화학물질은 2016년 기준 약 4만 4000종 정도로 추산하고 있으나, 유해성 정보를 확보한 물질은 매우 제한적(약 15%)이다. 이는 동물을 이용하는 기존의 *in vivo* 평가 방식(표 10-1)으로는 화학물질의 유해성을 충분히 확보하기 어려움을 나타낸다. 최근 동물실험의 시간・비용적 부담, 생명윤리적인 문제가 불거지면서 선진국을 중심으로 동물을 이용하는 과도한 독성시험을 줄이고 있으며, 계산독성학(computational toxicology), 생물정보학(bioinformatics), 고속대량 스크리닝(high throughput screening ; HTS), 독성전사체/단백질체/대사체(Omics) 등 첨단기술을 활용한 동물대체시험법이 개발되고 있다.

표 10-1. 시험법의 종류와 의미

시험법의 종류	의 미
인 실리코 시험법 (*in silico* test)	컴퓨터 시뮬레이션을 이용한 가상환경에서의 실험방법
시험관 내 시험법 (*in vitro* test)	살아있는 생명체 내부가 아니라 시험관처럼 제어 가능한 환경에서 세포를 구성하고 있는 구성물질을 대상으로 수행되는 실험
생체 내 시험법 (*in vivo* test)	살아있는 동물 자체를 가지고 하는 실험
엑스 비보 시험법 (*ex vivo* test)	살아있는 동물에서 추출한 세포 등을 사용하는 실험 (예 : 동물의 장기에서 살아있는 세포를 추출한 primary cell culture)

10-1 21세기 독성학(Tox21)

2004년 미국 국립환경보건과학원(National Institute of Environmental Health Sciences ; NIEHS)에서는 '21세기 독성물질국가관리프로그램(National Toxicology Program ; NTP)의 비전'을 발표하면서 동물시험을 줄이기 위해 비동물(non-animal) 대체시험법이 많아져야 하고, 이러한 대체시험 결과가 위해도 결정에 과학적인 증거 자료로 활용되어야 함을 보고하였다. 2007년 미국 국립과학원(National Academy of Sciences)에서는 '21세기의 독성 연구에 대한 비전 보고서(Toxicity Testing in the 21st Century : A vision and a Strategy)'를 통해 독성평가의 패러다임 전환을 선언하였다. 즉, 미래에 비동물 실험이 기존의 동물을 이용한 독성평가를 대체할 수 있으며, 로봇이 수행하는 고속대량 스크리닝(HTS)으로 많은 화학물질의 독성을 빠르게 검출할 수 있음을 제시하였다.

그림 10-1 Tox21 연구 중 스크리닝 시스템에 사용되는 고속 로봇(Tox21 Robot B-Roll)

자료 : https://www.youtube.com/watch?v=CjQTVfXQ8N4&feature=emb_title

2008년부터 미국 국립환경보건과학원(NIEHS)은 환경보호청(EPA), 식품의약품국(FDA) 등과 함께 'Tox21 협동 프로젝트'를 추진하였으며, 자동화된 고속대량 스크리닝(HTS)으로 약 10,000종의 화학물질에 대한 세포독성 빅데이터를 생산하였다. 이를 활용하여 미국 환경보호청(US EPA)에서는 화학물질의 독성예보관(Toxicity Forecasting ; ToxCast) 프로그램을 구축하고 있으며, 컴퓨터 시뮬레이션을 이용한 독성 예측 기법 개발도 매우 활발하게 이루어지고 있다.

10-2 독성예보관(ToxCast)

미국 환경보호청(US EPA) 내 국립전산독성학센터(National Center for Computational Toxicology ; NCCT)에서는 수천 가지의 화학물질에 대한 잠재적인 독성 영향을 효율적인 비용으로 스크리닝하고 우선순위 물질을 도출하기 위해 독성예보관(ToxCast)이란 프로그램을 개발・운영하고 있다(https://www.epa.gov/chemical-research/toxicity-forecasting ; 그림 10-2). 즉, 동물을 이용하지 않고 전사체학(transcriptomics), 단백질체(proteomics), 대사체(metabolomics) 등 분자생물학적인 정보를 활용하여 짧은 시간에 많은 화학물질의 독성 영향을 평가・예측할 수 있는 방법을 개발하는 것이다. 고속대량 스크리닝(HTS)의 일환인 ToxCast 프로그램은 실험동물의 생체 내(*in vivo*)에서 확인된 독성을 시험관 내(*in vitro*) 평가 방법으로 확인하여 연계시키는 것을 최종 목표로 삼고 있다. 다양한 시험관 내(*in vitro*) 시험법과 화학물질의 물리화학적 특성을 기반으로 독성 예측 모델을 개발하고 있으며, 수많은 화학물질의 스크리닝을 수행하여 추가 심층 연구가 필요한 우선순위 물질을 설정하는 시도가 이루어지고 있다. 특히 이 프로그램은 내분비계 장애물질 스크리닝 프로그램(Endocrine Disruption Screening Program ; EDSP)에서 우선순위 내분비계 장애물질을 확인하는데 적극적으로 활용되고 있다.

그림 10-2 미국 환경보호청(US EPA)의 독성예보관(ToxCast)

자료 : https://www.epa.gov/chemical-research/toxicity-forecasting

표 10-2. ToxCast에서 다루는 시험(Assay)의 종류

분류	카테고리(대표 시험의 수)
시험의 기능 (Assay function)	세포 기반(78), 생화학(279)
개체의 세포 종류 (Organism cell type)	사람(248), 랫드(74), 기니피그(10), 소(1), 마우스(3), 돼지(3), 토끼(2), 양(2), 제브라피쉬(2), 침팬지(1), 중국 햄스터(1)
시험 디자인 (Assay design)	Binding reporter(151), Enzyme reporter(149), Inducible reporter(27), Background reporter(18), Morphology reporter(6), Viability reporter(2), Growth reporter(1), Membrane potential reporter(1)
생물학적 활성 종류 (Biological activity)	Binding(148), Enzyme activity(147), Reporter gene(26), Background control(18), Signaling(15), Developmental defect(2), Viability(3)
세포주 (Cell line)	HEK293T(28), HepG2(12), Hepatocyte(6), HeLa(6), BG1(2), H295R(2), GH3(2), MDA-kb2(2), Umbilical vein endothelium(2), Umbilical vein endothelium and peripheral blood mononuclear(2), CHO-K1(1), Coronary artery smooth muscle cells(1), Dechorionated zebrafish embryo(1), Foreskin fibroblast(1), HEK293(1), Keratinocytes and foreskin fibroblasts(1), MCF-7(1), ME-180(1), T47D(1), Zebrafish embryo(1)

자료 : https://www.epa.gov/chemical-research/toxcast-data-generation-overview-toxcast-assays#chart5 를 참고하여 저자 재작성

국립전산독성학센터(NCCT)에서는 외부에서 생산된 다양한 독성시험 자료(표 10-2)를 수집한 후 R 프로그램(tcpl 패키지)을 이용해 자료의 연계성을 분석하고, 결과 자료는 공용 데이터베이스를 통해 공개하고 있다. 그림 10-3에는 ToxCast의 자료 분석 흐름을 0~6단계로 정리하여 나타내었다(Filer et al., 2016).

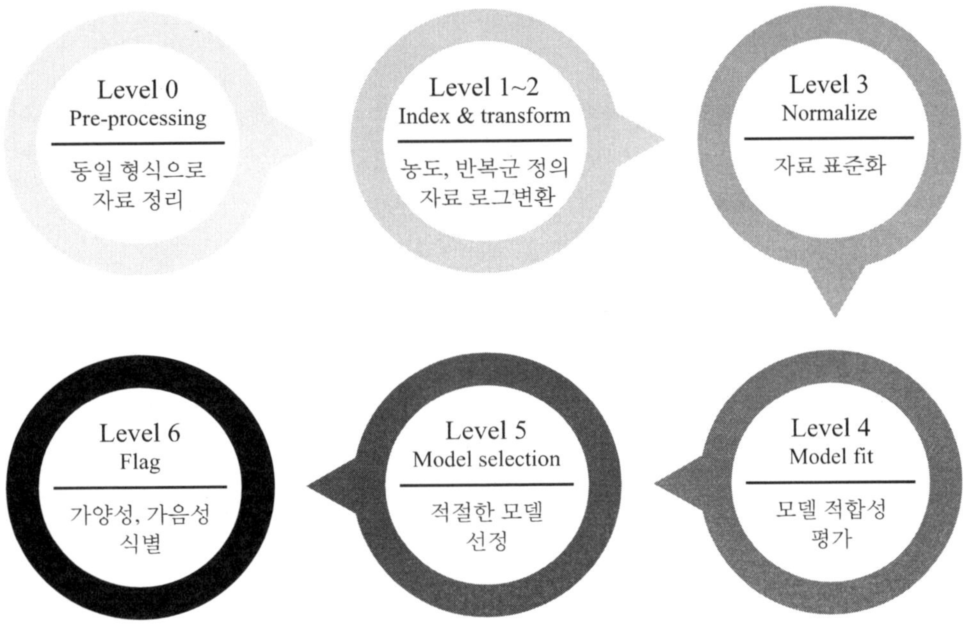

그림 10-3 ToxCast의 자료 분석 흐름

자료 : Filer et al., 2016을 참고하여 저자 재작성

2019년 현재 1~2단계(phase I~II)는 완료되었고, 3단계(phase III)가 진행되고 있다(그림 10-4). 단계별로 대상 화학물질의 수가 점차 증가하고 있으며, 평가 방법이나 자료 분석 방법도 개선되고 있다. 매 단계가 완료되면 "자료 공개"가 이루어지고 있으며, 1단계는 2010년 1월, 2단계는 2013년 12월에 공개되었다. 현재 2019년 5월에 배포된 invitroDBv3.2 database (https://www.epa.gov/chemical-research/exploring-toxcast-data-downloadable-data)를 통해 공개된 자료를 확인할 수 있다.

1단계(Phase I) 2010년 1월~ 자료 공개	2단계(Phase II) 2013년 12월~ 자료 공개	3단계(Phase III) 2014년 시작
1. 화학물질 세트 : ph1_v1 • 310개 화학물질 • ~700개 종말점	1. 화학물질 세트 : ph1_v2 • 293개 화학물질 • ~200개 종말점 2. 화학물질 세트 : ph2 • 768개 화학물질 • ~900개 종말점 3. 화학물질 세트 : e1k • 799개 화학물질 • ~50개 종말점	1. 화학물질 세트 : ph3 • 2,678개 화학물질

그림 10-4 ToxCast 단계별 화학물질 수 및 화학물질 당 독성 종말점의 수

자료 : US EPA (https://www.epa.gov/sites/production/files/2018-04/documents/toxcastownermanual4252018.pdf)를 참고하여 저자 재작성

2007년부터 2010년까지 진행된 ToxCast 1단계(phase I)에서는 310개의 화학물질에 대한 정보가 수집되었다. 대상물질의 대부분(280개)은 미국 환경보호청(US EPA)의 농약 등록에 필요한 살충제이었으며, 과불화합물(PFOS, PFOA), 비스페놀 A와 대체물질, 프탈레이트 등 규제적으로 관심이 있는 물질들(30개)도 포함되어 있다. 1단계 시험물질은 여러 생물종(예 : 랫드, 마우스, 개, 토끼)의 아만성, 만성, 발암성, 다세대 생식/발달 독성시험에서 확보한 독성자료와 생체 외(*in vitro*) 시험에서 확보한 약 700개의 종말점에 대한 자료가 수집되었다. 2010년 1월에 공개된 원래의 화학물질 인벤토리는 "ToxCast ph1_v1"으로 불리며, 2단계 고속대량 스크리닝에 적합하지 않은 물질을 제외하고 재정리한 293개 화학물질 인벤토리는 "ToxCast ph1_v2"으로 불린다. ToxCast ph1_v1과 ph1_v2 화학물질 인벤토리는 미국 환경보호청(US EPA)의 Distributed Structure-Searchable Toxicity (DSSTox) 데이터베이스에서 DSSTox_TOXCST 파일로 제공되었으며, 2019년 현재 이 자료는 CompTox Chemistry Dashboard에 연동되고 있다. 그림 10-5에는 CompTox Chemistry Dashboard에 연동된 비스페놀 A의 ToxCast 자료 시연을 나타내었다.

2015년에 최종 완료된 ToxCast 2단계에서는 1단계의 대상물질 중 고속대량 스크리닝에 적합하지 않은 물질을 제외한 293개 화학물질(ph1_v2), Tox21 라

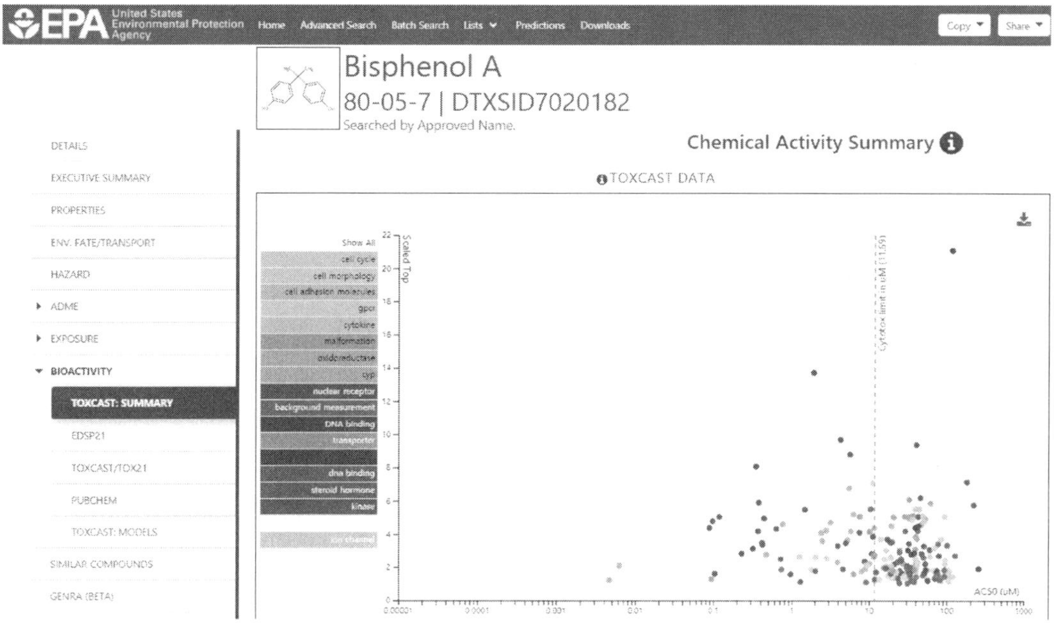

그림 10-5 CompTox Chemistry Dashboard에 연동된 비스페놀 A의 ToxCast 자료

자료 : https://comptox.epa.gov/dashboard/dsstoxdb/results?search=bisphenol%20a#bioactivity

이브러리의 최우선순위에 포함된 768개의 화학물질(ph2), 내분비계 장애물질 스크리닝 프로그램(EDSP)의 799개 화학물질(e1k)을 대상으로 하였다. 1단계 평가 결과 더 다양한 평가기술과 종말점을 추가하여 인벤토리를 구축시킬 필요성이 제기되었으며, ToxCast 2단계에서는 화학물질의 수, 평가 기법 등이 추가되어 외연이 확장되었다. 1단계에서 수행하지 못한 새로운 평가 기법을 사용하여 293개 물질을 평가한 자료는 “ph1_v2”로, 기존의 1단계와 새로운 2단계 평가 방법을 모두 사용하여 768개 물질을 평가한 자료는 “ph2”로 명명된다. e1k 프로그램 대상물질에는 에스트로겐 수용체(ER) 및 안드로겐 수용체(AR) 활성과 관련된 대표 독성물질이 포함되어 있었으며, 2단계 고속대량 스크리닝에 요구되는 전체 세트를 스크리닝한 것이 아니라 내분비계 장애독성을 평가하기 위한 시험만 탐색하였다. 1,860개 화학물질에 대한 ToxCast 2단계 자료는 2013년 12월부터 자료가 공개되었으며, 2019년 현재 이 자료는 CompTox Chemistry Dashboard에 연동되고 있다.

2014년부터 시작한 ToxCast 3단계에서는 화학물질의 수, 평가 기법 등이 더 추가되었으며, 난연제와 같이 현재 규제 관심 대상 물질과 내분비계 장애물질 스크리닝 프로그램(EDSP)의 대상 화학물질이 포함되었다. 최종적으로 2,678개 화학물질이 포함된 3단계 ToxCast의 화학물질 인벤토리는 "ph3"으로 명명하며, 1단계, 2단계 화학물질 인벤토리와는 중복되지 않는다.

10-3 독성발현경로(AOP)

독성발현경로(adverse outcome pathway ; AOP)는 분자 수준의 독성 현상을 눈으로 직접 관찰할 수 있는 최종 단계의 건강 영향까지 모든 기전을 묘사한 생물학적 지도를 의미한다. 즉, 독성발현경로(AOP)는 다중-오믹스 자료를 수집하고 분석하여 분자 수준의 지표를 위해성 평가와 같은 환경규제 정책에 활용할 수 있도록 하는 기본 틀(framework)이다. 독성발현경로(AOP)는 분자 수준의 지표로 독성을 예측하는데 활용할 수 있으므로 상위수준 지표(apical endpoint)에 기반한 기존 독성평가의 패러다임을 바꾸는 계기가 될 수 있다.

경제협력개발기구(OECD)에서는 대체시험법을 이용한 분자 수준의 지표를 위해성 평가와 같은 환경규제 정책에 활용할 수 있도록 하는 프레임워크로 독성발현경로(AOP) 개념을 제시하고, 독성발현경로(AOP) 및 시험관 내 시험법(*in vitro*), 인 실리코 시험법(*in silico*)을 통합하여 독성 영향을 예측할 수 있는 통합시험평가접근법(Integrated Approaches to Testing and Assessment ; IATA)을 제시하였다. 현재까지는 유럽연합의 「신(新)화학물질 관리제도(REACH)」만이 통합시험평가접근법(IATA)과 근접한 대체시험 접근법을 사용하도록 장려하거나 요구하는 유연한 체계를 제공하고 있다.

독성발현경로(AOP)는 분자수준의 현상에서부터 관찰할 수 있는 최종 악영향까지 기전을 묘사하고 있으며, 다음으로 구성되어 있다(그림 10-6).

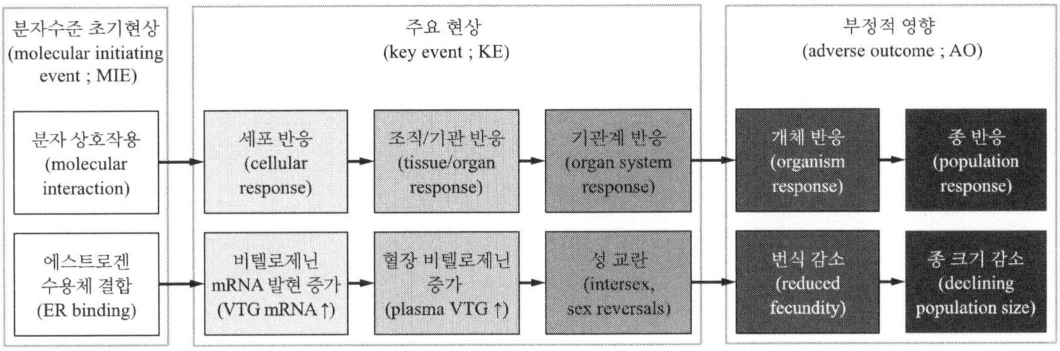

그림 10-6 독성발현경로(AOP)의 개념도 예시

- 분자수준 초기현상(molecular initiating event ; MIE) : 화학물질과 생물학적 표적이 상호작용을 일으키는 분자수준 초기현상에서 진행되는 경로(DNA 결합, 단백질 산화, 수용체/리간드 상호작용 등)
- 주요현상(key event ; KE) : 순차적인 생물학적 활동을 통해 진행되는 경로(유전자 활성, 세포 화학의 변화, 조직 발달 등)
- 부정적 영향(adverse outcome ; AO) : 인간이나 생태학적 위해성 평가인자와 관련된 악영향(사망, 생식 장애, 암, 멸종 등)

경제협력개발기구(OECD)에서는 2012년에 최초로 단백질 공유결합으로 시작되는 피부 과민성에 대한 독성발현경로(AOP)를 평가하여 보고서를 출간하였다. 2014년에는 기존에 존재하는 독성발현경로(AOP)의 정보 수집과 새로운 독성발현경로(AOP)의 개발을 돕기 위해 유럽연합 동물대체시험 연구소(European Union reference laboratory for alternatives to animal testing), 미국 환경보호청(US EPA)과 함께 AOP knowledge base (AOP-KB)를 구축하였다. 위키(Wiki) 기반 인터페이스를 이용하여 기존에 존재하는 지식이나 출판된 연구의 정보를 사용자가 손쉽게 독성발현경로(AOP)로 가져올 수 있도록 하였으며, 등록된 독성발현경로(AOP)에 대한 자유로운 의견 교환도 가능하도록 하였다. OECD의 AOP-KB에는 2020년 2월 현재 총 284개의 독성발현경로(AOP)가 등록되어 있으며, 실시간으로 업데이트되고 있다(그림 10-7).

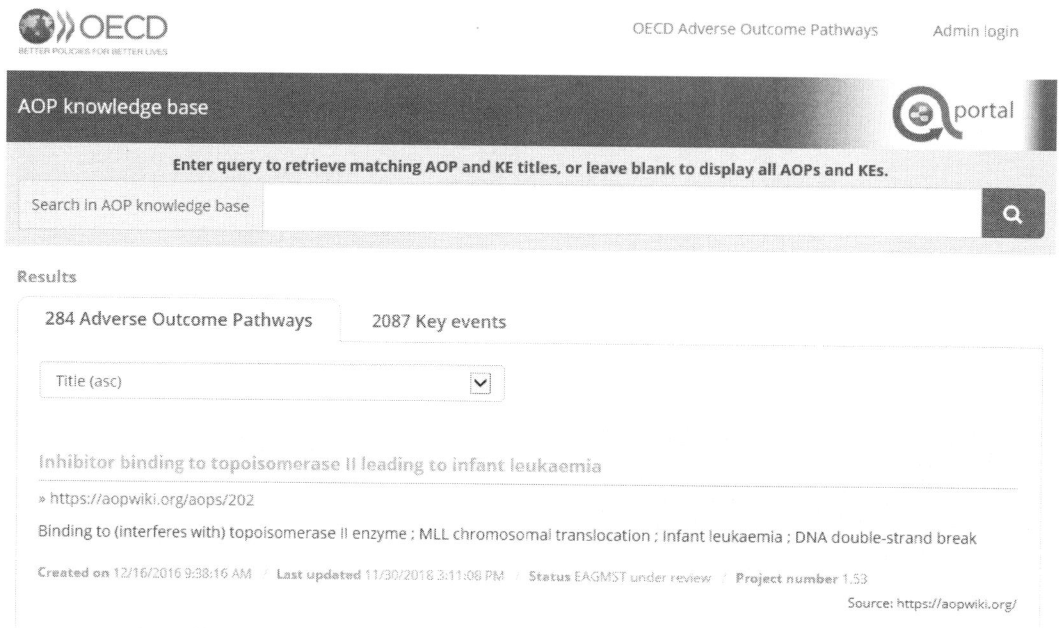

그림 10-7 AOP knowledge base에 등록된 AOP

자료 : https://aopkb.oecd.org

10-4 비동물 시험법의 증가

화학물질의 안전관리를 위해 「신(新)화학물질 관리제도(REACH)」, 「화학물질등록평가법」 등에서는 유해성과 위해성을 평가하기 위해 독성 자료를 요구한다. 등록 시 요구되는 시험비용을 절감하도록 등록대상 업체들이 협의체 구성을 하고 있으나, 고비용, 장기간의 시간이 요구되는 동물시험을 대체할 수 있는 방법을 개발하는 것이 필요하다. 유럽대체시험법검증센터(EURL ECVAM ; 그림 10-8)에서는 3R (replacement, reduction, refinement) 원칙에 따라 시험항목별로 비동물 시험법을 검증하여 국제적으로 인증된 대체시험법을 공시하고 있다(표 10-3).

그림 10-8 유럽대체시험법검증센터(EURL ECVAM)

자료 : https://ec.europa.eu/jrc/en/eurl/ecvam

표 10-3. 유럽대체시험법검증센터(EURL ECVAM)에서 검증한 대체 시험법

분류	카테고리(대표 시험의 수)
급성 경구 독성	• The 3T3 neutral red uptake (NRU) cytotoxicity assay
어류 급성 독성	• Zebrafish embryo acute toxicity test (ZFET)
발암성	• Bhas 42 cell transformation assay • Three cell transformation assays
눈 자극성	• The cytosensor microphysiometer (CM) toxicity test • The fluorescein leakage (FL) test • Bovine corneal opacity and permeability (BCOP) test • Isolated chicken eye (ICE) test • EpiOcular™ eye irritation test (EIT) • SkinEthic™ HCE eye irritation test (EIT) • Ocular irritection assay • Low volume eye test (LVET) • *In vivo* rabbit eye test template for pre-existing data

피부 부식성	• Rat transcutaneous electrical resistance (TER) test • EpiSkin™ skin corrosion test (SCT) • EpiDerm™ skin corrosion test (SCT) • Corrositex® assay • SkinEthick™ RHE skin corrosion test (SCT) • epiCS® skin corrosion test (SCT)
피부 자극성	• EpiSkin™ skin irritation test (SIT) • EpiDerm™ skin irritation test (SIT) • SkinEthic™ RHE skin irritation test (SIT) • epiCS® skin irritation test (SIT)
피부 과민성	• The human cell line activation test (h-CLAT) • The KeratinoSens™ assay • The direct peptide reactivity assay (DPRA) • U937 cell line activation test (U-SENSTM) • LuSens assay

자료 : https://ec.europa.eu/jrc/en/eurl/ecvam/alternative-methods-toxicity-testing/validated-test-methods

1) 정량적 구조 - 활성 관계(QSAR)

실험동물을 이용하지 않고 화학물질의 구조를 분석하여 그 반응을 미리 예측해보는 비동물 시험방법들이 있으며, 그 중 하나가 화학물질의 성질과 활성도(activity)를 정량적으로 예측하는 정량적 구조-활성 관계(quantitative structure activity relationship ; QSAR) 분석 기법이다(표 10-4). 정량적 구조-활성 관계(QSAR) 프로그램은 실험을 전혀 수행하지 않고도 화학물질의 성격을 파악하고 독성을 예측할 수 있도록 해준다. 미국과 유럽연합에서는 약 40년 전부터 정량적 구조-활성 관계(QSAR) 연구가 활발하게 진행 중이며, 「독성물질관리법(TSCA)」에 따른 사전제조 신고(PMN) 또는 「신(新)화학물질 관리제도(REACH)」에 따른 물질 평가에도 활용된다.

표 10-4. 정량적 구조-활성 관계(QSAR)를 활용하는 프로그램

<table>
<tr><th>프로그램(기관)</th><th>설명</th><th>종말점</th><th>모델/모듈</th></tr>
<tr><td rowspan="4">Estimations Programs Interface for Windows Suite (EPI Suite) (US EPA)</td><td rowspan="4">화학물질의 구조를 활용하여 다양한 물리화학적 특성, 환경 거동, 분배계수 등을 예측</td><td>가수분해</td><td>HYDROWIN</td></tr>
<tr><td>생분해성</td><td>BIOWIN and BioHCwin</td></tr>
<tr><td>수생종의 생체 농축</td><td>BCFBAF</td></tr>
<tr><td>흡착/탈착 스크리닝</td><td>KOCWIN</td></tr>
<tr><td rowspan="5">Ecological Structure Activity Relationships (ECOSAR) (US EPA)</td><td rowspan="5">화학물질의 구조를 활용하여 수서생물(조류, 물벼룩, 어류)의 급만성 독성을 예측</td><td>어류 급성 독성</td><td>Fish, 96hr, LC_{50}</td></tr>
<tr><td>어류 만성 독성</td><td>Fish, ChV</td></tr>
<tr><td>물벼룩 급성 독성</td><td>Daphnia, 48h, LC_{50}</td></tr>
<tr><td>물벼룩 만성 독성</td><td>Daphnia, ChV</td></tr>
<tr><td>담수조류 생장억제</td><td>Green algae, 96h, EC_{50}</td></tr>
<tr><td rowspan="5">Toxicity Estimation Software Tool (T.E.S.T) (US EPA)</td><td rowspan="5">화학물질의 구조를 활용하여 수서생물(조류, 물벼룩, 어류)의 급성 독성, 랫드 급성 독성, 유전독성, 생물농축 등을 예측</td><td>어류 급성 독성</td><td>Fathead minnow LC_{50} (96h)</td></tr>
<tr><td>물벼룩 급성 독성</td><td>Daphnia magna LC_{50} (48h)</td></tr>
<tr><td>급성 독성</td><td>Oral rat LD_{50}</td></tr>
<tr><td>유전자 돌연변이 (in vitro, 박테리아)</td><td>Mutagenicity</td></tr>
<tr><td>수생종의 생체 농축</td><td>Bioaccumulation factor</td></tr>
<tr><td rowspan="9">Danish QSAR Database (DTU)</td><td rowspan="9">화학물질의 구조를 활용하여 수서생물(조류, 물벼룩, 어류)의 급성 독성을 예측</td><td>어류 급성 독성</td><td>Fathead minnow 96h LC_{50} from DTU</td></tr>
<tr><td>물벼룩 급성 독성</td><td>Daphnia magna 48h EC_{50} from DTU</td></tr>
<tr><td>담수조류 생장억제</td><td>Pseudokirchneriella s. 72h EC_{50} from DTU</td></tr>
<tr><td>급성 독성</td><td>Models for acute toxicity in rodents from ACD/Labs</td></tr>
<tr><td>피부 자극성/부식성</td><td>Skin irritation model</td></tr>
<tr><td>피부 과민성</td><td>Allergic contact dermatitis model</td></tr>
<tr><td>유전자 돌연변이 (in vitro, 박테리아)</td><td>Models for Ames test</td></tr>
<tr><td>포유류 염색체 이상 (in vitro)</td><td>Models for genotoxicity endpoints</td></tr>
<tr><td>생식독성</td><td>Models for endocrine end-points</td></tr>
</table>

Derek (Lhasa)	화학물질의 구조를 활용하여 발암성, 유전독성, 피부 자극성, 최기형성, 간독성, 신경독성 등을 예측	피부 자극성/부식성	Irritation (of the skin) alerts
		눈 자극성/부식성	Irritation (of the eye) alerts
		피부 과민성	Skin sensitisation
		반복투여 독성	Several endpoints associated with repeated dose toxicity
		유전자 돌연변이 (*in vitro*, 박테리아)	Mutagenicity *in vitro*
		포유류 염색체 이상 (*in vitro*)	Chromosome damage *in vitro*
		생식독성	Several endpoints with reproductive toxicity
OECD QSAR Toolbox (OECD)	화학물질의 구조를 활용하여 급성 독성, 피부 자극성, 유전독성 등을 예측	급성 독성	Models for acute toxicity in rodents from ACD/Labs
		피부 자극성/부식성	Skin irritation/corrosion inclusion (and exclusion) rules by BfR
		눈 자극성/부식성	Eye irritation/corrosion inclusion (and exclusion) rules by BfR
		피부 과민성	Protein binding alters for skin sensitisation by OASIS
		유전자 돌연변이 (*in vitro*, 박테리아)	Several profiles (alters) associated with this endpoints
		포유류 염색체 이상 (*in vitro*)	Several profiles (alters) associated with mutagenicity

2) 교차해석(read-across)

화학물질의 물리화학적, 독성학적, 생태독성학적 특성이 유사하거나 구조적 유사성(similarity)이 일정한 패턴을 나타내는 물질을 그룹으로 분류하여, 같은 범주에 속하는 물질은 물리화학적 특성, 인체 건강 및 생태계에 미치는 영향, 환경 거동 등이 비슷할 것이라는 가정 하에 물질의 영향을 예측하는 것을 교차해석(read-across)이라고 한다. 화학물질 간의 구조 및 독성학적 유사 정보를 이용하여 컴퓨터 프로그램을 통해 시험하고자 하는 화학물질이 속하는 기존 물질 그룹이 있는지 살펴보게 된다. 시험하고자 하는 물질이 속한 화학그룹이 이전에 수행된 시험결과를 통해 특정한 독성을 야기한다는 결과가 이미 존재한다면 시험하고자 하는 물질도 비슷한 독성을 야기할 가능성이 있다.

미국 환경보호청(US EPA)에서는 총 56개 위해 가능성이 큰 카테고리[31개 환경 독성(ET), 17개 사람 건강 영향(HT)+환경 독성(ET), 8개 사람 건강 영향(HT)]를 참고하여 사전제조 신고(PMN) 물질의 독성 자료가 부족할 경우 물리화학적, 독성학적 성질이 유사한 물질의 카테고리로 그룹핑하여 평가하고 있다(표 10-5).

3) 증거 가중치(weight of evidence)

어떤 시험항목에 대해 하나의 정보로는 부족하지만 여러 개의 독립된 정보로부터 해당 물질의 유해성이 있는지를 충분히 결론지을 수 있다면 별도의 시험이나 자료가 필요하지 않다(박정규 외, 2016). 이 때 참고한 여러 독립된 정보를 증거 가중치(weight of evidence)라고 하며, 이를 문서화하여 「신(新)화학물질 관리제도(REACH)」 등록 서류에 포함시켜 제출하면 해당 시험항목에 대한 자료로서 인정받게 된다. 적절한 증거 가중치 자료가 제출되면 척추동물의 추가 시험 또는 그 외 척추동물이 아닌 시험의 추가 시험은 생략될 수 있다. 이와 같은 증거 가중치의 접근법은 「신(新)화학물질 관리제도(REACH)」 부속서 XI의 1.2에 수록되어 있어 그 자료가 인정되고 있다.

표 10-5. 미국 환경보호청(US EPA)의 사전제조 신고(PMN) 평가를 위한 화학물질 카테고리와 고려하는 독성

번호	카테고리 [고려하는 독성]	번호	카테고리 [고려하는 독성]
1	Acid chlorides [ET]	29	Imides [ET]
2	Acid dyes and amphoteric dyes [ET]	30	Diisocyanates [HT]
3	Acrylamides [HT+ET]	31	β-Naphthylamines, sulfonated [HT]
4	Acrylates/Methacrylates [HT+ET]	32	Lanthanides or rare earth metals [ET]
5	Aldehydes [ET]	33	Neutral organics [ET]
6	Aliphatic amines [ET]	34	Nickel compounds [HT+ET]
7	Alkoxysilanes [HT+ET]	35	Nitriles, allylic/vinyl [ET]
8	Aluminum compounds [ET]	36	Nonionic surfactants [ET]
9	Aminobenzothiazole azo dyes [HT+ET]	37	Organotins [HT+ET]
10	Anhydrides, carboxylic acid [HT]	38	Peroxides [HT+ET]
11	Anilines [ET]	39	PBT chemicals [HT+ET]
12	Dianilines [HT+ET]	40	Phenolphthaleins [HT]
13	Anionic surfactants [ET]	41	Phenols [ET]
14	Azides [ET]	42	Phosphates, inorganic [ET]
15	Benzotriazoles [ET]	43	Phosphinate esters [ET]
16	Benzotriazole-hindered phenols [HT+ET]	44	Polyanionic polymers (& Monomers) [ET]
17	Boron compounds [HT+ET]	45	Polycationic polymers [ET]
18	Cationic dyes [ET]	46	Polynitroaromatics [ET]
19	Cationic (quaternary ammonium) surfactants [ET]	47	Respirable, poorly soluble particulates [HT]
		48	Rosin [ET]
20	Cobalt [ET]	49	Stilbene, derivatives of 4,4-bis(triazin-2-ylamino)- [HT]
21	Diazoniums [ET]		
22	Dichlorobenzidine-based pigments [HT+ET]	50	Thiols [ET]
23	Dithiocarbamates [ET]	51	Substituted triazines [ET]
24	Epoxides [HT+ET]	52	Triarylmethane pigments/Dyes with non-solubilizing groups [HT+ET]
25	Esters [ET]		
26	Ethylene glycol ethers [HT]	53	Vinyl esters [HT+ET]
27	Hydrazines and related compounds [HT+ET]	54	Vinyl sulfones [HT+ET]
		55	Soluble complexes of zinc [ET]
28	Hindered amines [HT]	56	Zirconium compounds [ET]

ET : Environmental toxicity, HT : Human health toxicity

4) 시험관 내 시험법(*in vitro* test)

시험관 내 시험법(*in vitro*)은 동물시험을 하지 않는 대표적인 대체시험법이다. 유럽대체시험법검증센터(EURL ECVAM) 등에 의해 국제적으로 인증된 시험방법에 따라 수행되어야 한다. 「신(新)화학물질 관리제도(REACH)」 시험항목 중에서 급성 독성, 피부 자극성/부식성, 심한 눈 자극성, 유전독성 등은 공인된 시험관 내 시험법(*in vitro*)이 개발되어 있어 물질 등록 시 시험자료로 제출할 수 있다(ECHA, 2014). 그 외 피부 과민성에 대한 시험관 내 시험법(*in vitro*)은 현재 검증 중이다(ECHA, 2014). 어류 독성에 대한 어류배아 독성시험(OECD 236) 시험법은 승인되었으나, REACH 등록 시 자료로의 제출 여부가 아직 결정되지 않았다(ECHA, 2014).

시험관 내(*in vitro*) 모델 연구는 1980년대 중반부터 진행되어 왔으며, 종말점에 대한 경제협력개발기구(OECD) 시험지침은 약 35년에 걸쳐 개발되어 왔다. 각 독성학적 종말점 별로 비동물 대체시험에 대한 OECD 시험지침이 개발되고 있다(표 10-6).

표 10-6. 현재까지 개발된 종말점에 따른 OECD 비동물(non-animal) 대체시험 지침

종말점	OECD 시험지침 번호
급성 독성, 피부 자극성/부식성, 심한 눈 자극성	• 피부 부식성(OECD TG 430, 431, 435) • 피부 자극성(OECD TG 439) • 심한 눈 자극성(OECD TG 437, 438, 460, 491, 492) • 광독성(OECD TG 432)
유전독성	• 박테리아 돌연변이(OECD TG 471) • *Saccharomyces cerevisiae* 유전자 돌연변이(OECD TG 480) • *Saccharomyces cerevisiae* 유사분열 시 재조합(OECD TG 481) • 포유류 돌연변이(OECD TG 476, 490) • 세포 유전/소핵(OECD TG 473, 476, 487) • Unscheduled DNA 합성(OECD TG 482) • 자매염색분체교환(OECD TG 479)
과민성	• *In chemico* 피부 과민성(OECD TG 442C) • *In vitro* 피부 과민성(OECD TG 442D, 442E)
생식/발달독성	• 에스트로겐 agonists/antagonists (OECD TG 455, 457, 493) • 안드로겐 agonists/antagonists (OECD TG 458) • 스테로이드 호르몬 생합성(OECD TG 456)
생태독성	• 제브라피쉬 어류배아 독성시험(OECD TG 236)

예상문제

1. 시험관처럼 제어 가능한 환경에서 세포를 구성하고 있는 구성물질을 대상으로 수행되는 실험을 의미하는 단어로 옳은 것은?

① *In silico* test
② *In vitro* test
③ *In vivo* test
④ *Ex vivo* test

해설 ① *In silico* test : 컴퓨터 시뮬레이션을 이용한 가상환경에서의 실험방법
③ *In vivo* test : 살아있는 동물 자체를 가지고 하는 실험방법
④ *Ex vivo* test : 살아있는 동물에서 추출한 세포 등을 사용하는 실험

2. 미국에서 로봇을 활용해 자동화된 고속대량 스크리닝(HTS)으로 화학물질의 독성 빅데이터를 생산한 협동 프로젝트의 이름으로 옳은 것은?

① Tox21
② Exposure forecasting (ExpoCast)
③ Aggregated publicly available chemical data (ACToR)
④ Chemical Carcinogenesis Research Information System (CCRIS)

3. 독성예보관(ToxCast)의 단계별 화학물질 세트 중 내분비계 장애물질 스크리닝 프로그램(EDSP)의 화학물질이 포함된 것으로 옳은 것은?

① ph1_v1
② ph2
③ ph3
④ e1k

해설 e1k 프로그램 대상물질에는 에스트로겐 수용체(ER) 및 안드로겐 수용체(AR) 활성과 관련된 대표 독성물질이 포함되어 있다.

4. 순차적인(세포 → 조직 → 기관) 생물학적 활동을 통해 진행되는 독성발현경로(AOP)의 단계를 의미하는 용어로 옳은 것은?

① 분자수준 초기현상(molecular initiating event)
② 주요 현상(key event)
③ 부정적 영향(adverse outcome)
④ 독성 기전(mode of action)

5. 수서생물(조류, 물벼룩, 어류)의 급성 독성을 예측하는 목적으로 만들어진 정량적 구조-활성 관계(QSAR)를 활용하는 프로그램을 옳지 않은 것은?

① Estimations Programs Interface for Windows Suite (EPI Suite)
② Ecological Structure Activity Relationships (ECOSAR)
③ Toxicity Estimation Software Tool (T.E.S.T)
④ Danish QSAR Database

해설 EPI Suite는 화학물질의 구조를 활용하여 다양한 물리화학적 특성, 환경 거동, 분배계수 등을 예측하는 프로그램이다.

6. 같은 범주에 속하는 물질이 물리화학적 특성, 독성, 환경 거동 등이 비슷할 것이라는 가정 하에 물질의 영향을 예측하는 것을 의미하는 용어로 옳은 것은?

① 정량적 구조-활성 관계(QSAR)
② 교차해석(read-across)
③ 증거 가중치(weight of evidence)
④ 시험관 내 시험법(*in vitro*)

정답 1. ② 2. ① 3. ④ 4. ② 5. ① 6. ②

참고문헌

- 국립환경과학원. 2012. 환경보건・독성 관련 용어집. 발간등록번호 11-1480523-000866-01.
- 국립환경과학원. 2015. 생태독성시험방법 및 운영 지침. 발간등록번호 11-1480523-002364-01. NIER-GP2015-094.
- 국립환경과학원. 2017. 화학물질의 위해성에 관한 자료 작성지침. NIER-GP2016-163.
- 박경수, 윤성진, 이승민, 김애향, 박승윤, 강덕영. 2005. 해양생태독성평가를 위한 표준실험동물로서의 송사리(*Oryzias latipes*)에 관한 연구. 한국환경생물학회. 23(3): 293-303.
- 박정규, 간순영, 배희경. 2016. EU REACH 시험자료 분석을 통한 화평법 지원방안 연구. 한국환경정책・평가연구원.
- 장솔, 지경희. 2015. 내분비계 장애물질이 어류의 HPG, HPT, HPA 축에 미치는 연계영향. 한국환경보건학회. 41(3): 147-162.
- 최영설, 곽진일, 안윤주. 2016. 생태독성실험을 위한 한국 우점종 유리물벼룩(*Daphnia galeata*)의 특성 및 독성민감도: 큰물벼룩(*Daphnia magna*)과의 비교연구. J. Korean Soc. Environ. Eng. 38(4): 193-200.
- 한국환경보건학회. 2016. 환경보건학. 한국방송통신대학교출판문화원.
- 환경부, 2016. 생태독성관리 가이드북. KECO2016-ED02-19.
- Alsop D, Vijayan MM. 2008. Development of the corticosteroid stress axis and receptor expression in zebrafish. Am J Physiol Regul Integr Comp Physiol. 294: R711-R719.
- Alsop D, Vijayan MM. 2009. The zebrafish stress axis: Molecular fallout from the teleost-specific genome duplication event. Gen Comp Endocrinol. 161: 62-66.
- Asai T, Senou H, Hosoya K. 2011. Oryzias sakaizumii, a new ricefish from northern Japan (Teleostei: Adrianichthyidae). Ichthyological Exploration of Freshwaters. 22(4): 289-299.
- Australian and New Zealand Environment and Conservation Council (ANZECC). 2000. Australian and New Zealand Guidelines for Fresh and Marine Water Quality. I. The Guidelines, vol. 1: Department of the Environment, pp. 1-103.
- Bliss C. 1939. The toxicity of poisons applied jointly. Ann. Appl. Biol. 26: 585-615.
- Calabrese EJ, Baldwin LA. 2003. Hormesis: the dose-response revolution. Annu. Rev. Pharmacol. Toxicol. 43: 175-197.
- CCOHS, 2019. Available at: https://www.ccohs.ca/oshanswers/chemicals/ld50.html
- Chan WK, Chan KM. 2012. Disruption of the hypothalamic-pituitary-thyroid axis in zebrafish embryo-larvae following waterborne exposure to BDE-47, TBBPA and BPA. Aquat Toxicol. 108: 106-111.
- Chen CC, Fernald RD. 2008. GnRH and GnRH receptors: distribution, function and evolution. J Fish Biol. 73: 1099-1120.
- Clare J. 2002. Daphnia: An aquarist's guide. Accessed December 07, 2019 at https://www.cau-data.org/daphnia/#anatomy
- Clelland E, Peng C. 2009. Endocrine/paracrine control of zebrafish ovarian development. Mol Cell Endocrinol. 312: 42-52.

- Dohan O, De la Vieja A, Paroder V, Riedel C, Artani M, Reed M, Ginter CS, Carrasco N. 2003. The sodium/iodide symporter (NIS): characterization, regulation, and medical significance. Endocr Rev. 24: 48-77.
- Dunn JT, Dunn AD. 2001. Update on intrathyroidal iodine metabolism. Thyroid. 11: 407-414.
- Ebert D. 2005. Ecology, Epidemiology, and Evolution of Parasitism in Daphnia. Bethesda, Maryland: National Center for Biotechnology Information (US).
- European Chemicals Agency (ECHA). 2014. The use of alternatives to testing on animals for the REACH regulation. Available at: https://echa.europa.eu/documents/10162/13639/alternatives_test_animals_2014_en.pdf
- European Food Safety Authority (EFSA). 2009. Guidance of the scientific committee on use of the benchmark dose approach in risk assessment. 1150, 1-72.
- European Commission. 2010. Directive 2010/63/EU of the European Parliament and of the Council of 22 September 2010 on the protection of animals used for scientific purposes. Official Journal of the European Union L276/33.
- Filer DL, Kothiya P, Setzer RW, Judson RS, Martin MT. 2015. The ToxCast™ analysis pipeline: an R package for processing and modeling chemical screening data (version 1.2.2). 1-61.
- Harvey CB, Bassett JH, Maruvada P, Yen PM, Williams GR. 2007. The rat thyroid hormone receptor (TR) Deltabeta3 displays cell-, TR isoform-, and thyroid hormone response element-specific actions. Endocrinology. 148: 1764-1773.
- ISO, 2012. Water Quality-Determination of the Inhibition of the Mobility of *Daphnia magna* Straus (Cladocera, Crustacea) - Acute Toxicity Test. ISO 6341.
- Kleppe K, Ohtsuka E. Kleppe R, Molineux I, Khotana HG. 1971. Studies on polynucleotides, XCVI. Repair replications of short synthetic DNA's as catalyzed by DNA polymerases. J Mol Biol. 56(2): 341-361.
- Klimisch HJ, Andreae M, Tillmann U. 1997. A systematic approach for evaluating the quality of experimental toxicological and ecotoxicological data. Reg Toxicol Pharmacol. 25: 1-5
- Marchand O, Safi R, Escriva H, Van Rompaey E, Prunet P, Laudet V. 2001. Molecular cloning and characterization of thyroid hormone receptors in teleost fish. J Mol Endocrinol. 26: 51-65.
- Maruska KP, Fernald RD. 2011. Social regulation of gene expression in the hypothalamic-pituitary-gonadal axis. Physiology. 26: 412-423.
- Nelson ER, Habibi HR. 2010. Functional significance of nuclear estrogen receptor subtypes in the liver of goldfish. Endocrinology. 151: 1668-1676.
- NIH. 2015. Available at: https://ntp.niehs.nih.gov/iccvam/meetings/at-wksp-2015/session1/3-scarano-508.pdf
- Nunez BS, Evans AN. 2007. Hormonal regulation of the steroidogenic acute regulatory protein (StAR) in gonadal tissues of the Atlantic croaker (*Micropogonias undulates*). Gen Comp Endocrinol. 150: 495-504.
- OECD. 2004. OECD Guideline for Testing of Chemicals. *Daphnia* sp., Acute Immobilisaton Test. OECD guideline 202. Paris. France.
- OECD. 2011. OECD Guideline for Testing of Chemicals. Freshwater Alga and Cyanobacteria, Growth Inhibition Test. OECD guideline 201. Paris. France.

- OECD. 2012. OECD Guideline for Testing of Chemicals. *Daphnia magna* Reproduction Test. OECD guideline 211. Paris. France.
- OECD, 2013. OECD Guideline for Testing of Chemicals. Fish, Early-life Stage Toxicity Test. OECD guideline 210. Paris. France.
- OECD, 2019. OECD Guideline for Testing of Chemicals. Fish, Acute Toxicity Testing. OECD guideline 203. Paris. France.
- Orozco A, Valverde RC. 2005. Thyroid hormone deiodination in fish. Thyroid. 15: 799-813.
- Park S, Hong Y, Lee J, Kho Y, Ji K. 2019. Chronic effects of bisphenol S and bishenol SIP on freshwater waterflea and ecological risk assessment. Ecotoxicol Environ Safety. 185: 109694.
- Posthuma L, van Gils J, Zijp MC, van de Meent D, de Zwart D. 2018. Species sensitivity distributions for use in environmental protection, assessment, and management of aquatic ecosystems for 12386 chemicals. Environ Toxicol Chem. 38(4): 905-917.
- Power DM, Llewellyn L, Faustino M, Nowell MA, Bjornsson BT, Einarsdottir IE, Canario AV, Sweeney GE. 2001. Thyroid hormones in growth and development of fish. Comp Biochem Physiol C: Toxicol Pharmacol. 130: 447-459.
- Schulz RW, de França LR, Lareyre JJ, Le Gac F, Chiarini-Garcia H, Nobrega RH, Miura T. 2010. Spermatogenesis in fish. Gen Comp Endocrinol. 165: 390-411.
- Somoza GM, Miranda LA, Strobl-Mazzulla P, Guilgur LG. 2002. Gonadotropin-releasing hormone (GnRH): from fish to mammalian brains. Cell Mol Neurobiol. 22: 589-609.
- Uno T, Ishizuka M, Itakura T. 2012. Cytochrome P450 (CYP) in fish. Environ Toxicol Pharmacol. 34: 1-13.
- US EPA. 1986a. Guidelines for Carcinogen Risk Assessment. EPA/630/R-00/004.
- US EPA. 1986b. Guidelines for the Health Risk Assessment of Chemical Mixtures. EPA/630/R-98/002.
- US EPA. 2002a. Methods for Measuring the Acute Toxicity of Effluents and Receiving Waters to Freshwater and Marine Organisms. 5th edition. EPA-821-R-02-012.
- US EPA. 2002b. Short-term Methods for Estimating the Chronic Toxicity of Effluents and Receiving Waters to Freshwater Organisms. 4th edition. EPA-821-R-02-013.
- Wang RL, Bencic D, Lazorchak J, Villeneuve D, Ankley GT. 2011. Transcriptional regulatory dynamics of the hypothalamic-pituitary-gonadal axis and its peripheral pathways as impacted by the 3-beta HSD inhibitor trilostane in zebrafish (Danio rerio). Ecotoxicol Environ Saf. 74: 1461-1470.
- Wilson KS, Matrone G, Livingstone DE, Al-Dujaili EA, Mullins JJ, Tucker CS, Hadoke PW, Kenyon CJ, Denvir MA. 2013. Physiological roles of glucocorticoids during early embryonic development of the zebrafish (Danio rerio). J Physiol. 591: 6209-6220.
- Xing L, Liu H, Zhang X, Hecker M, Giesy JP, Yu H. 2014. A comparison of statistical methods for deriving freshwater quality criteria for the protection of aquatic organisms. Environ. Sci. Pollut. Res. 21: 159-167.

찾아보기

▶ 바

▶ 사

▶ 아

▶ 자

▶ 차

▶ 카

▶ 타

▶ 파

▶ 하

▶ 숫자, 영문

저자 : **지 경 희**

- 서울대학교 보건학석사(환경보건학 전공)
- 서울대학교 보건학박사(보건학 전공)
- (현) 용인대학교 산업환경보건학과 조교수
- 『환경위해관리를 위한 노출평가』
  – 도서출판 동화기술 (2020.3)

환경 독성학과 생태 위해성 평가 정가 18,000원

발 행 2020년 9월 10일 초판 1쇄
저 자 지경희
발행인 정우용
발행처 도서출판 동 화 기 술
경기도 파주시 광인사길 201(문발동, 파주출판도시)
Tel (031)955-4211~6 donghwapub@nate.com
Fax (031)955-4217 www.donghwapub.co.kr
(등록) 1977년 12월 19일/9-16호

ISBN 978-89-425-9290-6